U0033295

職人麵包店的繁盛秘密法則

呂昇達、吳宗諺 著

在眾多的烘焙好手間，宗諺師傅與昇達師傅是國內翹楚之一

2018 世界麵包大師賽 歐式麵包 世界冠軍 / 王鵬傑

臺灣烘焙業的高水平，在眾多的烘焙好手間，宗諺師傅與昇達師傅是國內翹楚之一。

兩位師傅除了有自己的烘焙店外，在臺灣也開班授課，深獲許多學員們的喜愛，兩位師傅在技術上不斷地自我要求、磨練，細心的工作態度和堅持，此次合作將自己多年的烘焙技術無私地分享給大家。

書中充滿著人氣店的活力與魅力，展現了經營一家高人氣烘焙坊的人氣商品，與不同技法的呈現。其內容豐富與獨特，是一本值得您收藏的好書。

沒有虛華不實的誇飾言語，從最基礎做好

法朋烘焙甜點坊 Le Ruban Pâtisserie 主廚 / 李依錫

認識兩位作者——昇達老師、宗諺師傅好幾年的時間，一位是網路實體教學大獲好評的明星老師、一位是桃園的秒殺名店主廚店主，一起帶領大家解開成為麵包名店的秘密。

沒有虛華不實的誇飾言語，從最基本基礎做好，讓美味、衛生、安全成為店家的不二法則，客人就會成為你最好的業務，熟讀這本麵包寶典讓自己也成為下一家秒殺名店吧！

讓許多踏入這個行業的人可以少走許多冤枉路，也讓這個行業的從業人員有更多體悟和想法

2022 路易樂斯福世界盃麵包大賽 歐式麵包 世界冠軍 / 武子靖

宗諺師傅和昇達老師與我認識已久，一位是前輩、一位是學長，他們在麵包業界都有豐富的教學經驗，也都出版過書籍。對於分享技術都抱持著無私的態度，讓許多踏入這個行業的人可以少走許多冤枉路，也讓這個行業的從業人員有更多體悟和想法。

初次認識宗諺師傅是在去日本的研習旅途中，後來得知宗諺師傅花費了相當多的時間和心力參加各種技術講習會、購買書籍，不斷的吸收知識，再將這些知識內化成自己的心得感想，現在到訪他經營的朵拉烘焙小舖麵包店，總是能在營業前就看到店外的排隊人潮，證明了他的產品有多受消費者喜愛。

昇達老師是同為高雄餐旅學院的學長，他在業界許多不同公司的歷練，也自己經營過麵包店，後來更是在社群經營出一群數量可觀的死忠粉絲，令我們深感佩服。他如此多元的發展，為所有麵包師傅走出一條不同於以往的傳統道路，挖掘了更多這個時代麵包師傅的職涯可能性。

當宗諺師傅說要和昇達老師合出書時，我覺得滿酷的，這本書一定會成為今年麵包出版界的指標！

職人的技術來自於一絲不苟，越簡單的東西越不能將就

煦日法律事務所 / 林宗穎律師

你是否曾與我有相同的疑問，縱使買了日本米，返家自行煮食仍不及日本餐廳的米飯來的好吃？職人的技術來自於一絲不苟，越簡單的東西越不能將就，這些微差異於食物放入口中的那一刻便足以明白職人的堅持，這道理應用於麵包上，也是如此。

昇達老師是我的多年好友，亦是我追求美味麵包的良師，過去在專業交換時，昇達老師往往不注重成本，在意的是如何呈現麵包風味與最佳品質。當昇達老師談到麵包及甜點時，總是充滿創意及熱情，烘焙過程的提點，即是簡單中饒富風味的精髓，如果您也跟我一樣，想在坊間找到職人不藏私的烘焙書，我想，此書會是您絕佳的選擇。

業務經理強力推薦我，桃園有家個性烘焙店，一定要去拜訪

2015 法國世界麵包大賽雙料冠軍暨 BOZZ 麵包創辦人 / 陳永信

大概在 2013 年時，我那時任職於科麥公司，業務經理強力推薦我，桃園有家個性烘焙店，一定要去拜訪。第一眼看到朵拉烘焙小舖時立馬被吸引，店門有著地中海建築風格，以當時的麵包店來說是非常獨特的，走進店內，立刻感受到溫馨的購物空間，並看到老闆親切的在招呼客人，那是我第一次與宗諺的相識。

宗諺為人和善樸實，在麵包專業領域上有著自我的獨特思考，所以常常創作出許多百吃不膩的特色麵包，這也是為什麼朵拉烘焙小舖人氣不斷，常常有著排隊風潮。

這次宗諺以本身麵包店的經驗，出版的新書實用性極高，相信不論是烘焙初學或是專業職人，絕對是值得收藏的專業書籍。

每分每秒都使用得淋漓盡致

晴洋行 香草先生 MR.Vanilla Bean's 主理人 / 陳威名

實際認識呂昇達老師不算太久，然而一直以來，對於呂老師的烘焙專業與教學推廣，始終相當佩服。每個人同樣一天都是二十四小時，常常我們幾件事就忙不過來，呂老師卻能左手教課、右手寫書，同時把臉書和社團經營得熱鬧滾滾，每分每秒都使用得淋漓盡致。無論是實體課程、線上的社群互動，或是書籍內容，從材料到製程呂老師都大方分享他的經驗，完全不藏步，能有呂老師這樣無私的技術指導，是所有烘焙愛好者的幸運。

更重要是讓人愛上烘焙或是找到終生志趣，內化成生活態度

Time Square 時間觀念 總編輯 / 郭峻彰（郭大）

機緣巧合之下與同為愛錶人士的呂老師結為好友。太座從多年前迷上手作烘焙後，最崇拜的就是呂老師，而我長期充當烘焙小助手，自然而然也感受到呂老師有別於許多名師的地方，老師最吸引人之處就是他對烘焙充滿熱情，透過著作、教學以及直播影片，令人不只學習到烘焙技巧跟方法，更重要是讓人愛上烘焙或是找到終生志趣，內化成生活態度，讀過呂老師這本最新大作，相信你也會有同感。

看職人是怎麼運用同一支麵團，製作經典的產品與進化版的系列品項

麥田金食品有限公司 負責人 / 麥田金

麥麥的偶像——朵拉烘焙小舖的型男老闆 宗諺老師聯繫我，邀請麥麥為他的新書寫推薦序，麥麥好榮幸能為大家推薦這本，由吳宗諺老師和烘焙界全方位名師呂昇達老師攜手打造的書，二大天王聯手出版，肯定是烘焙界驚天動地一大盛事！

二位天王級老師，不論在教學或經營麵包店，都有豐富的經驗。老師親切的教學態度與扎實的烘焙技巧，更是讓他們在全臺擁有數萬名粉絲。這次，二位老師秉持著教學相長的熱忱，加上專業的烘焙經驗輔助，教導讀者們如何開一間麵包店。

仔細拜讀這本書，書中從麵包最基礎的發酵方式開始一一介紹，用五大主題分類出詳細的內容品項，看職人是怎麼運用同一支麵團，製作經典的產品與進化版的系列品項，本書絕對能讓烘焙業者、烘焙愛好者更快速地了解營業的產品秘辛。

這是一本光看書名就讓人驚呼連連的好書，集結兩位烘焙界大師的心血結晶，公開分享開一間麵包店所要了解的技術，相信對於您是想開店的烘焙愛好者或是市場業者來說，都是一本一定要收藏的好書！

同為烘焙的職人，麥田金誠心向您推薦，這本好書，您一定要收藏。

一本成功的烘焙書對我來說最難得的就是「淺顯易懂」，而不是只有漂亮的照片

巴黎藍帶法式甜點師暨 all YU can bake 創辦人 / 游舒涵 Eva Yu

全球歷經疫情的肆虐下，不僅改變人們的生活型態，也讓大多數人在家烘焙自學的意願更高。麵包世界比起法式甜點食材更顯單純，也更適合家庭、新手入門。但當材料愈簡單時，要做的好更是不易。

呂老師一直是我入行以來相當尊敬的前輩。他的成功不是沒有原因，只因他可以將他深厚實在的底子以淺顯易懂的方式呈現，讓所有人都輕易地吸收。他對烘焙的熱情，更是不言而喻。

一本成功的烘焙書對我來說最難得的就是「淺顯易懂」，而不是只有漂亮的照片。呂老師的書裡就是如此實在。

這是一本讓你輕鬆與麵包好好談戀愛的必勝讀物，再不拿來供奉拜讀豈不是傻了？

烘焙這條路願我們都能堅持到底，一起開心地玩下去吧！

Porsche 汎德永業保時捷 資深經理 / 程蒙納

恭喜昇達老師出書了！第一次接觸烘焙是在 YouTube 上看到昇達老師的教學影片，看了幾次之後覺得這位老師上課嚴謹，有時有點兇，而且總是穿著歐系名車的各家 T 恤（可能我職業所致）。心想 ... 莫非 ... 突然有天就在公司的某個角落與網帥昇達老師相識了，心想事成真是太神奇了。

由於我只是烘焙初學菜鳥，實在不知道跟昇達老師求教甚麼，於是我們從旅遊、手錶、品酒、跑車、房地產等話題開始攀談，不聊不要緊，一聊才發現昇達老師對此均有涉獵，談話間不只顯出他的十項全能，言談更是幽默詼諧，與昇達老師對談如沐春風，尚未結束此次對談，我已開始期待下次。

再次恭喜昇達老師出書大賣。我自己是工具買了一堆，做不出來不能原諒自己，希望藉由老師書中的教學，讓所有喜愛烘焙的菜鳥、高手都能學到更精進的技巧，做出更完美的作品，烘焙這條路願我們都能堅持到底，一起開心地玩下去吧！

一吃就愛上，一吃成主顧，之後就成為熟客，經常光顧

NONO 菓子工坊創辦人 / 葉子翔

跟阿諺師傅的相遇是早在很久以前於網路上看到食尚玩家採訪，介紹到招牌商品「冰麵包」時相當吸引人，當下被饞蟲勾得受不了，馬上就去朵拉購買，結果一吃就愛上，一吃成主顧，之後就成為熟客，經常光顧。

這次是阿諺師傅第二本新書，內容更加豐富實用，大方的分享多年的實務經驗，教授各種製作的技法與細節，減少不必要多餘的動作達到有效率的流程，對於在流程上有瓶頸的你，書中收納的技巧你一定要知道，看到這裡還不趕快翻開書裡內容，一探宗諺師傅麵包美味的秘密吧！

跳脫麵包的框架，將你我想像不到的食材放進麵包裏

職能培訓產業工會 理事長 / 葉志賢

首先非常感謝昇達老師邀請為此書寫序，
也希望大家能藉由這本書更了解昇達的烘焙魂。
你是不是也曾經在麵包店的時候，
想著將每種麵包各帶一個回家呢？

認識昇達老師這麼多年的時間，
不難發現昇達老師總是能讓麵包更貼近生活。
烘焙職人與強大的邏輯能力，
跳脫麵包的框架，將你我想像不到的食材放進麵包裏。
跟著昇達老師一起，將烘焙坊喜歡的麵包通通帶回家吧！

以淺顯易懂的方式教學，即使是初學者也能做出一道道可口的甜點及麵包

Hazukido 八月堂可頌 創辦人兼董事長 / 劉佳雯

很榮幸受邀為老師的新書寫序。

昇達老師在烘焙業界是相當具有指標性的人物之一，其出版的各式甜點烘焙教學書籍，無不深受歡迎，同時更是喜愛烘焙甜點愛好者們的最佳練習教學書。昇達老師運用多年來深厚的烘焙功力，以淺顯易懂的方式教學，即使是初學者也能做出一道道可口的甜點及麵包，甚至若好好研習昇達老師的書籍，人人都可以成為厲害的烘焙師！

同在烘焙業界，個人相當佩服昇達老師源源不絕的烘焙創意，任何烘焙點心落到昇達老師手上總是能不停的創造出讓人驚喜的樣貌！這本新書相信又將成為烘焙愛好者的最佳工具書之一，一起加入令人感到幸福的烘焙世界吧。

深入「在地人」心的美味

小丞事麵包烘焙坊 最愛摸魚的胖老闆 / 賴德庭

記得跟宗諺是去日本進修時認識的，算算也十年了，因為一樣都是經營麵包店，從那時起便有了許多共同話題，直到現在還是會一起互相加油打氣。

經營一家麵包店不是單單會做麵包就可以了。沒有對麵包有著相當熱情的，可能第一個五年就走不過。朵拉烘焙小舖走至今日已經快第三個五年，想必所製作麵包的美味已經深入在地人的心中。

一個帶著滿滿對麵包熱情的職人，將所學習的技術與經驗在書中跟各位分享，這是非常難得可貴的，不收藏學習是真的可惜啊！

創業之路有著道不盡的酸甜苦辣，但也因為確切實際的感受，往往會更溫柔的善待他人

一八一烘焙屋 / 謝合益

自 2008 年臺灣麵包師傅在世界舞台上取得佳績後，麵包師傅的社經地位也跟著水漲船高。臺灣各地麵包店如同雨後春筍般盛開綻放，好不熱鬧。但是，根據經濟部統計，中小企業創業第一年倒閉的機率高達 90%，創業超過五年的企業僅有 1%。「朵拉烘焙小舖」能在桃園邁向第十四年，想必是當地人驕傲的存在吧！

本書不只是跟著章節脈絡來獲取作法食譜，也囊括現今人力不足的因應之道，對於喜愛烘焙想一窺堂奧的讀者、或未來想創業、及在職學習的朋友，無疑是最好的選擇。

創業之路有著道不盡的酸甜苦辣，但也因為確切實際的感受，往往會更溫柔的善待他人，「朵拉」也透過麵包與其他人緊緊的連繫在一起，宗諺與禾凡這一路上互相扶持成長，只為了追求做出更美味的麵包，給大家品嚐。隨著這本書的上市，必定會對各位喜愛麵包的讀者帶來非常大的助益，我誠摯的推薦給各位。

透過一道道食譜記錄著他成長的經歷

吳寶春食品股份有限公司 行政總主廚 / 謝忠祐

認識宗諺師傅已經很多年，也都是瘋狂的追夢者。進入烘焙業近三十年的他，經歷過許多辛苦，當然也有開心的過程，這本書可說是記錄著他一路走來對烘焙的癡狂，透過一道道食譜記錄著他成長的經歷。這些年來，無論是走訪各地的麵包店品嚐，或是自己買書在家研讀，甚至是挑燈夜戰的試做新的配方，對他來說都是日常生活的一部分，這種精神絕對能夠成為許多年輕人的典範。

這本書，他不藏私地將自己開業的秘密配方公諸於世，從最基礎的直接法，到中種法、直接冷藏法，每一種類型的麵包以什麼方式製作，全部都寫得清清楚楚，提供給對烘焙業有興趣的人參考，透過這 3 大技法，延伸出 111 款麵包，每一款各具特色，也都加入巧思在其中，是值得收藏的一本麵包製作的參考書。因為他這樣的無私與努力，才能讓「朵拉烘焙小舖」成為桃園在地人氣名店。本書另一位作者呂昇達老師，也是很知名的麵包師，出版過許多烘焙書籍的他，可說是師奶殺手等級的麵包師，他的手藝好自然不在話下，透過他的示範讓讀者見識到麵包世界的千變萬化，對於推廣烘焙這件事，也是不遺餘力，讓更多人明白麵包製作的過程與微妙的變化。

誠心地推薦讀者，想要自己做麵包，就從這本書介紹的方法開始練習；換句話說，我認為這本書是能引導初學者的基礎，想學烘焙就從書中的 3 大技法與 5 大主題開始吧！

長風破浪會有時，直掛雲帆濟滄海

方師傅食品有限公司 副總經理 / 蘇彥同

翹首引領千呼萬喚下，他，終於來了！

與昇達老師相識近二十年了，看著他一路上的努力不懈，不斷的成長與突破自我，在烘焙業默默耕耘與創新，付出一生的時間與努力。身為好友的我，從昇達老師的身上看到一個認真踏實，不怕任何困難與挑戰的烘焙鬥魂，面對過程充滿了重重荊棘，他依然堅持對烘焙的初衷持續奮鬥著，以實力來證明自己，他所展現的勇氣與毅力，值得我們效法學習。

唯有相信自己，才能證明自己存在的價值。他常常為了做好細節，孜孜不倦的研究，才成就了每次的成功。堅持不放棄就算擁有成功的鑰匙了。

「長風破浪會有時，直掛雲帆濟滄海」現在的他揚帆了理想，用淺顯易懂的文字，推廣自己的烘焙心得，希望能與廣大的讀者一起研究、分享這獨一無二的創作。

讓麵包控了解，什麼是每天吃不膩的麵包

統一麵粉烘焙技術顧問 / 呂昇達

很多學生都會這樣問老師，最好吃的麵包是哪一種麵包呢？
「小時候放學，在麵包店吃到的現烤麵包」
那種殘留著烘焙餘溫的美味，是我一生忘懷不了的記憶。

為什麼不將這樣的感動「具體化」？
將一間麵包繁盛店的秘密和技藝，用詳盡的文字分享給大家。
有位認識多年的師傅，
十幾年不間斷地 ..... 於凌晨三點開始每一天麵團攪拌的工作。
在社區的一隅，每一天供應新鮮出爐的美味麵包，
默默守護著「烘焙繁盛店」的稱號。
每一天幾百條的明太子法國麵包、幾百條的吐司出爐，
逼近上千個的各式各樣麵包，全部都自一位專業麵包職人之手。

抱著被拒絕的勇氣 ....
「宗諺師傅，可以邀請你一起出書嗎？」
沒想到宗諺師傅非常爽快的答應～
並且跟我分享許多他自己創業的心得以及從學徒成為師傅開店當老闆的過程。
如同密合的齒輪一般，相同的經歷背景激盪出更多的火花。

讓烘焙愛好者了解，什麼是開店必備的麵包；
讓麵包控了解，什麼是每天吃不膩的麵包。

preface
作　者　序

跟這麼強的老師合作真的很過癮，接下來的日子就是不斷的溝通、不斷有新的想法

朵拉烘焙小舖負責人兼主廚 / 吳宗諺

算一算入行也已經 27 年了，以前那個年代，厲害的師傅都是甜點跟麵包兩種專業都要會，在我的心中一直覺得兩棲的師傅很令我感到欽佩，而新世代的「兩棲師傅」最佳代表就非昇達老師不可了。

★拍攝當天聊到麵包

以前跟昇達老師還沒這麼熟的時候，就覺得這位老師非常的酷，很做自己、即使面對粉絲，依舊是想說什麼就直接說，在這世代真的是非常難得的事，而且昇達老師是個什麼都願意跟大家分享的好老師。

這幾年因為工作、興趣跟昇達老師越來越熟後，更加的佩服與崇拜他，對於烘焙業的熱情、專業知識。有一次我們晚上在通電話聊天的時候，我突然跟昇達老師開口問道：「不知道能否跟你一起出一本烘焙書呢？」沒想到老師一秒就答應了，而且在半小時之內，把拍書的時間、書大概的方向、出版社、出版時間全部都訂出來，最恐怖的是書的菜單也都寫出來了！這種驚人的效率真的不是一般人做的到的，當下激不得的個性，也逼出我的極限，我也在半小時後把 50 道品項寫出來了！跟這麼強的老師合作真的很過癮，接下來的日子就是不斷的溝通、不斷有新的想法，這本書絕對能讓大家感受我們兩人多年來累積的烘焙知識，如何根據麵團特性，善用麵團延伸出多種變化。

★拍攝當天的朵拉烘焙小舖，後面緊鑼密鼓的拍攝，前台也忙得不行

CONTENTS

Part 1、開店麵包製作

中種法：經典甜麵包
Pain viennois

B 直接法：經典主食吐司
Pain de Mie

中種法：鮮奶吐司
Pain au lait

直接冷藏法：法國麵包
Baguette / Bon Pain

中種法：羅宋麵包
Russian Bread

Part 2、麵包師雜談

Part 1、開店麵包製作

這款就是大部分麵包店主流的一個麵團，從蔥花麵包、紅豆麵包、菠蘿麵包等，幾乎都是用中種法操作，這是一款口感柔軟，麵包的風味性、與其他食材搭配度很高的一個麵團，最大的特色在於，麵包皮本身的甜味就相當足夠，不管做甜的跟鹹的，風味整體融合性都很高，並且因為經過中種發酵，麵包整體的膨脹性非常好，外觀也會因為膨脹性好，所以鋪料不至於沉澱，因為如果麵包膨脹性不好的話，有些料鋪在上面，它其實會有點下沉的現象，這款麵團抗老化是它最大的特色，不會像直接法那樣老化的那麼快。

A

中種法：經典甜麵包

Pain viennois

★Basic！經典甜麵包基礎麵團

烘焙筆記

中種攪拌	L3～5
中種終溫	24～25℃
中種基發	90分鐘
主麵團攪拌	L3～5 （時間1～2分時慢慢下煉乳）
下煉乳	L5→M5～6
下奶油	L3→M3～4
主麵團終溫	28℃
延續基發	30分鐘
分割滾圓	50g
中間發酵	20分鐘
整形	請參閱P.26～85產品製作

奶粉有分全脂、脫脂。脫脂奶粉做出來吸水力較好，保濕度較好；全脂奶粉成品較香，推薦的全脂含量是26～28%。

中種麵團	(%)	（公克）
高筋麵粉	70	700
細砂糖	5	50
即發乾酵母	1	10
水	40	400
合計	116	1160

主麵團	(%)	（公克）
高筋麵粉	30	300
全脂奶粉	3	30
細砂糖	18	180
鹽	1.6	16
全蛋液（8～10℃）	20	200
煉乳	5	50
無鹽奶油（16～20℃）	10	100
合計	88.6	876

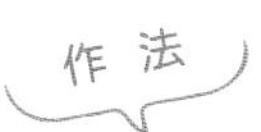

1 中種攪拌：攪拌缸依序加入高筋麵粉、細砂糖、即發乾酵母、水（酵母跟糖不可放同一邊，要錯開），低速攪打3～5分鐘，過程會逐漸收縮，慢慢成團。

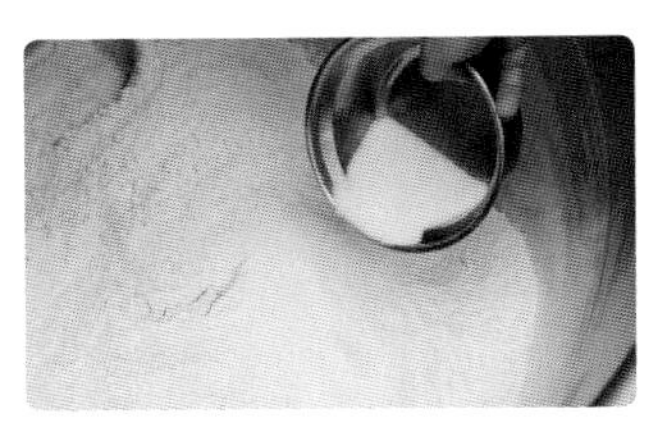
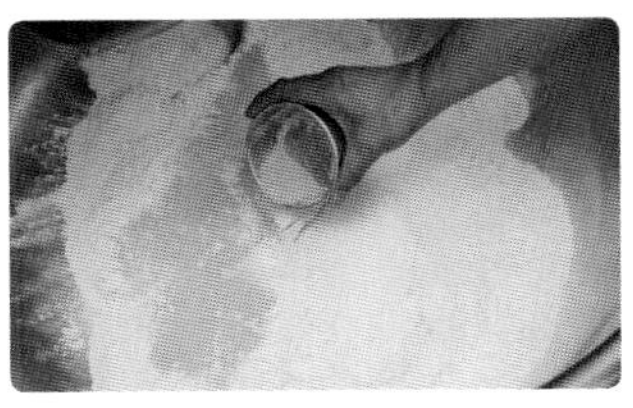

2 麵團會從原本分散的材料狀，漸漸成團，成團後停止攪拌，取一些判斷麵團狀態，確認酵母有沒有融化、材料有沒有混合均勻。麵團終溫約24～25℃。

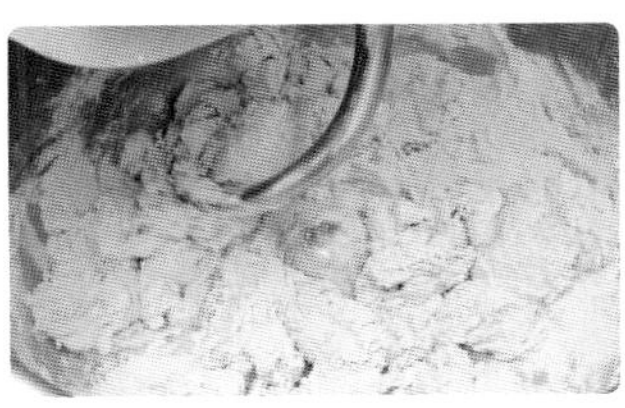
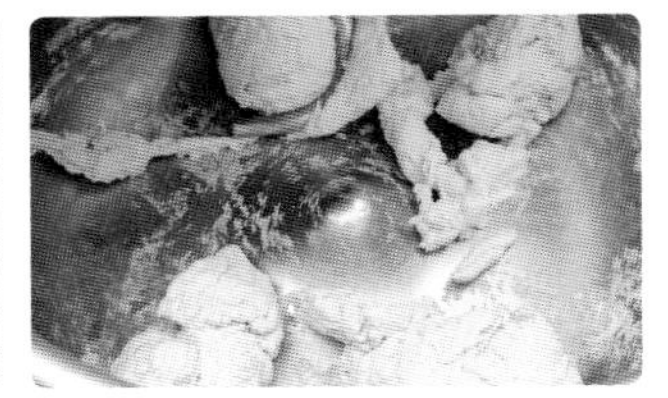

3 中種基發：中種是沒有筋性的麵團，攪打完畢之麵團表面粗糙、有撕裂感，麵團手感不是軟軟的，會稍微有 Q 度。中種麵團發酵 90 分鐘（室溫 25 ～ 27℃／濕度 75%）。

★這個是有糖的中種法，所以發酵時間 90 分鐘就可以了。糖用細砂糖、二砂糖都可以，但不要使用蜂蜜，蜂蜜含有酵素，會影響麵團筋性。

4 主麵團攪拌：攪拌缸加入發酵好的中種麵團、主麵團所有材料（除了煉乳、無鹽奶油）。低速攪拌 3 ～ 5 分鐘，看到蛋液吸收（大約 1 ～ 2 分鐘時）就可以慢慢加煉乳了。

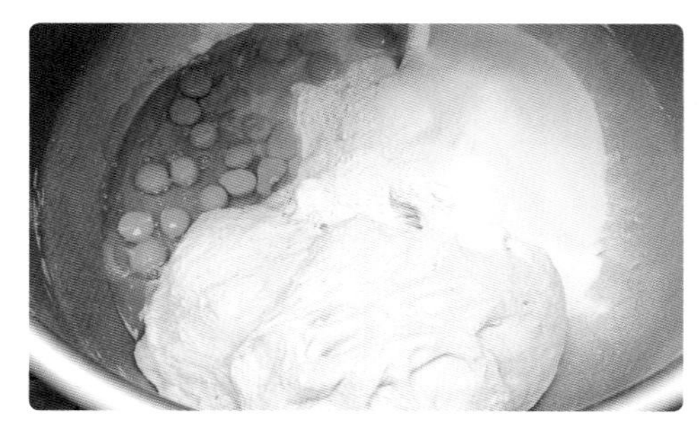
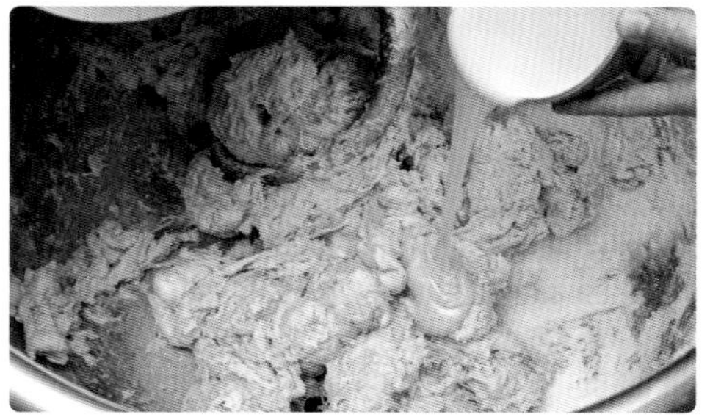

5 煉乳晚一點下避免妨礙麵粉吸水。下煉乳後會非常的黏，攪打 5 分鐘後可以看到材料漸漸均勻，此時就可以轉中速。

6 中速攪打 5 ～ 6 分鐘把麵團打到光滑，麵團會從很黏的狀態逐漸收縮，時間到取一點麵團判斷狀態。麵團打到接近擴展，破口呈現光滑細緻的狀態，但並不多。

★甜麵團擴展狀態不會跟歐式麵包一樣，破口有非常明顯的鋸齒狀。

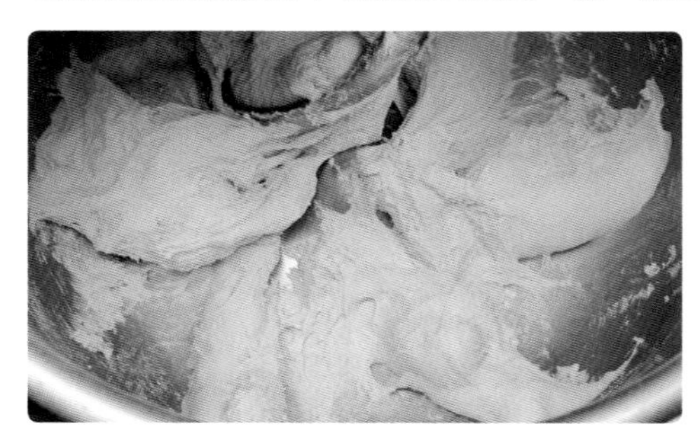
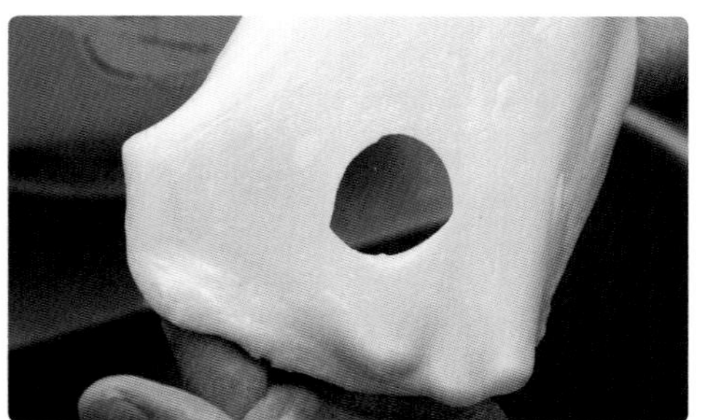

7 下無鹽奶油，低速攪打 3 分鐘，讓奶油融合進麵團裏，再轉中速攪打 3 ～ 4 分鐘。麵團會隨著攪打從底部分散狀態慢慢捲上攪拌器。

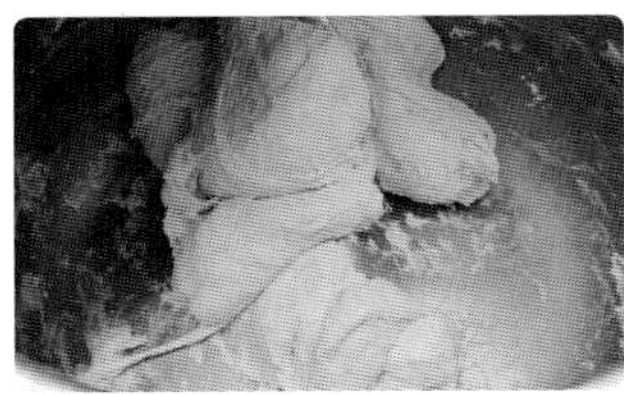

8 時間到取一點麵團判斷狀態，要攪打至完全擴展狀態，破口光滑無鋸齒狀，與步驟 6 相比麵團明顯可透光、可拉長、延展性好，麵團終溫 28℃。

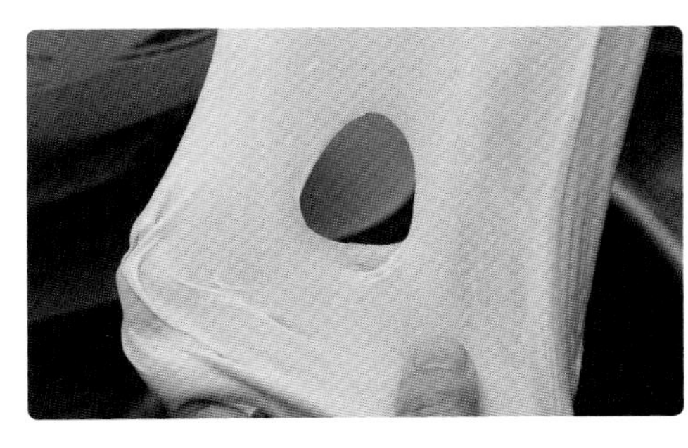
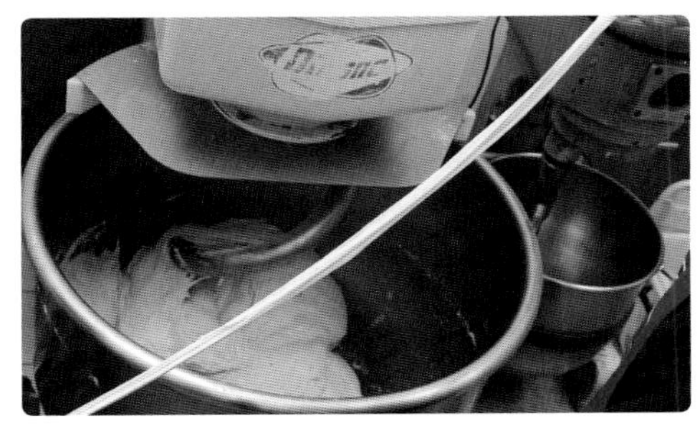

9 雙手從中心將麵團托起，放下，放的時候下垂的麵團自然往內收。雙手從側面推移，讓麵團透過桌面收整，收整成表面平滑的團狀。

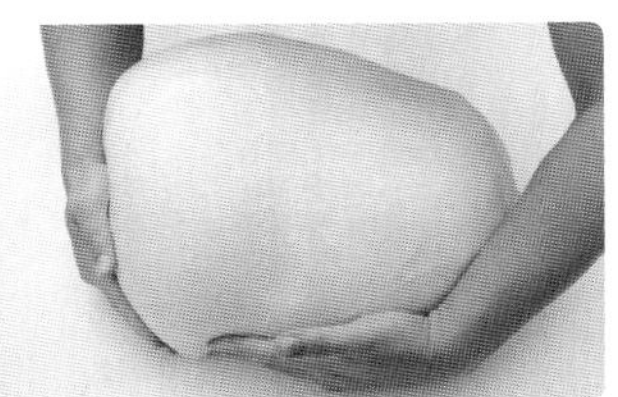
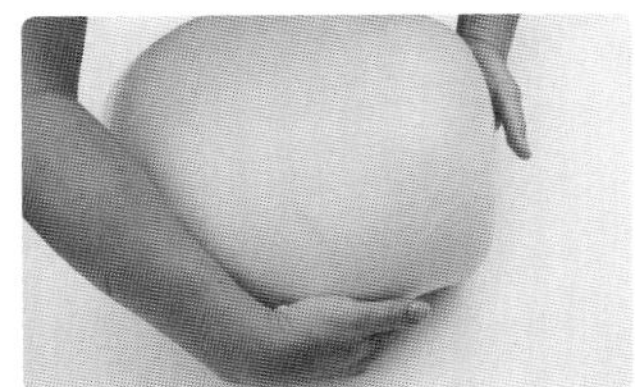

10 延續基發：收整後放入發酵容器，發酵 30 分鐘（發酵溫度 28℃／濕度 75%）。

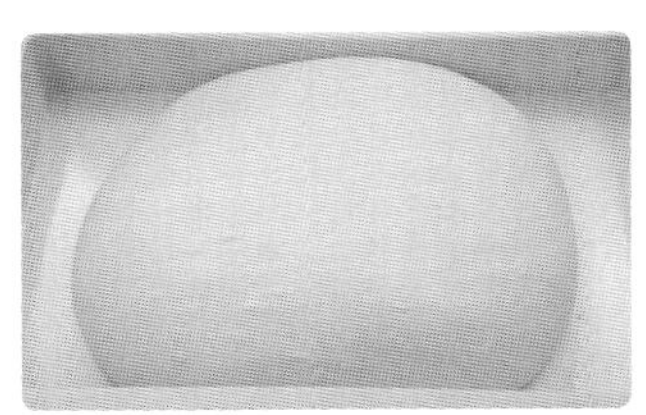
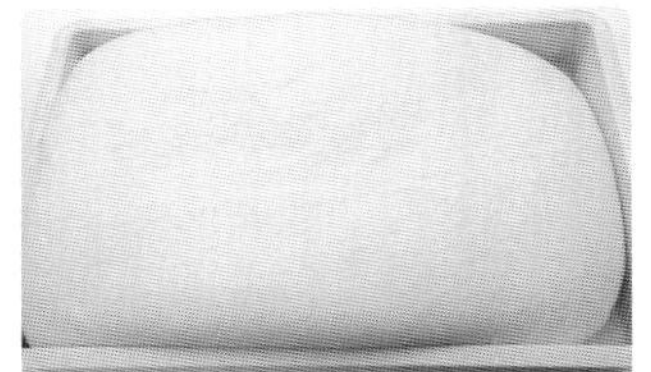

11 分割滾圓→中間發酵：切麵刀分割 50g，虎口扣住麵團滾圓，間距相等放入發酵容器，發酵 20 分鐘（室溫發酵／濕度 75%）。

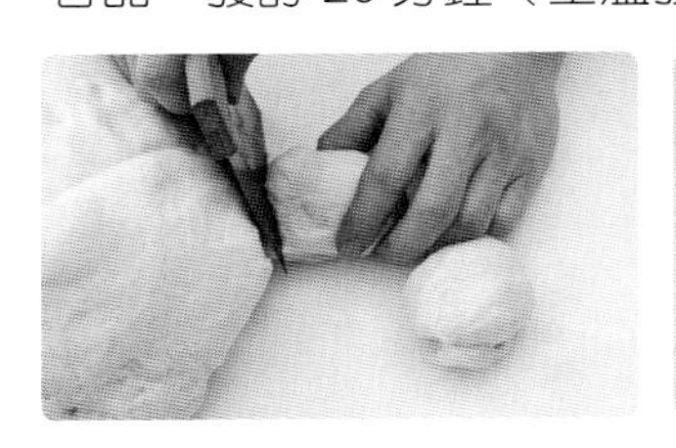
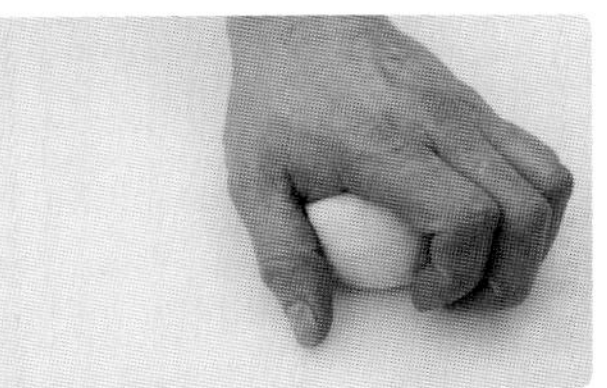

Theme
1
蔥花麵包
系列

◎3款經典蔥花奶油

古早味與名店熱賣款主要差異在「油脂風味」，這三款是我在做蔥花奶油主題時，腦海中第一時間浮現的味道。

古早味蔥花奶油

材料	公克
豬油	60
雞蛋	60
味精	2
鹽	5
白胡椒粉	2
青蔥	150

作法

1 所有材料分別秤妥，備用。

2 除了青蔥之外所有材料一同拌勻。

3 麵包製作到最後發酵階段再把青蔥洗淨，用乾的布巾或衛生紙把水分壓乾，切蔥花。

★太早把材料切好拌勻蔥花會出水，使用前拌是最好的。

4 蔥花與拌勻的作法 2 材料混勻，待麵包最後發酵完成，即可鋪上麵包。

名店熱賣款蔥花奶油

材料	公克
無鹽奶油	30
全蛋液	60
豬油	30
鹽	5
砂糖	3
白胡椒粉	2
青蔥	150

作法

1 無鹽奶油室溫軟化，軟化至手指按壓可留下指痕之程度。

2 所有材料分別秤妥。

★砂糖用二砂糖、細砂糖都可以。

3 除了青蔥之外所有材料一同拌勻。

4 麵包製作到最後發酵階段再把青蔥洗淨，用乾的布巾或衛生紙把水分壓乾，切蔥花。

★太早把材料切好拌勻蔥花會出水，使用前拌是最好的。

5 蔥花與拌勻的作法 3 材料混勻，待麵包最後發酵完成，即可鋪上麵包。

咖哩蔥花奶油

材料	公克
豬油	60
雞蛋	60
鹽	5
綜合咖哩粉	5
青蔥	150

作法

1 所有材料分別秤妥，備用。

2 除了青蔥之外所有材料一同拌勻。

3 麵包製作到最後發酵階段再把青蔥洗淨，用乾的布巾或衛生紙把水分壓乾，切蔥花。

★太早把材料切好拌勻蔥花會出水，使用前拌是最好的。

4 蔥花與拌勻的作法 2 材料混勻，待麵包最後發酵完成，即可鋪上麵包。

\# 1.

三球蔥花麵包

製作數量 13 個

烘焙筆記

最後發酵｜50 分鐘

烘　　烤｜上下火 210℃，12 ～ 15 分鐘

1 個 / 所需的材料

- 肉鬆 適量
- 美乃滋 適量
- 古早味蔥花奶油（P.27）30g

作法

1. 整形：取完成至 P.23 ～ 25 中間發酵完畢之麵團。重新滾圓，三顆一組，同一組的麵團要有 1 公分左右的距離，發酵後才不會太緊。（圖 1）
2. 最後發酵：發酵 50 分鐘（發酵溫度 35 ～ 38℃／濕度 85%）。
3. 烘烤：麵團從中剪開，鋪古早味蔥花奶油。送入預熱好的烤箱，以上下火 210℃，烤 12 ～ 15 分鐘。（圖 2）
4. 出爐放涼，擠美乃滋，鋪肉鬆。

1

2

#2. 三排蔥花麵包

製作數量 13 個

最後發酵｜50 分鐘
烘　　烤｜上下火 210℃，12 ～ 15 分鐘

- 粗黑胡椒粒　適量
- 古早味蔥花奶油（P.27）30g

作法

1. 整形：取完成至 P.23 ～ 25 中間發酵完畢之麵團。輕輕拍開，翻面，底部壓薄，收摺成頭尾較細的橄欖形，三條一組。（圖 1 ～ 2）
2. 最後發酵：發酵 50 分鐘（發酵溫度 35 ～ 38℃／濕度 85%）。（圖 3 為發酵後）
3. 烘烤：鋪古早味蔥花奶油、撒粗黑胡椒粒。送入預熱好的烤箱，以上下火 210℃，烤 12 ～ 15 分鐘。（圖 4）

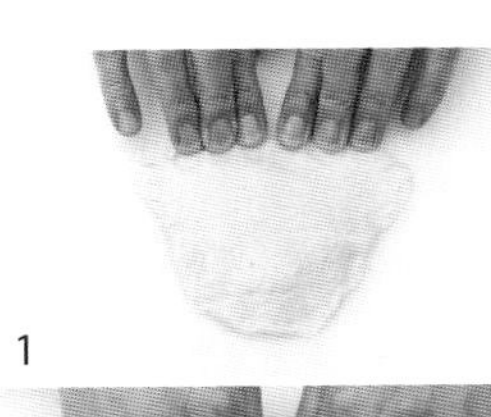
1

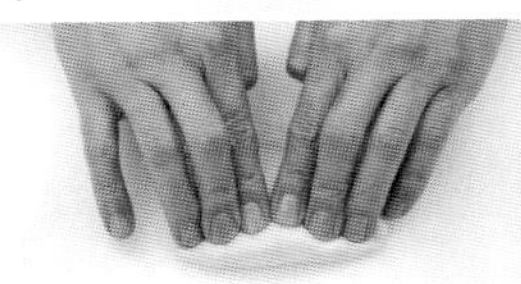
2

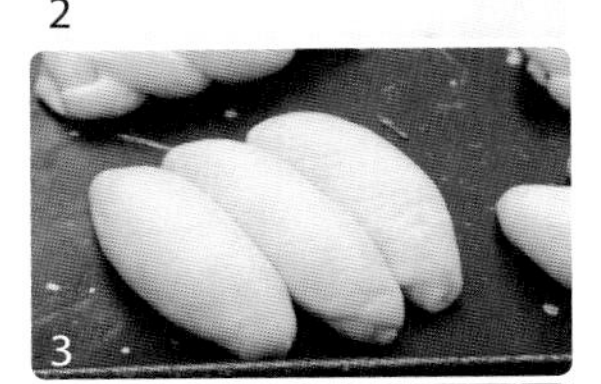
3

4

#3.

三辮蔥花麵包

製作數量

13 個

最後發酵｜50 分鐘

烘　　烤｜上下火 210℃，12 ～ 15 分鐘

- 乳酪絲 適量
- 燻雞 15g
- 古早味蔥花奶油（P.27）30g

作法

1 整形：取完成至 P.23 ～ 25 中間發酵完畢之麵團。輕輕拍開，翻面，底部壓薄，收摺成頭尾較細的橄欖形，搓長約 20 公分。

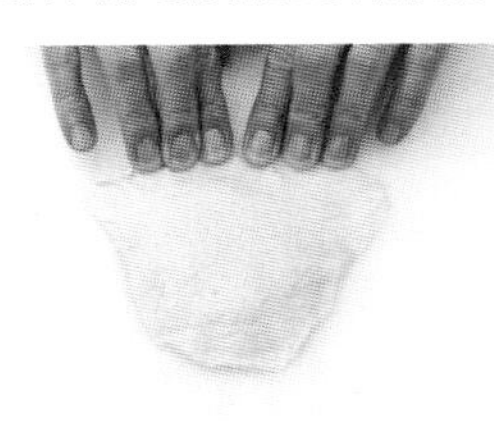

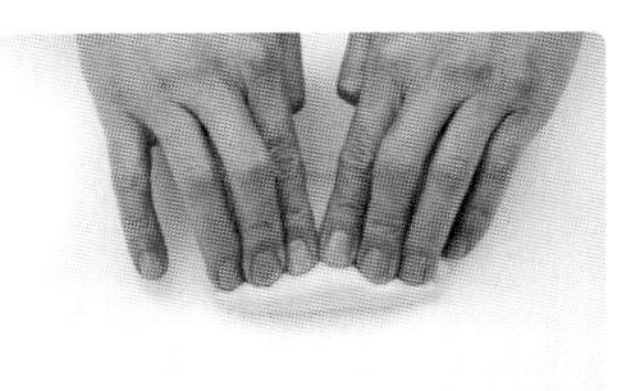

2 三條一組，取一端輕壓固定，根據步驟圖依序打三辮，頭尾再稍微往麵團內部收摺。

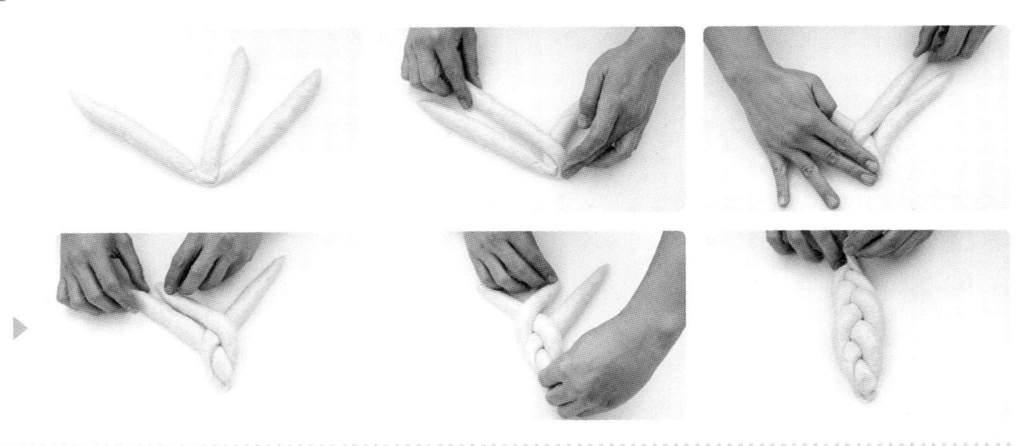

3 最後發酵：發酵 50 分鐘（發酵溫度 35 ～ 38℃／濕度 85%）。

4 烘烤：鋪古早味蔥花奶油、燻雞、乳酪絲。送入預熱好的烤箱，以上下火 210℃，烤 12 ～ 15 分鐘。

#4. 六球蔥花麵包

製作數量

13 個

烘焙筆記

最後發酵｜50 分鐘

烘　　烤｜上下火 210℃，15 分鐘

- 義大利香料 適量
- 乳酪絲 適量
- 高熔點乳酪丁 15g
- 古早味蔥花奶油（P.27）30g

1 整形：取完成至 P.23 ～ 25 中間發酵完畢之麵團，一切為二。

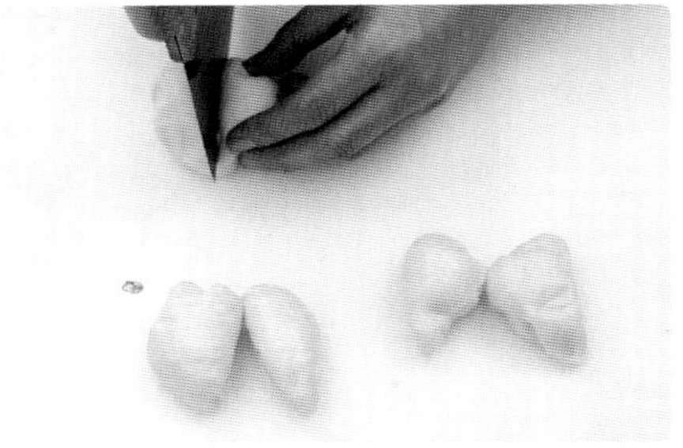

2 輕輕滾圓，六小顆一組。

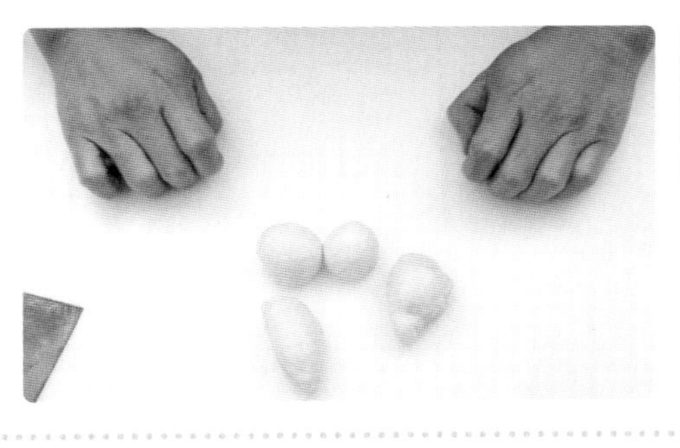

3 最後發酵：發酵 50 分鐘（發酵溫度 35 ～ 38℃／濕度 85%）。

4 烘烤：鋪古早味蔥花奶油、高熔點乳酪丁、乳酪絲、義大利香料。送入預熱好的烤箱，以上下火 210℃，烤 15 分鐘。

烘焙筆記

最後發酵｜50分鐘
烘　　烤｜上下火210℃，15分鐘

1個/所需的材料

- 粗黑胡椒粒 適量
- 乳酪絲 適量
- 培根1條
- 古早味蔥花奶油（P.27）30g

1 整形：取完成至 P.23 ～ 25 中間發酵完畢之麵團，一切為二。

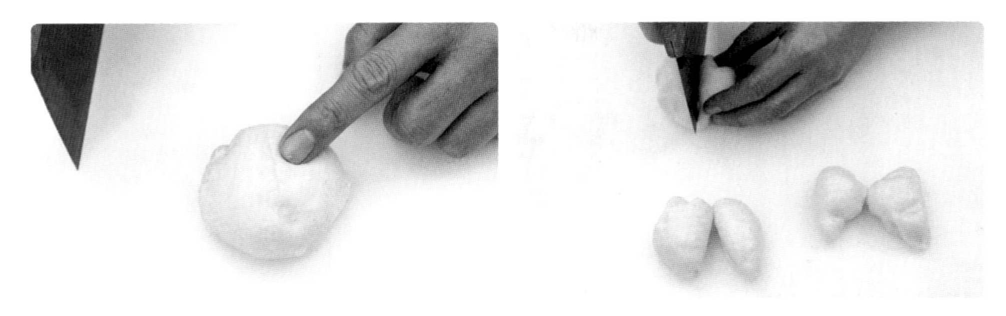

2 輕輕滾圓，六小顆一組。

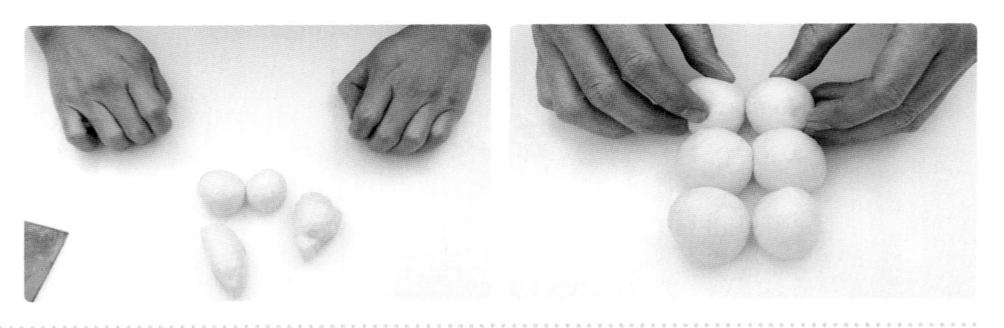

3 最後發酵：發酵 50 分鐘（發酵溫度 35 ～ 38℃／濕度 85%）。

4 烘烤：鋪古早味蔥花奶油、培根、乳酪絲、粗黑胡椒粒。送入預熱好的烤箱，以上下火 210℃，烤 15 分鐘。

6.
德式香腸卷

製作數量
40 個

烘焙筆記

最後發酵｜50 分鐘
烘　　烤｜上下火 210℃，
10 ～ 12 分鐘

1 個 / 所需的材料

- 義大利香料 適量
- 乳酪絲 適量
- 德式香腸 1 條

作法

1 整形：取完成至 P.23 ～ 25 中間發酵完畢之麵團。輕輕拍開，翻面，底部壓薄，收摺成頭尾較細的橄欖形。

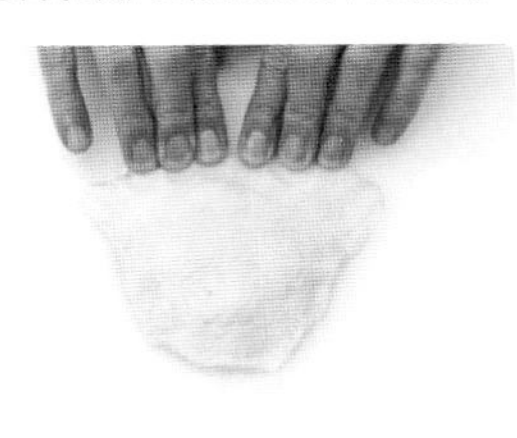
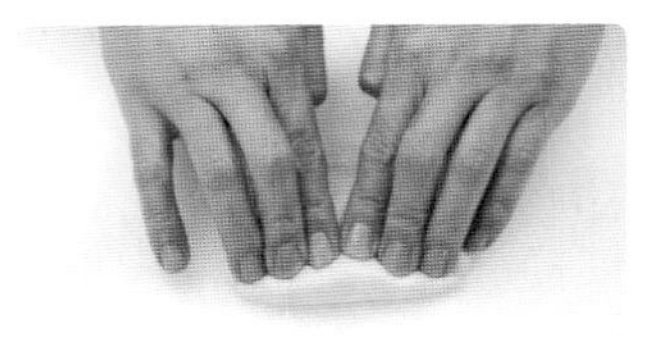
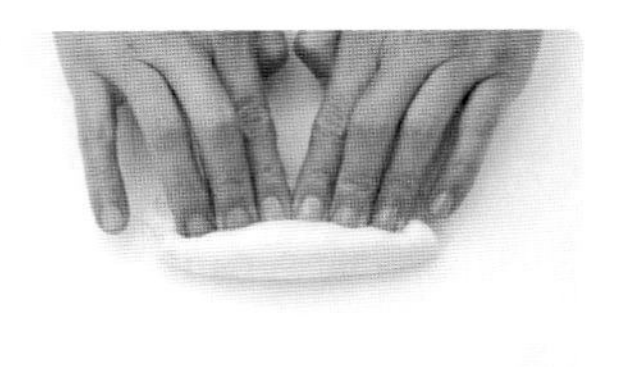

2 麵團搓長約 30 公分，熱狗約 15 公分，麵團要比熱狗長一些。

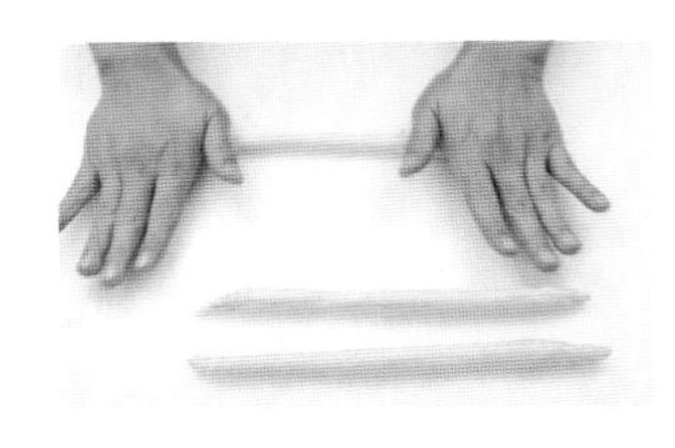

3 將麵團繞上德式香腸，尾端收進麵團內。

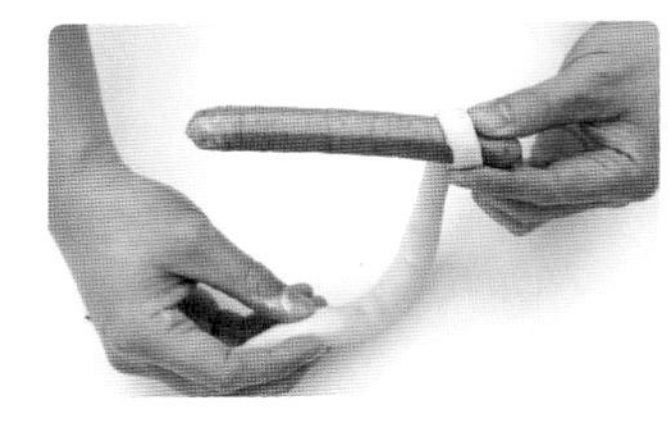
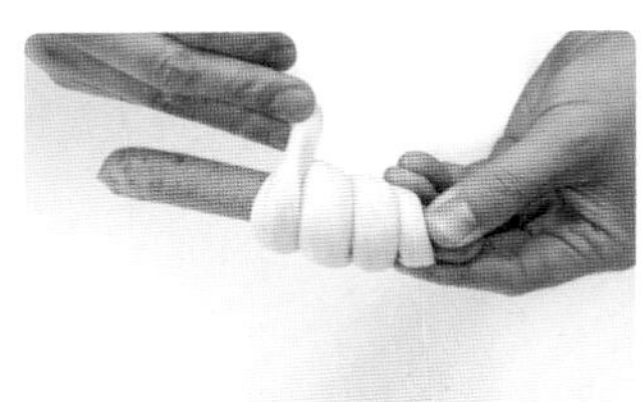
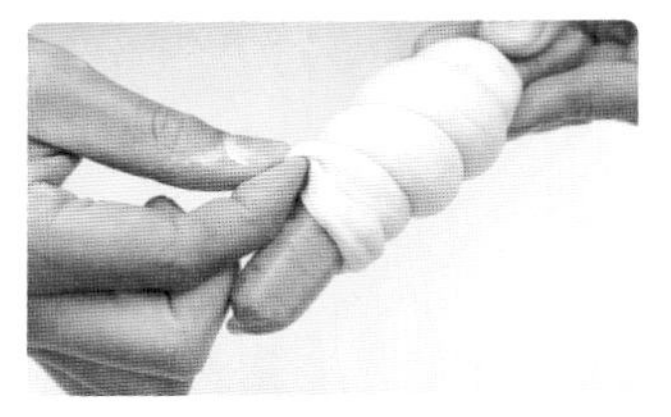

4 最後發酵：發酵 50 分鐘（發酵溫度 35 ～ 38℃／濕度 85%）。

5 烘烤：鋪乳酪絲、義大利香料。送入預熱好的烤箱，以上下火 210℃，烤 10 ～ 12 分鐘。

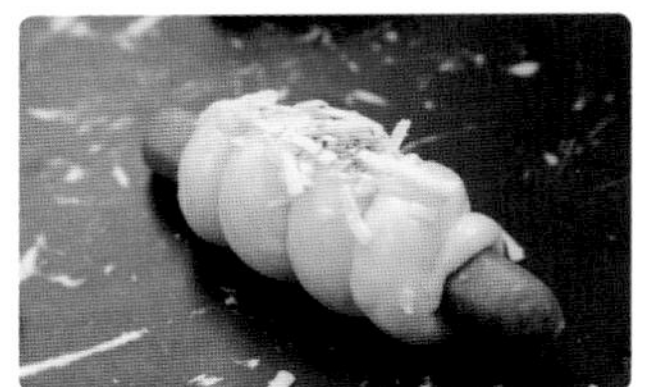

7.
蔥花培根麵包盞

製作數量
40 個

烘焙筆記

最後發酵｜50 分鐘

烘　　烤｜上下火 210℃，10 ～ 12 分鐘

- 粗黑胡椒粒 適量
- 培根 1 條
- 直徑 11 公分杯模
- 古早味蔥花奶油（P.27）20g

作法

1　整形：取完成至 P.23 ～ 25 中間發酵完畢之麵團。輕輕拍開，翻面，擀直徑 11 公分圓片，放入杯模，輕輕調整至麵團貼合杯模。先把一條培根切成半條，依序鋪半條培根、古早味蔥花奶油，再鋪另外半條培根，表面撒粗黑胡椒粒。

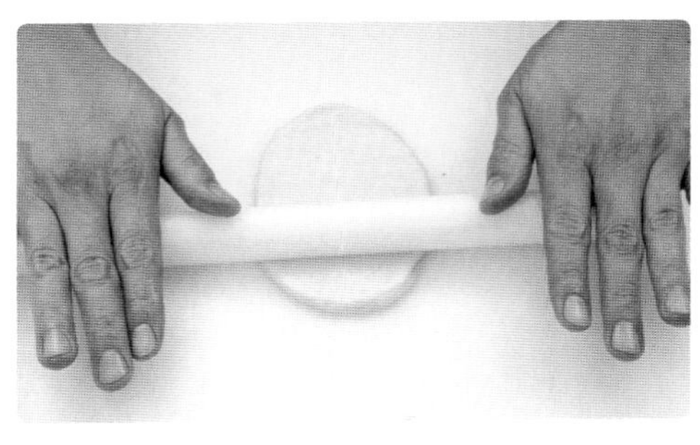

2　最後發酵：發酵 50 分鐘（發酵溫度 35 ～ 38℃／濕度 85%）。

3　烘烤：送入預熱好的烤箱，以上下火 210℃，烤 10 ～ 12 分鐘。

Theme
2

橄欖形麵包系列

作為店家主力商品的「橄欖形餐包」，變化應該要讓麵包有料理感，有豐盛的層次，讓人們覺得吃麵包就跟吃料理正餐是一樣的概念。這次我們做了玉米雞蛋沙拉、鮪魚沙拉、肉鬆、花枝龍蝦沙拉等，店家可以依據這樣子的基準自由做變化。

◎ Bread！製作橄欖形麵包

烘焙筆記

最後發酵｜50 分鐘

烘　　烤｜上下火 200℃，10 ～ 12 分鐘

作法

1 整形：取完成至 P.23 ～ 25 中間發酵完畢之麵團。輕輕拍開。

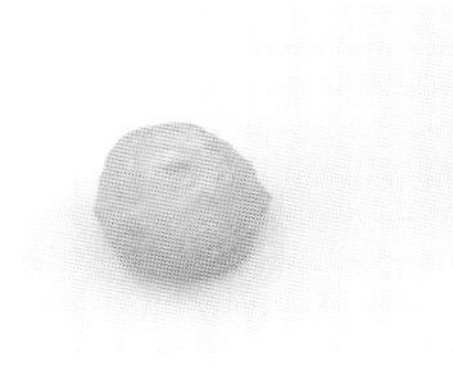
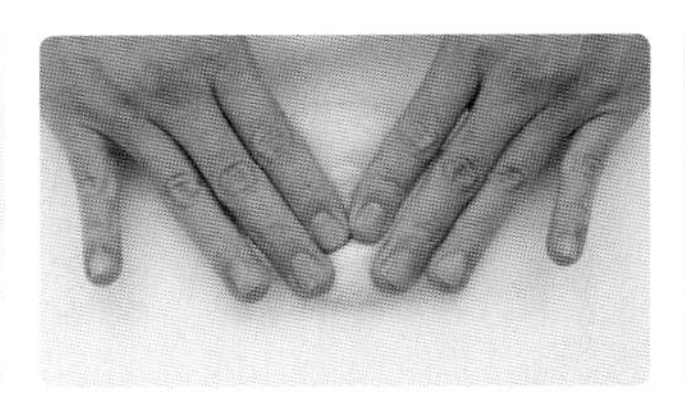
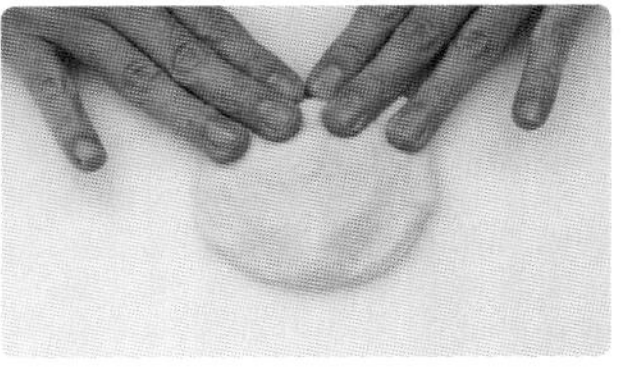

2 把一側麵團底部壓薄，最後收口處會完美貼覆麵團，比較美觀。

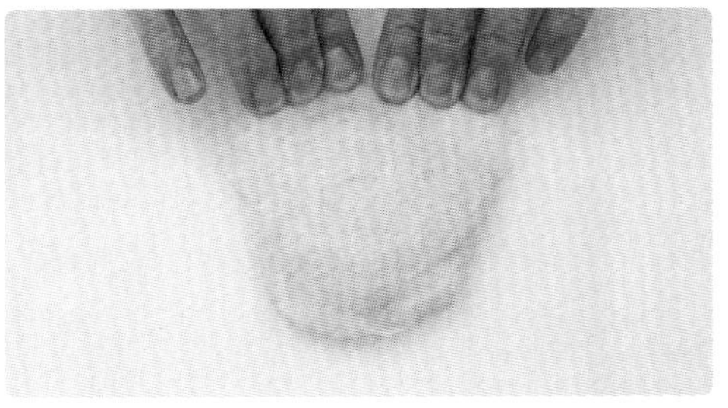

3 由上朝下收摺，兩端略搓一下成橄欖形。

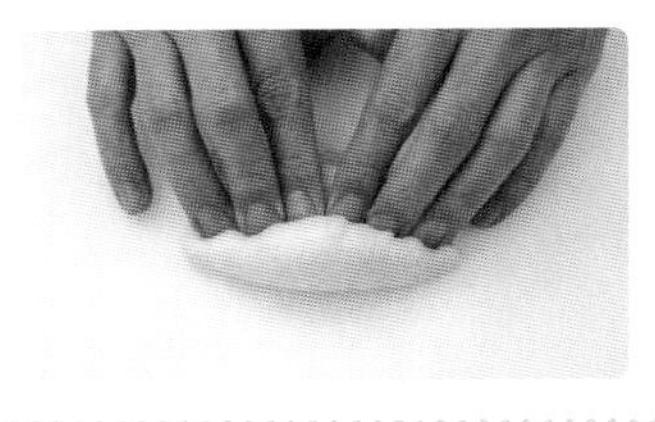
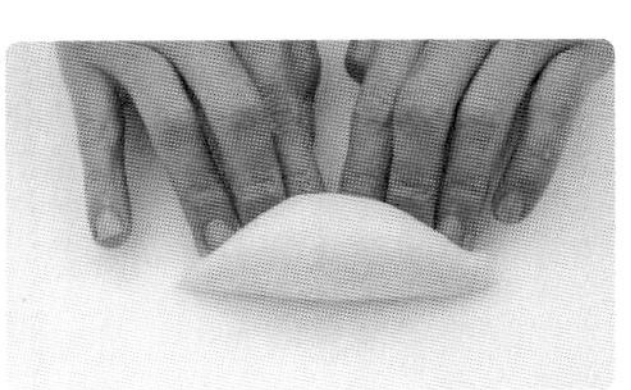

4 最後發酵：發酵 50 分鐘（發酵溫度 35 ～ 38℃／濕度 85%）。

5 烘烤：送入預熱好的烤箱，以上下火 200℃，烤 10 ～ 12 分鐘。

橄欖形麵包變化一覽

參考本頁挑選喜歡的口味製作。

橄欖形麵包是經典的野餐美食之一。
麵包切開夾上美味餡料，既不會弄髒手，
多變的口味又可以滿足每個人的味蕾。

◎3款精選夾餡

明太子奶油醬

材料	公克
明太子	100
美乃滋	200
軟化無鹽奶油	100
鹽	2

作法

1. 奶油使用無鹽奶油即可，因為配方有另外添加鹽，用有鹽奶油會太鹹。
2. 所有材料拌勻即可使用。

鮪魚沙拉

材料	公克
鮪魚罐頭	150
洋蔥	30
酸黃瓜	30
胡蘿蔔	30
美乃滋	70
白胡椒粉	1

作法

1. 洋蔥、酸黃瓜、胡蘿蔔分別切碎。
2. 鮪魚放入乾淨布巾中，把油脂擠乾。失去油脂的鮪魚肉會變得較為乾燥鬆散，有做這個步驟可以存放比較久，如果會立刻吃完就不用把油擠乾，鮪魚油脂會讓整體香氣更好。
3. 所有材料拌勻即可使用。

雞蛋沙拉

材料	公克
水煮蛋	5顆
美乃茲	50
鹽	2
糖	5
軟化無鹽奶油	50

作法

1. 奶油使用無鹽奶油即可，因為配方有另外添加油，用有鹽奶油會太鹹。
2. 水煮蛋用叉子壓碎，可以一半壓到變泥狀，另一半隨意壓碎，保留口感。
3. 所有材料拌勻即可使用。

#8.
明太子橄欖麵包

1. 橄欖形麵包放涼，從中切開。
2. 抹明太子奶油醬（P.43）。
3. 以上下火 200℃，烤 3 ～ 5 分鐘。出爐後，撒適量乾燥巴西利葉。

#9.
重度香蒜奶油麵包

1. 橄欖形麵包放涼，從中切開。
2. 抹香蒜奶油醬（P.119）。
3. 以上下火 200℃，烤 3 ～ 5 分鐘。出爐後，撒適量乾燥巴西利葉。

#10.
生菜德式香腸麵包

1. 生菜洗淨，用布巾把水分擦乾；德式香腸烤熟。
2. 橄欖形麵包放涼，從中切開，夾入食材。

#11.
洋蔥美式熱狗麵包

1. 洋蔥切絲；美式熱狗烤熟。
2. 橄欖形麵包放涼，從中切開，夾入食材，擠番茄醬。

12.
雙層肉鬆麵包

1 橄欖形麵包放涼，從中切開。

2 抹沙拉醬，沾兩層肉鬆。

13.
鮪魚沙拉麵包

1 橄欖形麵包放涼，從中切開。

2 鋪鮪魚沙拉（P.43）。

14.
玉米雞蛋沙拉麵包

1 使用玉米罐頭的玉米，把水稍微瀝乾。

2 取適量玉米粒與雞蛋沙拉（P.43）拌勻。

3 橄欖形麵包放涼，從中切開，鋪拌勻的玉米雞蛋沙拉。

15.
辣味花枝九層塔龍蝦沙拉麵包

1 這款會把麵包與平常吃的鹹酥雞店炸物結合，首先需要先備妥炸花枝、炸九層塔。

2 橄欖形麵包放涼，從中切開，鋪炸九層塔、炸花枝、龍蝦沙拉。

Theme

3

卡士達
與圓形餐包
系列

◎ Bread！圓形餐包製作

最後發酵｜50 分鐘

烘　　烤｜上下火 200℃，10 ～ 12 分鐘

作法

1 整形：取完成至 P.23 ～ 25 中間發酵完畢之麵團。輕拍排氣，重新滾圓。

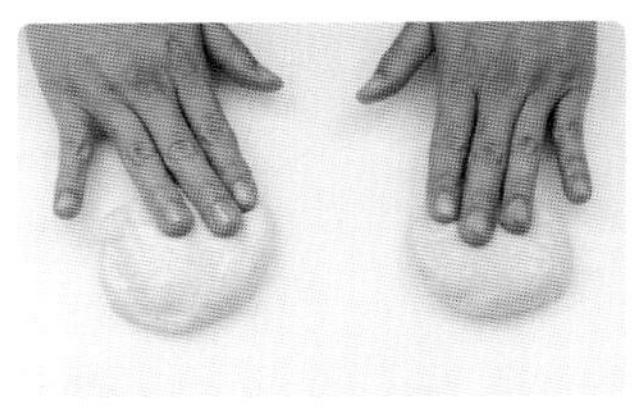

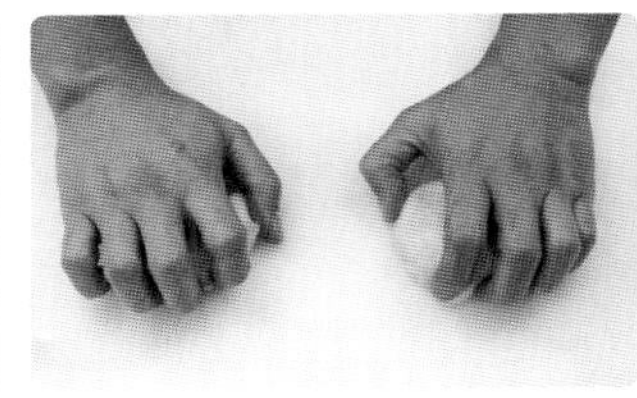

芝麻造型

最後發酵→烘烤：捏住底部正面沾白芝麻，正面朝上發酵 50 分鐘（發酵溫度 35 ～ 38℃／濕度 85％）。送入預熱好的烤箱，以上下火 200℃，烤 10 ～ 12 分鐘。

麵包屑造型

最後發酵→烘烤：捏住底部正面沾麵包屑，正面朝上發酵 50 分鐘（發酵溫度 35 ～ 38℃／濕度 85％）。送入預熱好的烤箱，以上下火 200℃，烤 10 ～ 12 分鐘。

乳酪絲造型

最後發酵→烘烤：發酵 50 分鐘（發酵溫度 35 ～ 38℃／濕度 85%）。烘烤前撒乳酪絲，送入預熱好的烤箱，以上下火 200℃，烤 10 ～ 12 分鐘。

16.

香草卡士達麵包

製作數量

40 個

烘焙筆記

最後發酵｜50 分鐘

烘　　烤｜上下火 200℃，
10 ～ 12 分鐘

1 個 / 所需的材料

- 糖粉 適量
- 香草卡士達餡 20g

香草卡士達餡

材料	公克
新鮮香草莢	0.5 條
蛋黃	150
細砂糖	125
低筋麵粉	20
玉米粉	20
鮮奶	500
無鹽奶油	25

作法

1. 新鮮香草莢用小刀剖開，用刀仔細刮出香草籽，放入鋼盆中。
2. 加入蛋黃、細砂糖拌勻。加入過篩低筋麵粉、過篩玉米粉拌勻，倒入厚底鍋中。
3. 另外將鮮奶煮滾，沖入作法 2，用中小火或中火，邊拌邊回煮至濃稠狀。
4. 離火，加入無鹽奶油拌勻，倒入平盤冷藏備用。

★香草卡士達餡需趁熱冷藏，要冰過後才能裝入擠花袋使用。

1 最後發酵：取 P.47 整形完成之麵團，發酵 50 分鐘（發酵溫度 35 ～ 38℃／濕度 85%）。

2 擠花袋套上花嘴（可使用任意花嘴）裝入香草卡士達餡。麵團中心先用擀麵棍壓出一個凹槽，再於凹槽內灌 20g 香草卡士達餡。

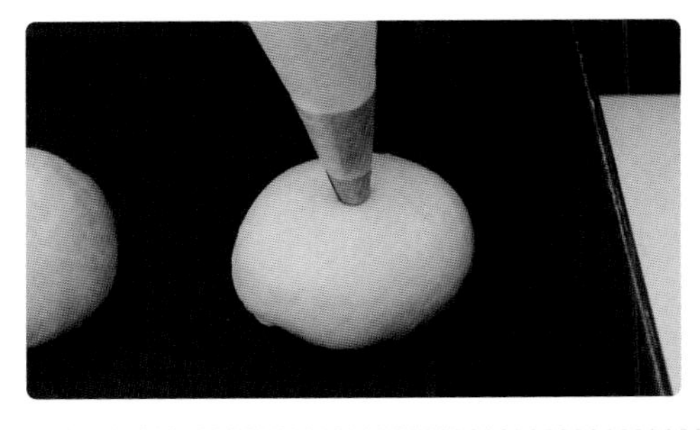

3 送入預熱好的烤箱，以上下火 200℃，烤 10 ～ 12 分鐘。出爐放涼，篩糖粉。

#17. 美式烤雞漢堡

1. 美式烤雞撕成雞絲肉；高麗菜切絲；牛番茄切片。
2. 參考 P.47 完成【芝麻造型】麵包。切開後夾入作法 1 食材，擠美乃滋，撒粗黑胡椒粒。

#18. 龍蝦沙拉 苜蓿芽乳酪絲漢堡

1. 苜蓿芽洗淨，用布巾或衛生紙將水盡可能擦乾。
2. 參考 P.47 完成【乳酪絲造型】麵包。切開後夾入苜蓿芽、乳酪絲，擠龍蝦沙拉，頂端放上適量魚卵。
3. 以上下火 200℃，烤 3 ～ 5 分鐘，烤到乳酪絲受熱融化即可，中心撒適量七味粉、熟黑芝麻。

#19.
炸雞生菜漢堡

1 生菜洗淨，用布巾或衛生紙將水盡可能擦乾。
2 參考 P.47 完成【芝麻造型】麵包。切開後夾入生菜、沙拉醬、炸雞。

#20.
腿庫肉酸菜漢堡

1 參考 P.47 完成【麵包屑造型】麵包。
2 切開後夾入酸菜、滷腿庫肉。

#21.
美式午餐肉漢堡

1 午餐肉切片；洋蔥切絲。
★午餐肉稍微煎到兩面上色。
2 參考 P.47 完成【麵包屑造型】麵包。切開後夾入洋蔥、起司片、午餐肉、美乃滋。

Theme

4

菠蘿與
墨西哥系列

◎包餡、覆蓋菠蘿皮的方法

1 整形：取完成至 P.23 ～ 25 中間發酵完畢之麵團。麵團輕輕拍開，放 20g 原味奶酥餡，略微收口，收到奶酥不會輕易掉落，但不要完全收合。

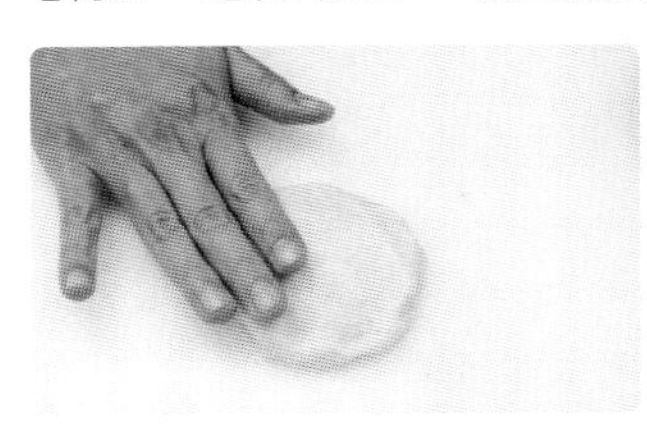
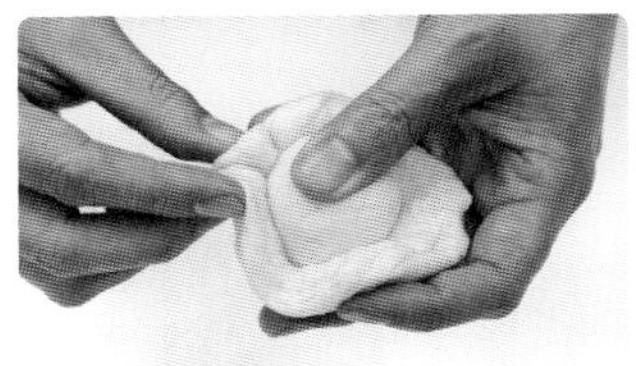

2 整顆麵團翻面，30g 菠蘿皮輕輕壓開貼上麵團，手捏住奶酥收口處，把菠蘿那面向下沾適量高筋麵粉。

3 菠蘿皮面向下，輕輕拍開麵團；一手托住麵團，另一手將奶酥餡收口。

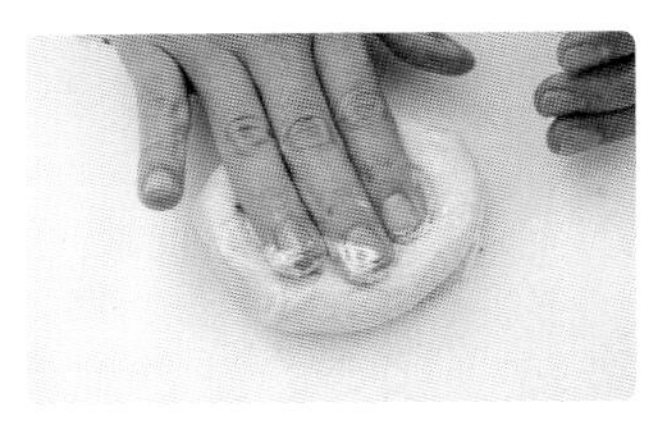

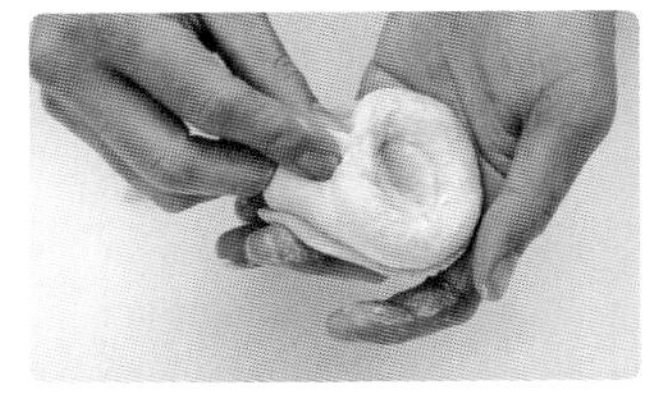

4 收口處向下，菠蘿面朝上，表面切貝殼形狀，準備進行最後發酵。

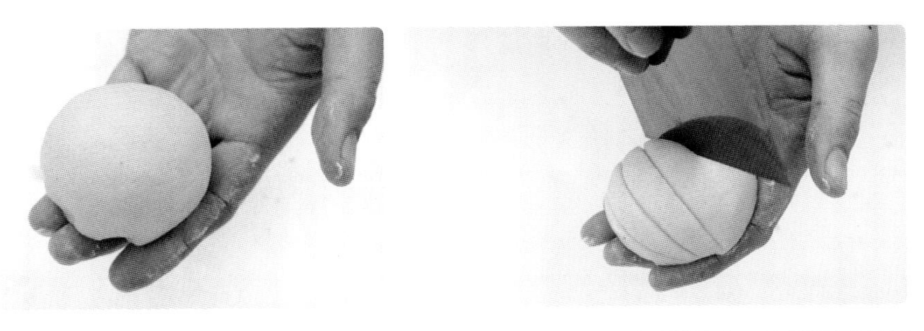

★覆蓋菠蘿皮的時候，手與器具必須沾適量高筋麵粉防止沾黏。

★這個作法可以讓菠蘿皮與麵團貼得更密合，但對整形的手法要求較高，不熟練的人，可以把奶酥餡包好後，再蓋上菠蘿皮。

◎6款奶酥餡製作

原味奶酥餡

材料		公克
A	無鹽奶油	100
	糖粉	45
	玉米粉	15
B	全蛋液	25
C	奶粉	100

抹茶奶酥餡

材料		公克
A	無鹽奶油	100
	糖粉	45
	玉米粉	15
B	全蛋液	25
C	奶粉	100
	抹茶粉	4

紅茶奶酥餡

材料		公克
A	無鹽奶油	100
	糖粉	45
	玉米粉	15
B	全蛋液	25
C	奶粉	100
	紅茶粉	4

咖啡奶酥餡

材料		公克
A	無鹽奶油	100
	糖粉	45
	玉米粉	15
B	全蛋液	25
C	奶粉	100
	即溶黑咖啡粉	4

可可奶酥餡

材料		公克
A	無鹽奶油	100
	糖粉	45
B	全蛋液	25
C	奶粉	100
	可可粉	15

肉桂奶酥餡

材料		公克
A	無鹽奶油	100
	糖粉	45
	玉米粉	15
B	全蛋液	25
C	香草莢醬	2
	奶粉	100
	肉桂粉	5

作法

1. 無鹽奶油室溫退冰至16～20℃；全蛋液退冰至常溫，約16～20℃；粉類分別過篩。
2. 攪拌缸加入材料A，慢速攪拌1～2分鐘，讓材料大致混合，粉類不要噴濺。
3. 轉中速拌至稍發，食材微微變色轉白，這樣奶酥吃起來才會有口感。攪打目的拌勻大於打發，打到變色就停，不可以打太發，太發奶酥口感會太軟。
4. 加入全蛋液（材料B），中速打至材料吸收，沒乳化均勻狀態會呈現花花的、分離之狀況，奶油表面會很濕潤，大約用中速打3～5分鐘，吸收後表面就看不到液體。（圖1～2）
5. 加入材料C，剛加入攪打會感覺鬆鬆散散的，等到材料完全聚合，即完成。（圖3～4）
★奶酥不要攪拌過度，只要粉與缸內材料有拌勻就可以起缸了。

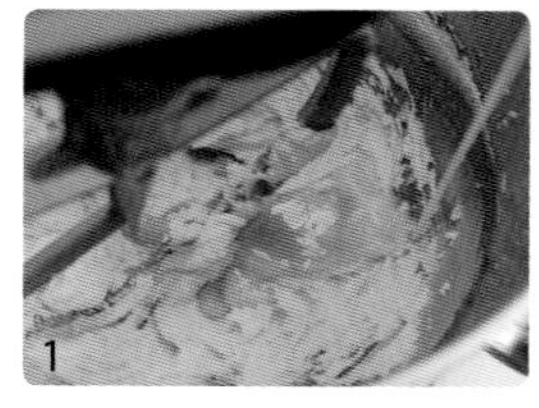
1

2

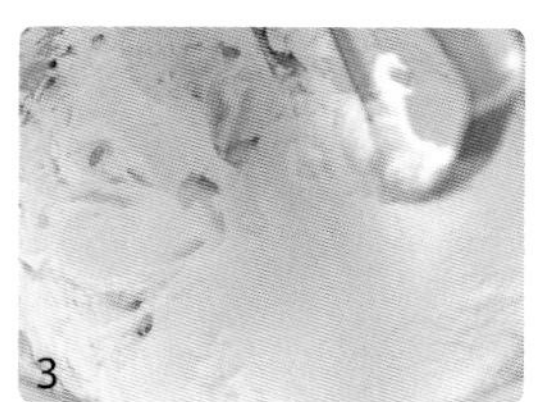
3

4

◎3款菠蘿皮＆3款墨西哥醬製作

原味菠蘿皮

材料		公克
A	無鹽奶油	100
	高筋麵粉	200
	細砂糖	100
	全脂奶粉	10
B	全蛋液	60

巧克力菠蘿皮

材料		公克
A	無鹽奶油	100
	高筋麵粉	180
	細砂糖	100
	可可粉	20
B	全蛋液	60

紅茶菠蘿皮

材料		公克
A	無鹽奶油	100
	高筋麵粉	200
	細砂糖	100
	全脂奶粉	10
	紅茶粉	5
B	全蛋液	60

作法

1 無鹽奶油室溫退冰至 16 ～ 20℃；粉類因為加入時機一致，秤好後可以合併過篩。全蛋液退冰至常溫，約 16 ～ 20℃。

2 攪拌缸加入材料 A，低速攪打 30 秒，攪拌到材料大致均勻。

3 加入全蛋液，中速攪打 1 ～ 2 分鐘，攪打到蛋液完全被吸收即可，菠蘿皮只要拌勻就好，不需打發。

※ 最終質地

原味墨西哥醬

材料		公克
A	低筋麵粉	100
	細砂糖	100
	無鹽奶油	100
B	全蛋液	80

咖啡墨西哥醬

材料		公克
A	低筋麵粉	100
	細砂糖	100
	無鹽奶油	100
B	全蛋液	80
C	黑咖啡粉	5

巧克力墨西哥醬

材料		公克
A	低筋麵粉	90
	細砂糖	100
	無鹽奶油	100
B	全蛋液	80
C	可可粉	10

作法

1 無鹽奶油室溫退冰至 16 ～ 20℃；粉類分別過篩。全蛋液退冰至常溫，約 16 ～ 20℃。

2 攪拌缸加入材料 A，低速攪打 30 秒，攪拌到材料大致均勻。

3 分次加入全蛋液，中速攪打 1 ～ 2 分鐘，當材料微微變色，變比較白一點即可。

4 加材料 C 慢速攪打 30 秒，攪拌到材料大致均勻，粉類不噴濺，轉中速打到粉類融解。（原味墨西哥可省略作法 4）

※ 最終質地

#22.
原味菠蘿奶酥麵包

烘焙筆記

最後發酵 | 60 ~ 70 分鐘
烘　　烤 | 上下火 190℃，
15 ~ 16 分鐘

1 個 / 所需的材料

- 原味奶酥餡（P.54）20g
- 原味菠蘿皮（P.55）30g
- 糖粉　適量

1 整形：取完成至 P.23 ～ 25 中間發酵完畢之麵團。麵團輕輕拍開，放原味奶酥餡，略微收口，收到奶酥不會輕易掉落，但不要完全收合。

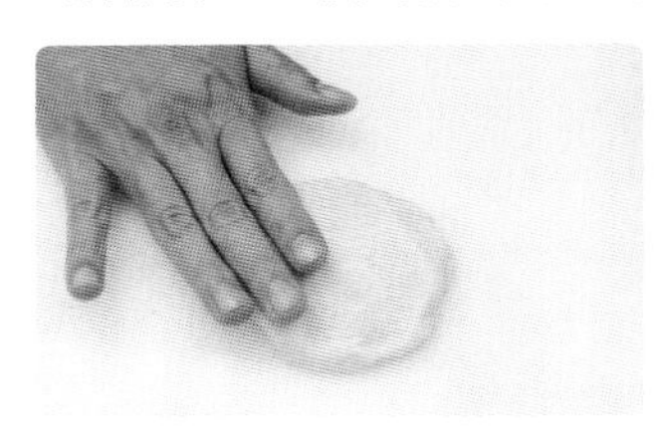 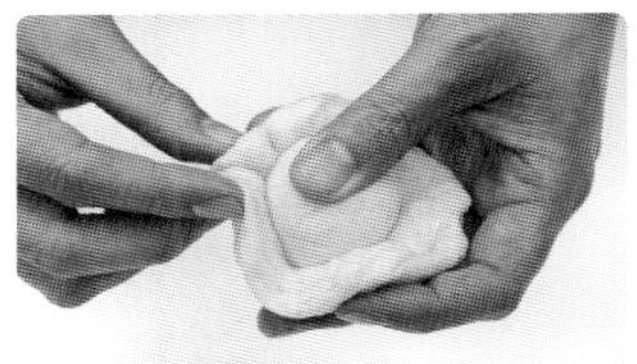 

2 整顆麵團翻面，原味菠蘿皮輕輕壓開貼上麵團，手捉住奶酥收口處，把菠蘿那面向下沾適量高筋麵粉。

 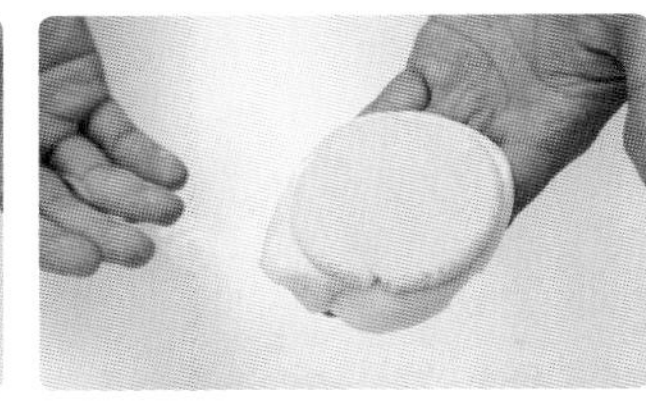 

3 菠蘿皮面向下輕輕拍開麵團；一手托住麵團，另一手將奶酥餡收口。

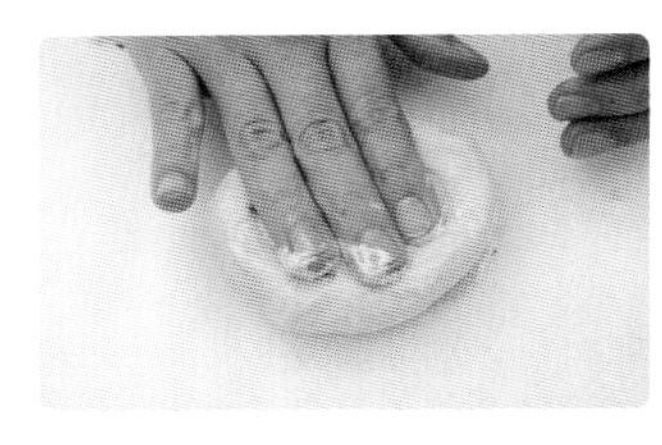  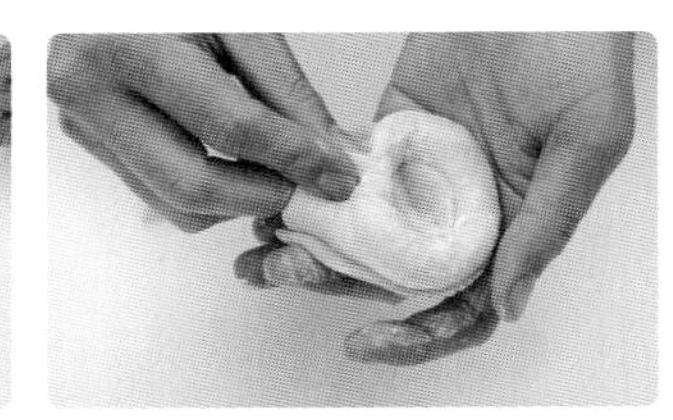

4 收口處向下，菠蘿面朝上，表面切貝殼形狀，準備進行最後發酵。

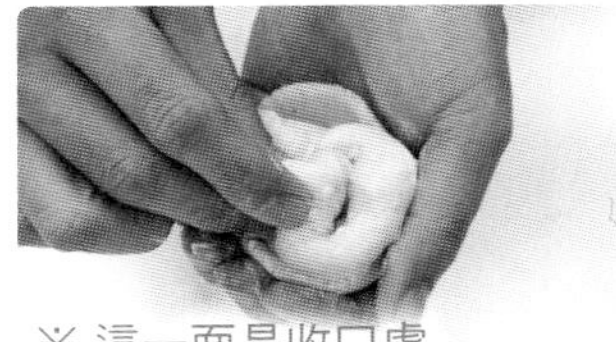

※ 這一面是收口處

※ 這一面是菠蘿面

5 最後發酵：發酵 60 ～ 70 分鐘（室溫 28 ～ 30℃／無濕度）。

★菠蘿皮發酵不能有濕度，皮會濕掉。

6 烘烤：篩適量糖粉。送入預熱好的烤箱，以上下火 190℃，烤 15 ～ 16 分鐘。

#23.
紅茶菠蘿奶酥麵包

製作數量
40 個

最後發酵｜60～70分鐘
烘　　烤｜上下火190℃，
15～16分鐘

- 紅茶奶酥餡（P.54）20g
- 紅茶菠蘿皮（P.55）30g
- 糖粉　適量

1 整形：取完成至 P.23 ～ 25 中間發酵完畢之麵團。麵團輕輕拍開，放紅茶奶酥餡，略微收口，收到奶酥不會輕易掉落，但不要完全收合。

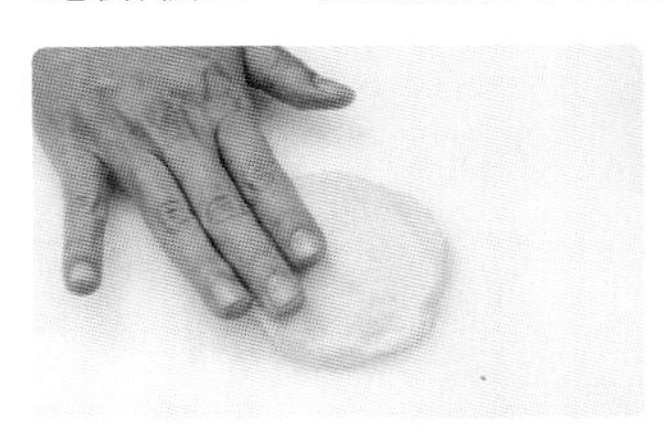
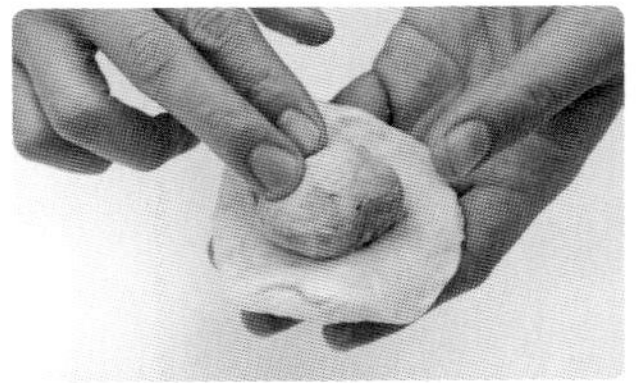
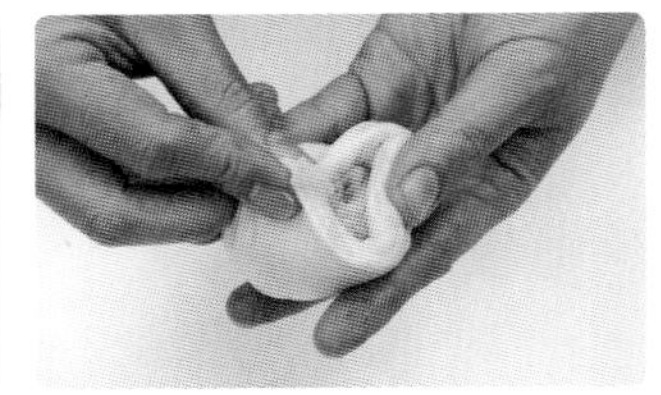

2 整顆麵團翻面，紅茶菠蘿皮輕輕壓開貼上麵團，手捉住奶酥收口處，把菠蘿那面向下沾適量高筋麵粉。

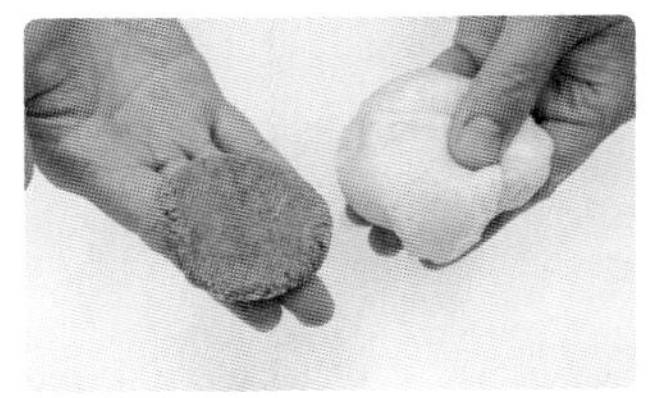

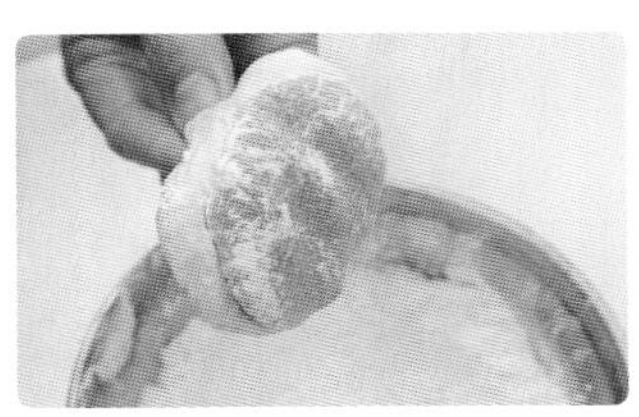

3 菠蘿皮面向下輕輕拍開麵團；一手托住麵團，另一手將奶酥餡收口。

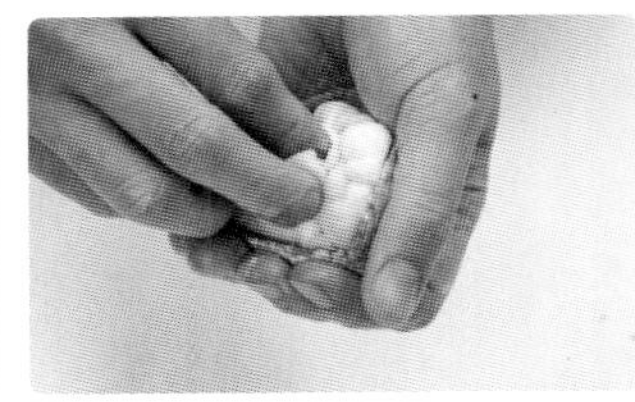
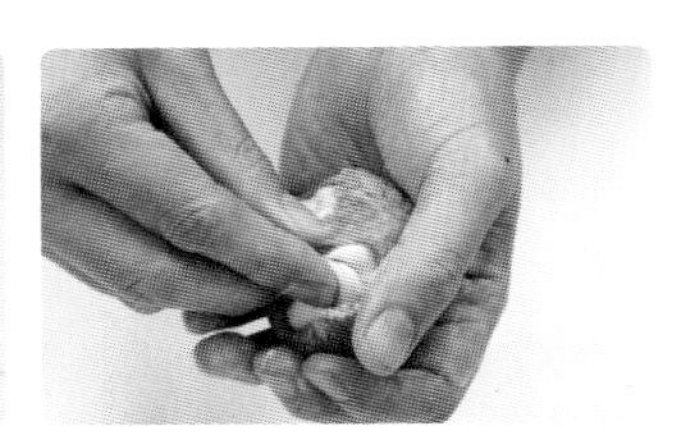

4 收口處向下，菠蘿面朝上，表面切貝殼形狀，準備進行最後發酵。

※ 這一面是菠蘿面

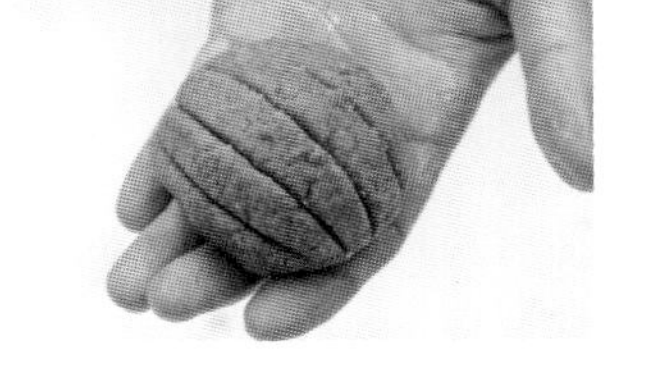

5 最後發酵：發酵 60 ～ 70 分鐘（室溫 28 ～ 30℃／無濕度）。

★菠蘿皮發酵不能有濕度，皮會濕掉。

6 烘烤：篩適量糖粉。送入預熱好的烤箱，以上下火 190℃，烤 15 ～ 16 分鐘。

#24.
特濃巧克力
菠蘿奶酥麵包

製作數量
40個

最後發酵｜60～70分鐘

烘　　烤｜上下火190℃，
15～16分鐘

- 可可奶酥餡（P.54）20g
- 巧克力菠蘿皮（P.55）30g
- 糖粉 適量

1 整形：取完成至 P.23 ～ 25 中間發酵完畢之麵團。麵團輕輕拍開，放可可奶酥餡，略微收口，收到奶酥不會輕易掉落，但不要完全收合。

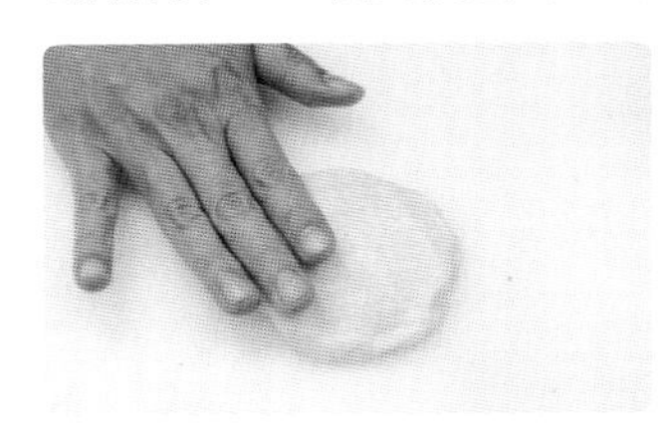
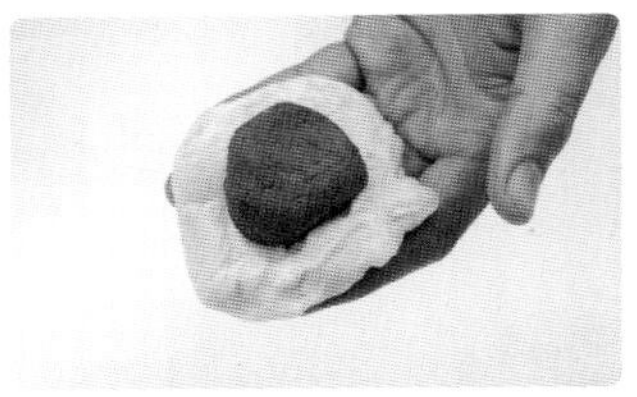

2 整顆麵團翻面，巧克力菠蘿皮輕輕壓開貼上麵團，手捉住奶酥收口處，把菠蘿那面向下沾適量高筋麵粉。

3 菠蘿皮面向下輕輕拍開麵團；一手托住麵團，另一手將奶酥餡收口。

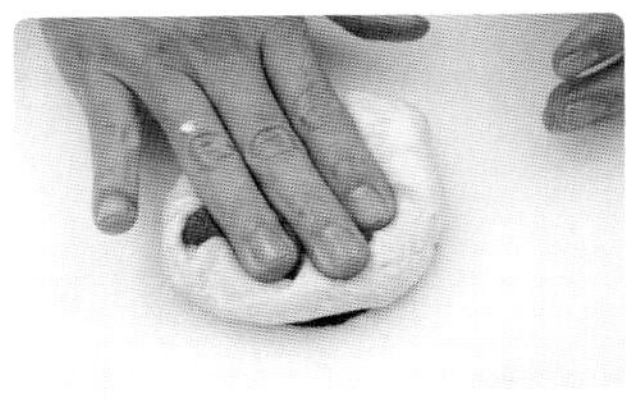
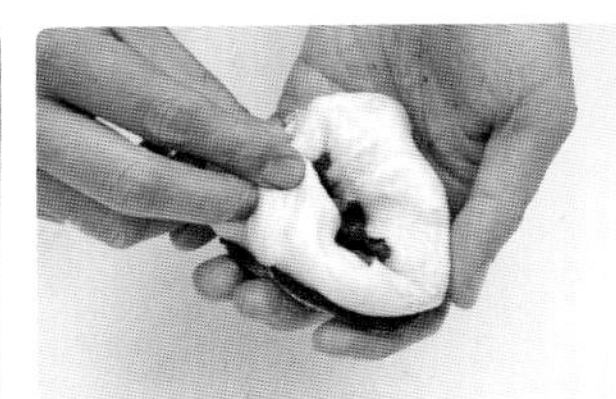
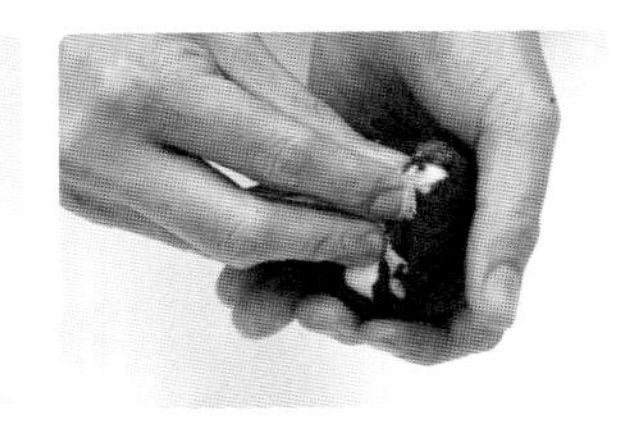

4 收口處向下，菠蘿面朝上，表面切貝殼形狀，準備進行最後發酵。

※ 這一面是菠蘿面

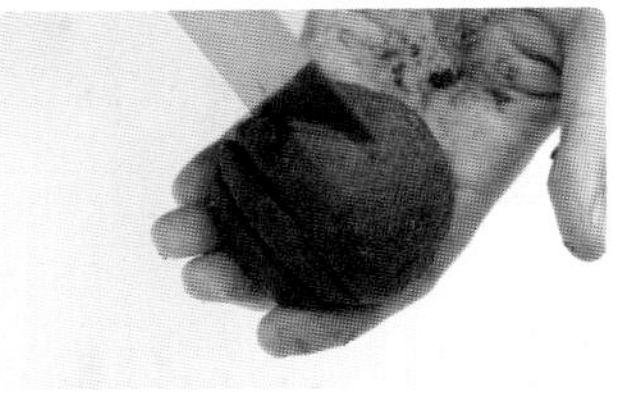

5 最後發酵：發酵 60 ～ 70 分鐘（室溫 28 ～ 30℃／無濕度）。

★菠蘿皮發酵不能有濕度，皮會濕掉。

6 烘烤：篩適量糖粉。送入預熱好的烤箱，以上下火 190℃，烤 15 ～ 16 分鐘。

25.
原味墨西哥奶酥麵包

製作數量
40 個

最後發酵｜40 分鐘
烘　　烤｜上下火 190℃，15 ～ 16 分鐘

1個／所需的材料

- 原味奶酥餡（P.54）30g
- 原味墨西哥醬（P.55）25g

1 整形：取完成至 P.23 ～ 25 中間發酵完畢之麵團。麵團輕輕拍開，放原味奶酥餡。

2 一手托住麵皮大拇指固定餡料位置，另一手食指與大拇指捏合麵皮，收口麵團。

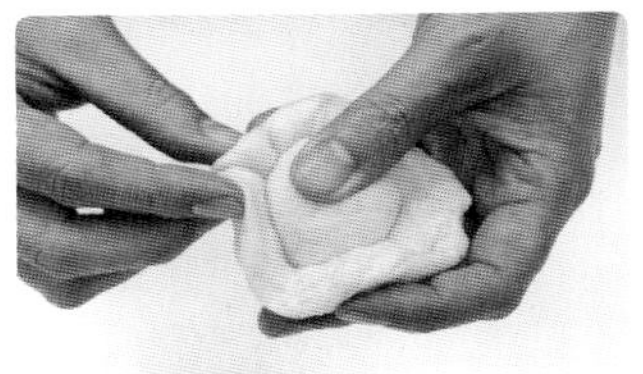

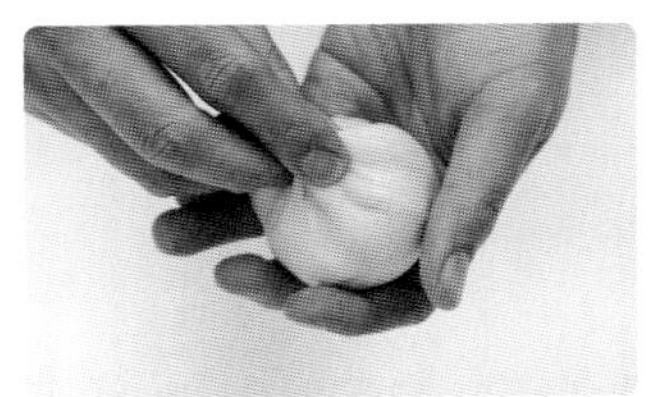

3 最後發酵：收口處朝下發酵 40 分鐘（發酵溫度 35 ～ 38℃／濕度 85%）。

4 最後發酵完成後，於麵團中心，由內朝外以畫圓方式擠一層原味墨西哥醬。

5 烘烤：送入預熱好的烤箱，以上下火 190℃，烤 15 ～ 16 分鐘。

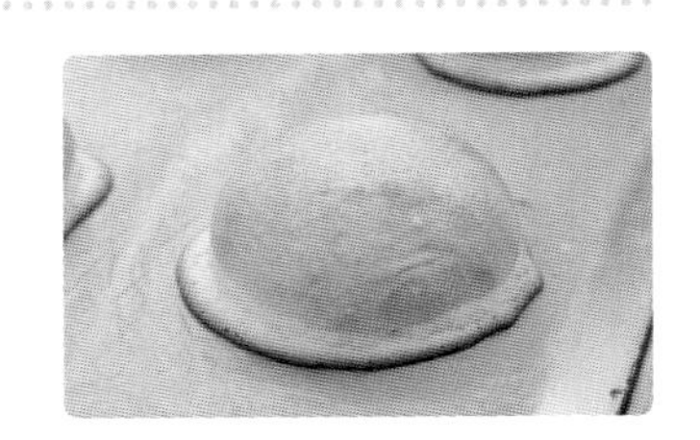

烘焙筆記

最後發酵｜40 分鐘

烘　　烤｜上下火 190℃，
15 ～ 16 分鐘

1 個 / 所需的材料

- 肉桂奶酥餡（P.54）30g
- 原味墨西哥醬（P.55）25g
- 防潮糖粉 適量

1 整形：取完成至 P.23 ～ 25 中間發酵完畢之麵團。麵團輕輕拍開，放肉桂奶酥餡。

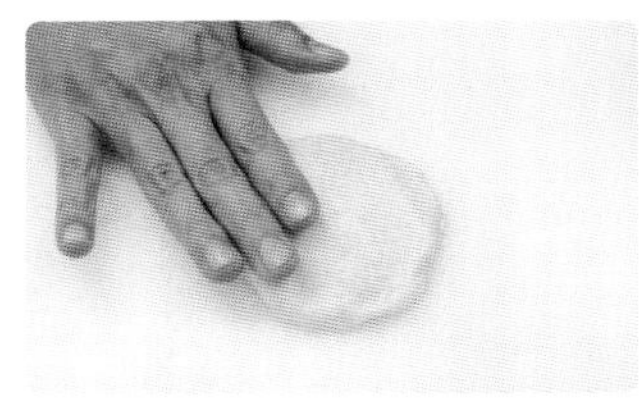

2 一手托住麵皮大拇指固定餡料位置，另一手食指與大拇指捏合麵皮，收口麵團。

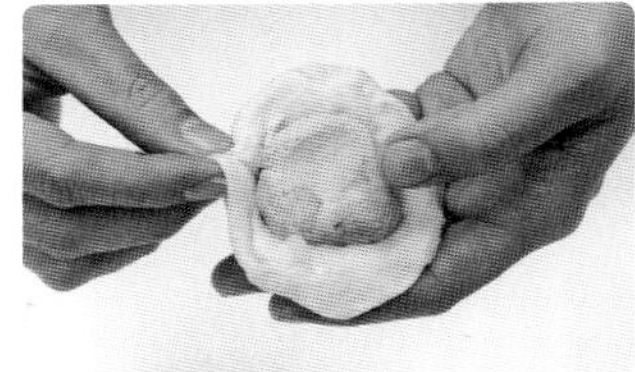
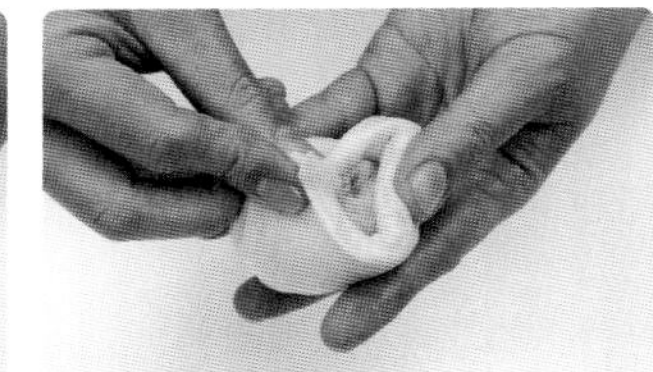
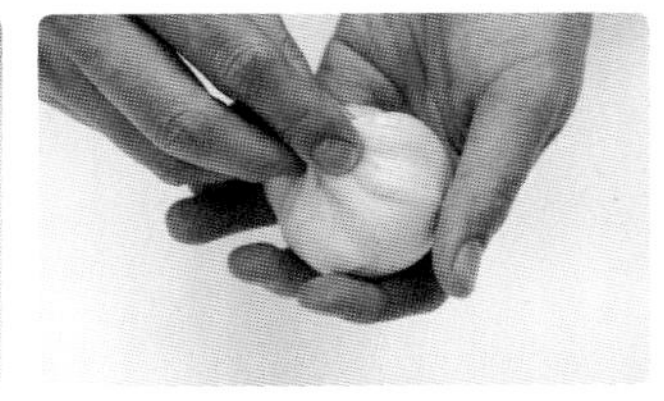

3 最後發酵：收口處朝下發酵 40 分鐘（發酵溫度 35 ～ 38℃／濕度 85%）。

4 最後發酵完成後，於麵團中心，由內朝外以畫圓方式擠一層原味墨西哥醬。

5 烘烤：送入預熱好的烤箱，以上下火 190℃，烤 15 ～ 16 分鐘。出爐放涼，篩適量防潮糖粉。

#27.
咖啡墨西哥奶酥麵包

製作數量

40個

烘焙筆記

最後發酵｜40 分鐘
烘　　烤｜上下火 190℃，
15 ～ 16 分鐘

- 咖啡奶酥餡（P.54）30g
- 咖啡墨西哥醬（P.55）25g
- 防潮糖粉 適量

1 整形：取完成至 P.23 ～ 25 中間發酵完畢之麵團。麵團輕輕拍開，放咖啡奶酥餡。

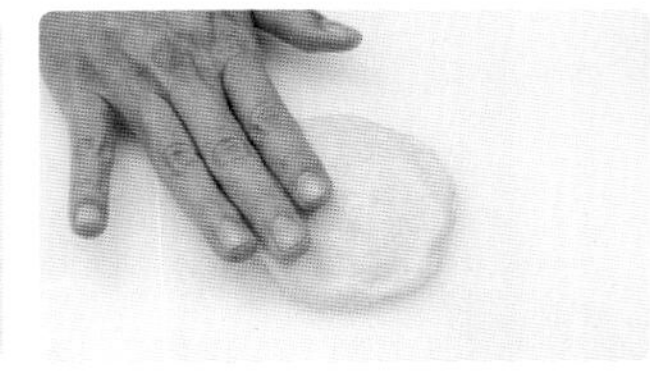
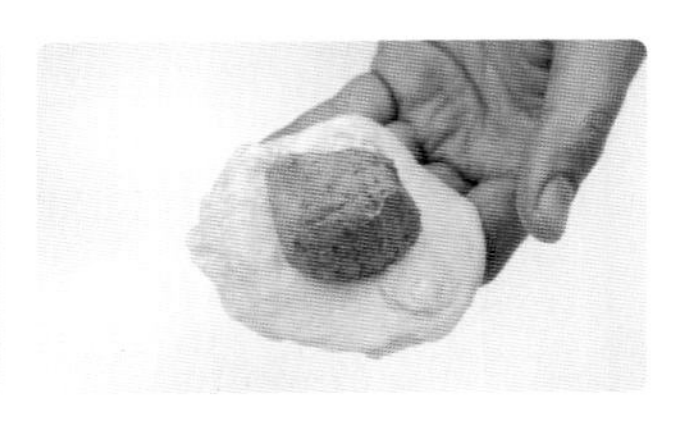

2 一手托住麵皮大拇指固定餡料位置，另一手食指與大拇指捏合麵皮，收口麵團。

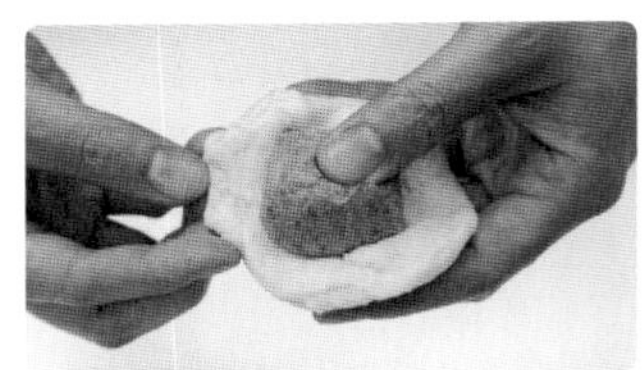
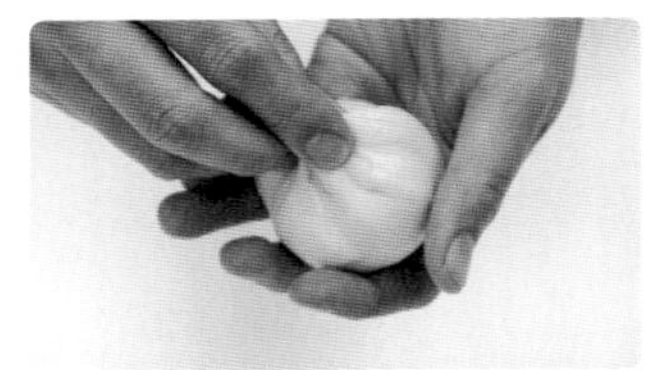

3 最後發酵：收口處朝下發酵 40 分鐘（發酵溫度 35 ～ 38℃／濕度 85%）。

4 最後發酵完成後，於麵團中心，由內朝外以畫圓方式擠一層咖啡墨西哥醬。

5 烘烤：送入預熱好的烤箱，以上下火 190℃，烤 15 ～ 16 分鐘。出爐放涼，隔著叉子篩適量防潮糖粉。

#28.
巧克力墨西哥奶酥麵包

製作數量

40 個

烘焙筆記

最後發酵｜40 分鐘

烘　　烤｜上下火 190℃，15 ～ 16 分鐘

1個 / 所需的材料

- 可可奶酥餡（P.54）30g
- 巧克力墨西哥醬（P.55）25g
- 防潮可可粉 適量

1 整形：取完成至 P.23 ～ 25 中間發酵完畢之麵團。麵團輕輕拍開，放可可奶酥餡。

2 一手托住麵皮大拇指固定餡料位置，另一手食指與大拇指捏合麵皮，收口麵團。

3 最後發酵：收口處朝下發酵 40 分鐘（發酵溫度 35 ～ 38℃／濕度 85%）。

4 最後發酵完成後，於麵團中心，由內朝外以畫圓方式擠一層巧克力墨西哥醬。

5 烘烤：送入預熱好的烤箱，以上下火 190℃，烤 15 ～ 16 分鐘。出爐放涼，篩適量防潮可可粉。

Theme

5

包餡類麵包系列

◎圓麵包包餡方法

包餡類圓麵包的包餡方法其實是一樣的，與菠蘿麵包、墨西哥奶酥麵包一致。

作法

1 整形：取完成至 P.23 ～ 25 中間發酵完畢之麵團。輕輕拍開，翻面。

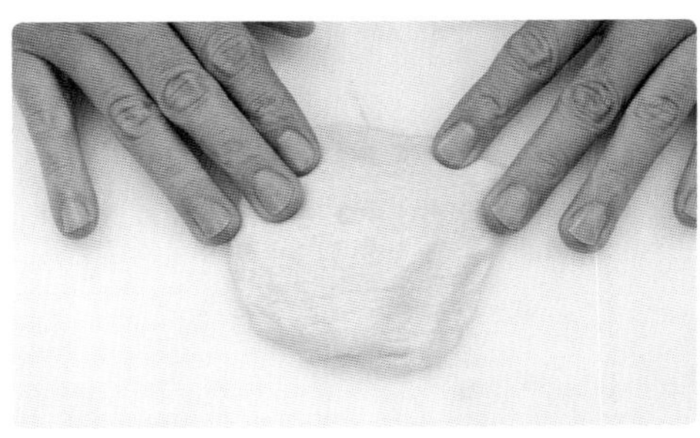

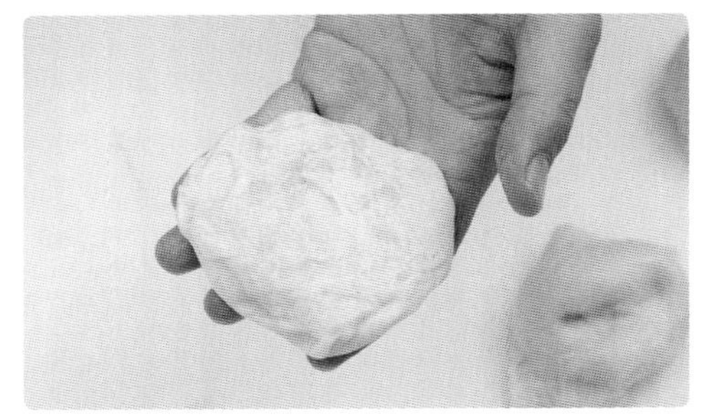

2 一手托著麵團，另一手用包餡匙將餡料抹在麵團中心。若是包入兩款餡料，先抹一個，再放一個。

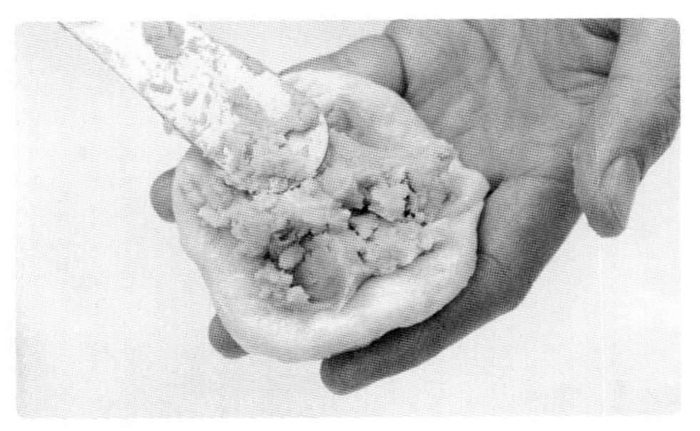

3 收口時，維持一手托著麵團的姿勢；另一手捏住麵皮捏起，反覆捏起直到看不見餡料，將麵團妥善收口。

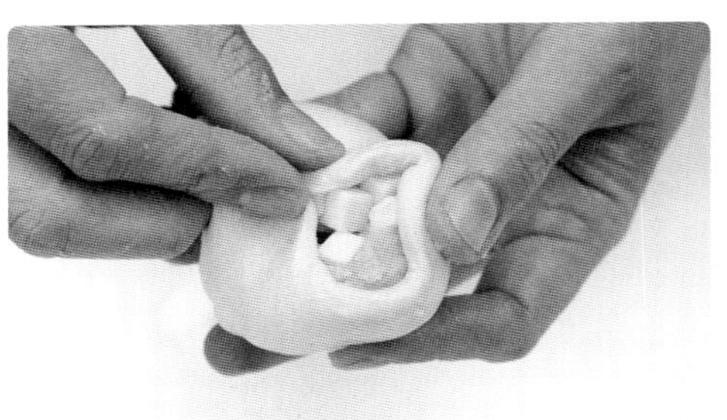

◎3款奶油霜製作

香草奶油霜

材料	公克
無鹽奶油	250
純糖粉	150
煉乳	50
香草莢醬	3

作法

1. 無鹽奶油室溫退冰至 16 ～ 20℃；純糖粉過篩。
2. 攪拌缸下無鹽奶油、純糖粉，球狀攪拌器低速打 1 ～ 2 分鐘，讓粉稍微與奶油結合。
3. 轉中速打發至顏色轉為奶白色，約打 6 ～10 分鐘。（圖1～2）
   ★奶油霜打發會比較慢，時間會根據機器型號有所差異，但最終都要打到粉有拌均勻、材料狀態轉為奶白色。
4. 加入香草莢醬、煉乳，轉中速打 5 ～ 6 分鐘，打到材料均勻即可。（圖 3 ～ 4）
   ★作法 3 要打到顏色整個變白、變膨了才可以加煉乳。

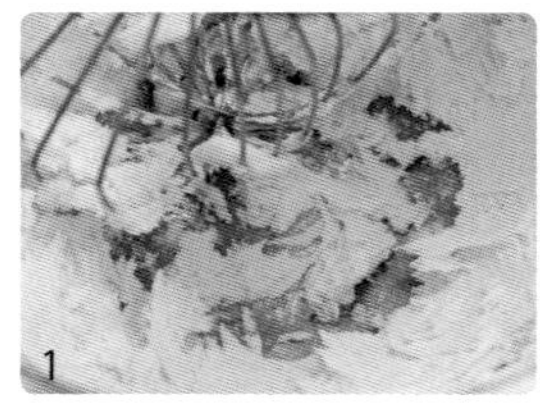
1

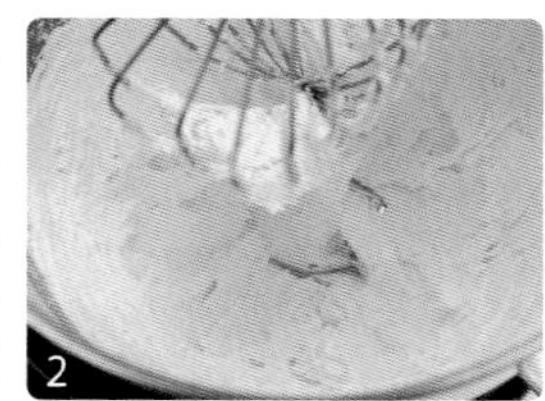
2

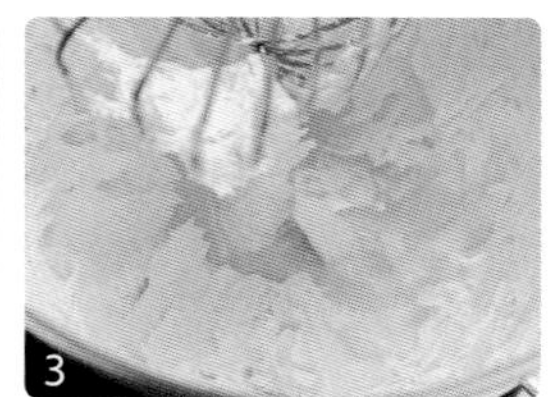
3

4

抹茶奶油霜

材料	公克
無鹽奶油	250
純糖粉	150
煉乳	50
抹茶粉	5

花生奶油霜

材料	公克
無鹽奶油	250
純糖粉	150
花生醬	50

芝麻奶油霜

材料	公克
無鹽奶油	250
純糖粉	150
芝麻醬	50

作法

1. 奶油霜攪打方法，參照【香草奶油霜】作法 1 ～ 3 完成。
2. 三個口味分別加入材料表中剩餘材料，轉中速打 5 ～ 6 分鐘，打到材料均勻即可。

#29.
紅豆黑芝麻麵包

最後發酵｜50 分鐘
烘　　烤｜上下火 200℃，
10 ～ 12 分鐘

1 個 / 所需的材料

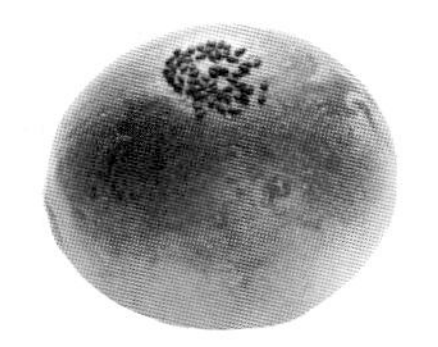

- 生黑芝麻 適量
- 蛋黃液 適量
- 高雄 9 號特級低甜紅豆粒餡 50g

1 整形：取完成至 P.23 ～ 25 中間發酵完畢之麵團。麵團輕輕拍開，抹高雄 9 號特級低甜紅豆粒餡。（圖 1）

2 一手托住麵皮大拇指固定餡料位置，另一手食指與大拇指捏合麵皮，收口麵團。（圖 2）

3 最後發酵：發酵 50 分鐘（發酵溫度 35 ～ 38℃／濕度 85%）。

4 烘烤：刷一層薄薄的蛋黃液，中心點生黑芝麻，送入預熱好的烤箱，以上下火 200℃，烤 10 ～ 12 分鐘。

1

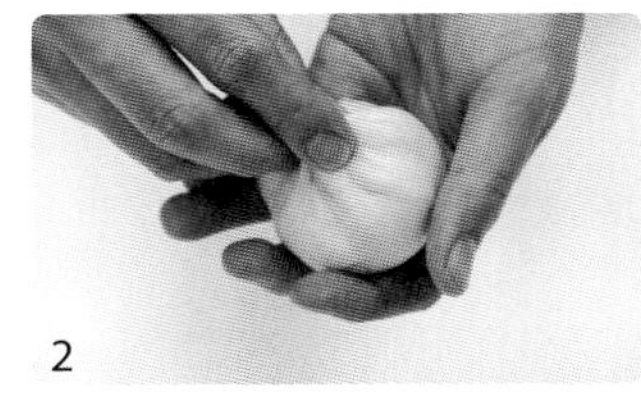
2

#30.
紅豆原味奶油霜麵包

製作數量
40 個

烘焙筆記

最後發酵｜50 分鐘
烘　　烤｜上下火 200℃，
　　　　　10 ～ 12 分鐘

1 個 / 所需的材料

- 蛋黃液 適量
- 高雄 9 號特級低甜紅豆粒餡 50g
- 香草奶油霜（P.72）20g

作法

1. 整形：取完成至 P.23 ～ 25 中間發酵完畢之麵團。麵團輕輕拍開，抹高雄 9 號特級低甜紅豆粒餡。（圖 1）
2. 一手托住麵皮大拇指固定餡料位置，另一手食指與大拇指捏合麵皮，收口麵團。
3. 最後發酵：發酵 50 分鐘（發酵溫度 35 ～ 38℃／濕度 85%）。
4. 烘烤：刷一層薄薄的蛋黃液，送入預熱好的烤箱，以上下火 200℃，烤 10 ～ 12 分鐘。出爐放涼，中心灌入香草奶油霜。（圖 2）

1

2

最後發酵｜50分鐘
烘　　烤｜上下火200℃，10～12分鐘

- 杏仁片 適量
- 蛋黃液 適量
- 高雄9號特級低甜紅豆粒餡 30g
- 白麻糬 5g
- 抹茶奶酥餡（P.54）20g

1. 整形：取完成至P.23～25中間發酵完畢之麵團。麵團輕輕拍開，放上抹茶奶酥餡、高雄9號特級低甜紅豆粒餡、白麻糬。（圖1～2）
2. 一手托住麵皮大拇指固定餡料位置，另一手食指與大拇指捏合麵皮，收口麵團。
3. 最後發酵：發酵50分鐘（發酵溫度35～38℃／濕度85%）。
4. 烘烤：中心戳一個洞，刷一層薄薄的蛋黃液，鋪杏仁片，送入預熱好的烤箱，以上下火200℃，烤10～12分鐘。

1

2

#32.

紅豆白麻糬麵包

製作數量

40 個

最後發酵｜50 分鐘

烘　　烤｜上下火 200℃，10 ～ 12 分鐘

- 蛋黃液 適量
- 高雄 9 號特級低甜紅豆粒餡 50g
- 白麻糬 10g

1 整形：取完成至 P.23 ～ 25 中間發酵完畢之麵團。麵團輕輕拍開，抹上高雄 9 號特級低甜紅豆粒餡、白麻糬。一手托住麵皮大拇指固定餡料位置，另一手食指與大拇指捏合麵皮，收口麵團。

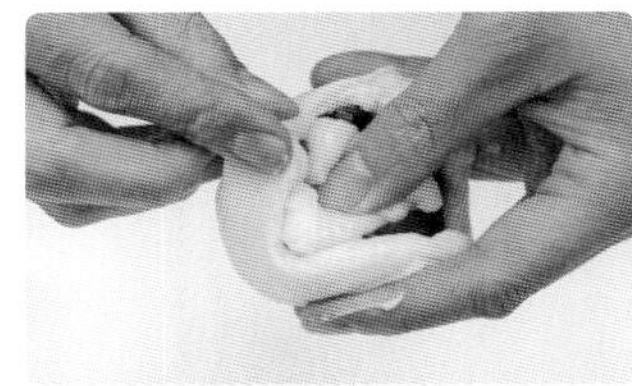
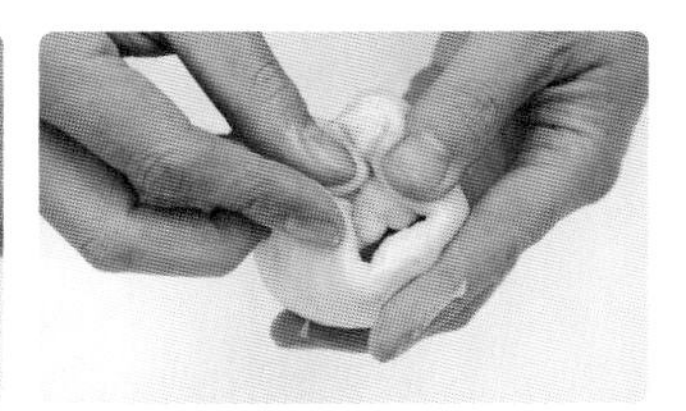

2 麵團收口處朝下放置，正面朝上，中心戳洞。

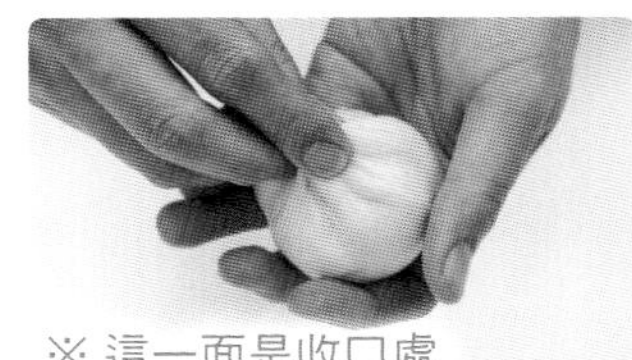
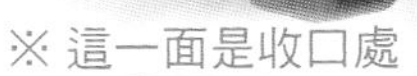

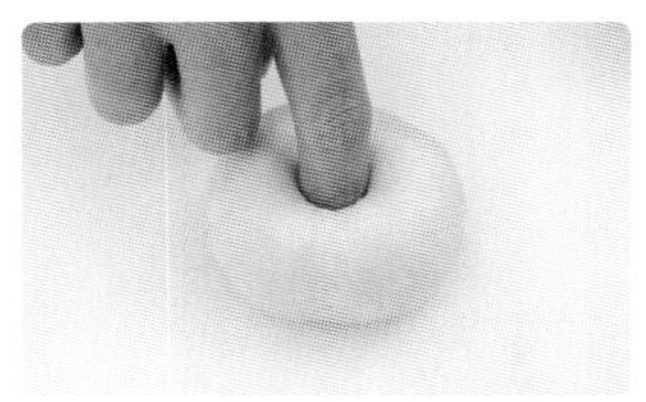

3 最後發酵：發酵 50 分鐘（發酵溫度 35 ～ 38℃／濕度 85%）。

4 烘烤：刷一層薄薄的蛋黃液，送入預熱好的烤箱，以上下火 200℃，烤 10 ～ 12 分鐘。

#33.
地瓜白芝麻麵包

製作數量

40 個

最後發酵｜50 分鐘
烘　　烤｜上下火 200℃，
　　　　　10 ～ 12 分鐘

- 蛋黃液 適量
- 養生地瓜餡 50g
- 生白芝麻 適量

1. 整形：取完成至 P.23 ～ 25 中間發酵完畢之麵團。麵團輕輕拍開，抹養生地瓜餡。（圖 1）
2. 一手托住麵皮大拇指固定餡料位置，另一手食指與大拇指捏合麵皮，收口麵團。（圖 2）
3. 最後發酵：發酵 50 分鐘（發酵溫度 35 ～ 38℃／濕度 85%）。
4. 烘烤：刷一層薄薄的蛋黃液，撒生白芝麻，送入預熱好的烤箱，以上下火 200℃，烤 10 ～ 12 分鐘。

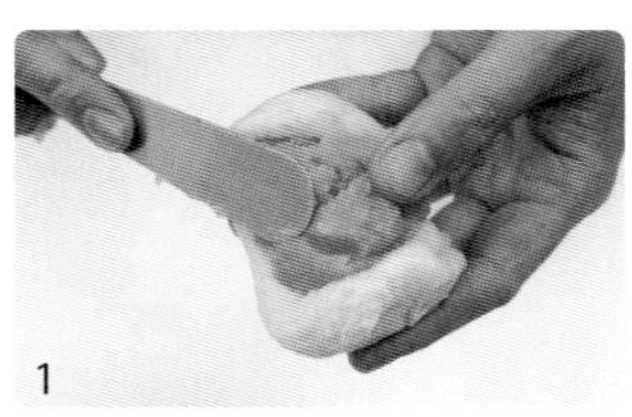
1

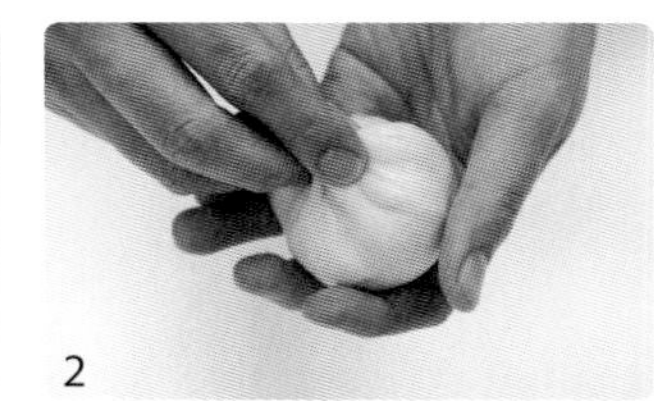
2

#34. 地瓜原味奶油霜麵包

烘焙筆記

最後發酵｜50 分鐘

烘　　烤｜上下火 200℃，10 ～ 12 分鐘

1 個 / 所需的材料

- 蛋黃液 適量
- 養生地瓜餡 50g
- 香草奶油霜（P.72）20g

作法

1. 整形：取完成至 P.23 ～ 25 中間發酵完畢之麵團。麵團輕輕拍開，抹養生地瓜餡。（圖 1）
2. 一手托住麵皮大拇指固定餡料位置，另一手食指與大拇指捏合麵皮，收口麵團。（圖 2）
3. 最後發酵：發酵 50 分鐘（發酵溫度 35 ～ 38℃／濕度 85%）。
4. 烘烤：刷一層薄薄的蛋黃液，送入預熱好的烤箱，以上下火 200℃，烤 10 ～ 12 分鐘。出爐放涼，中心灌入香草奶油霜。

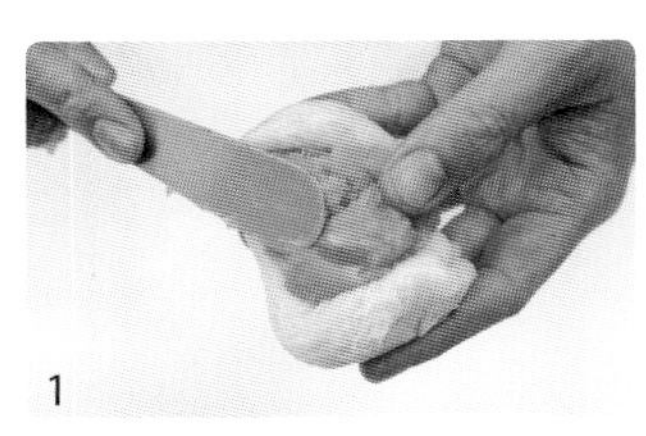
1

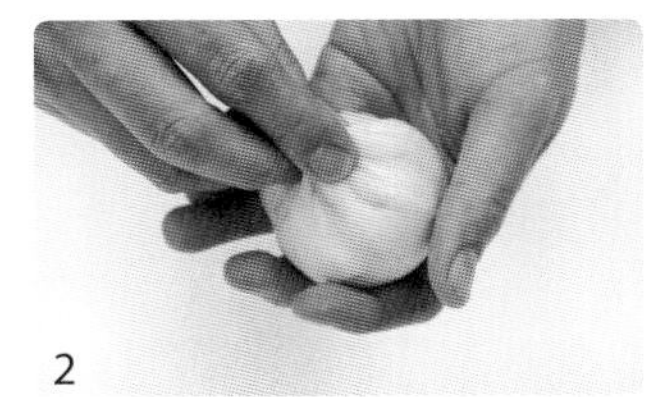
2

＃35.

地瓜紅豆麵包

最後發酵｜50 分鐘
烘　　烤｜上下火 200℃，
　　　　　10 ～ 12 分鐘

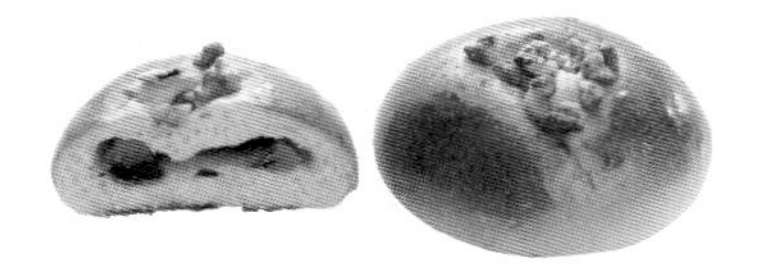

- 蛋黃液 適量
- 生核桃 適量
- 養生地瓜餡 30g
- 高雄 9 號特級低甜紅豆粒餡 20g

作法

1. 整形：取完成至 P.23 ～ 25 中間發酵完畢之麵團。麵團輕輕拍開，抹養生地瓜餡、高雄 9 號特級低甜紅豆粒餡。（圖 1）
2. 一手托住麵皮大拇指固定餡料位置，另一手食指與大拇指捏合麵皮，收口麵團。
3. 麵團收口處朝下放置，正面朝上，於中心壓入生核桃。（圖 2）
4. 最後發酵：發酵 50 分鐘（發酵溫度 35 ～ 38℃／濕度 85%）。
5. 烘烤：刷一層薄薄的蛋黃液，送入預熱好的烤箱，以上下火 200℃，烤 10 ～ 12 分鐘。

1

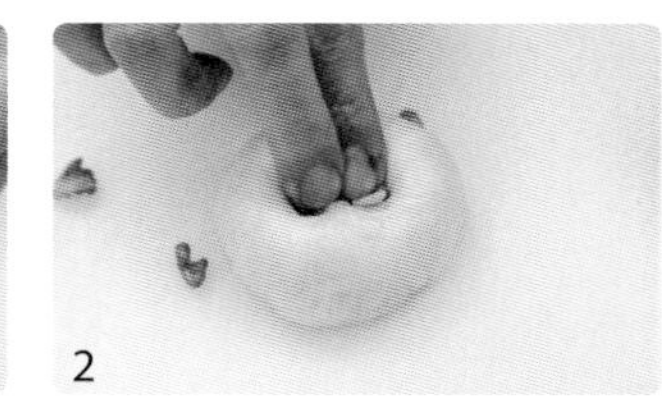
2

#36.
地瓜黑糖麻糬麵包

製作數量

40個

最後發酵｜50 分鐘

烘　　烤｜上下火 200℃，10 ～ 12 分鐘

- 蛋黃液　適量
- 南瓜籽　適量
- 養生地瓜餡 50g
- 黑糖麻糬 10g

1. 整形：取完成至 P.23 ～ 25 中間發酵完畢之麵團。麵團輕輕拍開，放黑糖麻糬、養生地瓜餡。（圖 1）
2. 一手托住麵皮大拇指固定餡料位置，另一手食指與大拇指捏合麵皮，收口麵團。
3. 麵團收口處朝下放置，正面朝上，中心戳洞。
4. 最後發酵：發酵 50 分鐘（發酵溫度 35 ～ 38℃／濕度 85%）。
5. 烘烤：刷一層薄薄的蛋黃液，放上南瓜籽，送入預熱好的烤箱，以上下火 200℃，烤 10 ～ 12 分鐘。（圖 2）

1

2

#37.
芋頭白麻糬麵包

製作數量
40 個

最後發酵｜50 分鐘
烘　　烤｜上下火 200℃，
10 ～ 12 分鐘

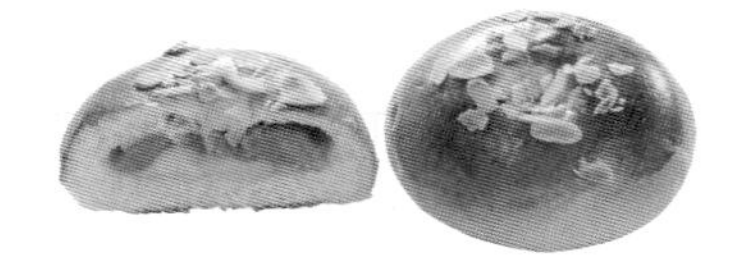

- 蛋黃液 適量
- 杏仁片 適量
- 低甜顆粒純芋頭粒餡 50g
- 白麻糬 10g

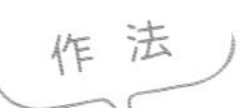

1. 整形：取完成至 P.23 ～ 25 中間發酵完畢之麵團。麵團輕輕拍開，放低甜顆粒純芋頭粒餡、白麻糬。（圖 1）
2. 一手托住麵皮大拇指固定餡料位置，另一手食指與大拇指捏合麵皮，收口麵團。
3. 麵團收口處朝下放置，正面朝上，中心戳洞。
4. 最後發酵：發酵 50 分鐘（發酵溫度 35 ～ 38℃／濕度 85%）。
5. 烘烤：刷一層薄薄的蛋黃液，撒杏仁片，送入預熱好的烤箱，以上下火 200℃，烤 10 ～ 12 分鐘。（圖 2）

1

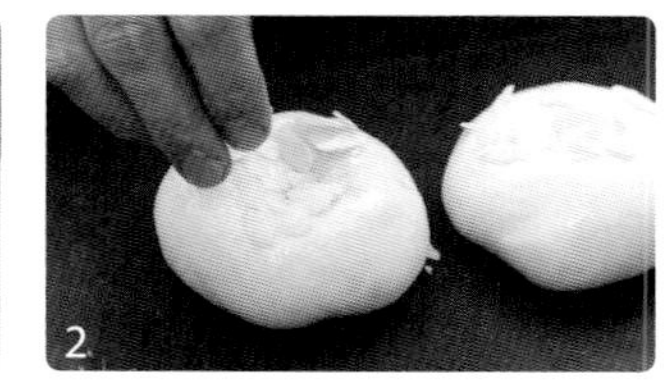
2

#38. 芋頭紅茶奶酥麵包

製作數量 40個

烘焙筆記

最後發酵｜50 分鐘

烘　　烤｜上下火 200℃，10 ～ 12 分鐘

1個 / 所需的材料

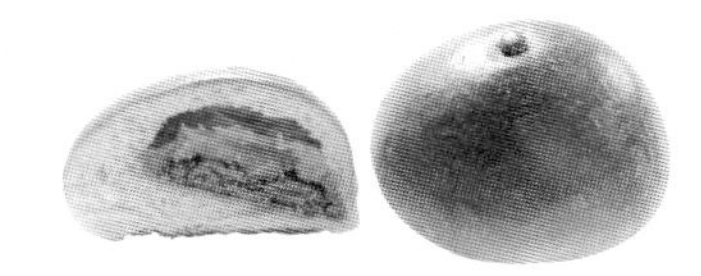

- 蛋黃液 適量
- 南瓜籽 適量
- 低甜顆粒純芋頭粒餡 30g
- 紅茶奶酥餡（P.54）20g

作法

1. 整形：取完成至 P.23 ～ 25 中間發酵完畢之麵團。麵團輕輕拍開，放低甜顆粒純芋頭粒餡、紅茶奶酥餡。（圖 1）
2. 一手托住麵皮大拇指固定餡料位置，另一手食指與大拇指捏合麵皮，收口麵團。
3. 麵團收口處朝下放置，正面朝上，放南瓜籽。（圖 2）
4. 最後發酵：發酵 50 分鐘（發酵溫度 35 ～ 38℃／濕度 85%）。
5. 烘烤：刷一層薄薄的蛋黃液，送入預熱好的烤箱，以上下火 200℃，烤 10 ～ 12 分鐘。

1

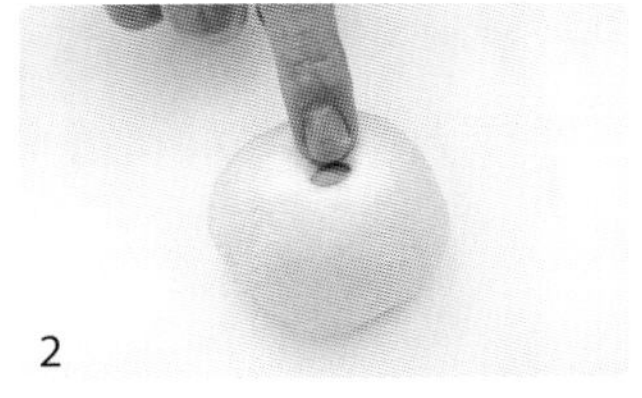

2

#39.
芋頭原味奶油霜麵包

最後發酵｜50 分鐘
烘　　烤｜上下火 200℃，10 ～ 12 分鐘

- 蛋黃液　適量
- 低甜顆粒純芋頭粒餡 50g
- 香草奶油霜（P.72）20g

1. 整形：取完成至 P.23 ～ 25 中間發酵完畢之麵團。麵團輕輕拍開，放低甜顆粒純芋頭粒餡。（圖 1）
2. 一手托住麵皮大拇指固定餡料位置，另一手食指與大拇指捏合麵皮，收口麵團。
3. 最後發酵：發酵 50 分鐘（發酵溫度 35 ～ 38℃／濕度 85%）。
4. 烘烤：刷一層薄薄的蛋黃液，送入預熱好的烤箱，以上下火 200℃，烤 10 ～ 12 分鐘。出爐放涼，中心灌入香草奶油霜。（圖 2）

1

2

#40. 芋頭乳酪麵包

製作數量

40個

烘焙筆記

最後發酵｜50分鐘
烘　　烤｜上下火200℃，
10～12分鐘

1個/所需的材料

- 蛋黃液 適量
- 生黑芝麻 適量
- 低甜顆粒純芋頭粒餡 40g
- 高熔點乳酪丁 10g

作法

1 整形：取完成至P.23～25中間發酵完畢之麵團。麵團輕輕拍開，放低甜顆粒純芋頭粒餡、高熔點乳酪丁。（圖1）

2 一手托住麵皮大拇指固定餡料位置，另一手食指與大拇指捏合麵皮，收口麵團。

3 最後發酵：發酵50分鐘（發酵溫度35～38℃／濕度85%）。

4 烘烤：刷一層薄薄的蛋黃液，中心點生黑芝麻，送入預熱好的烤箱，以上下火200℃，烤10～12分鐘。（圖2）

1

2

這個麵團是設計來製作主食吐司的，我希望作為主食吐司，口感上要兼具Q度跟柔軟度，它可以做吐司，搭配豬排等不同的食材變成三明治；也可以烤好後再夾各式餡料，讓它變成有口感、口味變化的東西。

如果今天只是單純要做很柔軟細緻的主食吐司，我可能會選擇用湯種、液種、老麵等不同的方式，但如果是要作為「主食」吐司，我最喜歡使用的就是直接法。直接法吐司不會有一個軟到黏牙的狀況，吃起來口感Q彈，可以品嚐所有素材風味，從小麥、鮮奶，到雞蛋、優格等，它都可以很好地保留在麵包裡面，而且因為直接法的麵包沒有經過長時間發酵，也比較不容易產生過度的酵母味。

這款麵團在一兩天食用風味是最好的，要長時間保存就是要放在冷凍庫，要吃再解凍，烘烤，這樣就可以呈現麵包最完美的狀況。

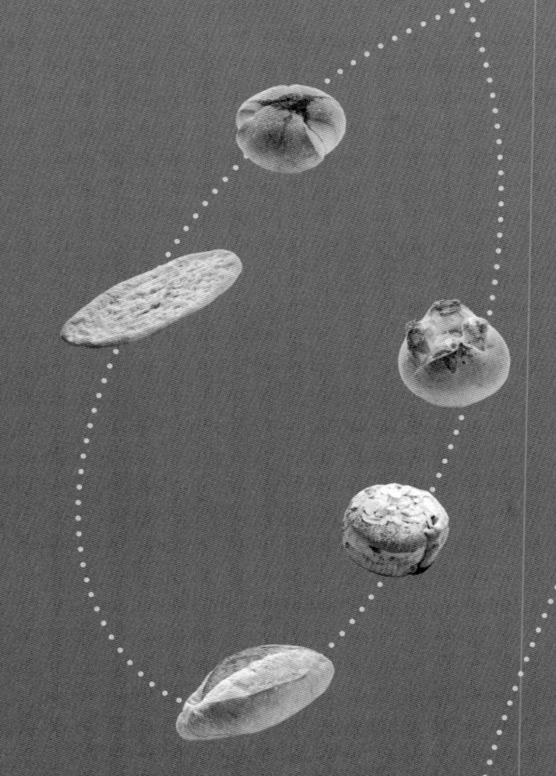

B

直接法：經典主食吐司

Pain de Mie

★Basic! 經典主食吐司基礎麵團

烘焙筆記

攪拌	L3 ～ 5 → M6 ～ 10
下奶油	L3 → M4 ～ 5
麵團終溫	26 ～ 27℃
基本發酵	60 分鐘
分割滾圓	依照產品需求進行分割
中間發酵	依照不同的分割重量進行發酵
整形	請參閱 P.92 ～ 121 產品製作

奶粉有分全脂、脫脂。脫脂奶粉做出來吸水力、保濕度較好；全脂奶粉成品較香，推薦的全脂含量是 26 ～ 28%。

優格一定要買無糖優格，因為配方有細砂糖，無糖優格可以增加柔軟度跟香味，可以用動物性鮮奶油或酸奶代替。

主麵團	(%)	（公克）
高筋麵粉	100	1000
全脂奶粉	4	40
即發乾酵母	1	10
細砂糖	10	100
鹽	2	20
無糖優格	5	50
全蛋（8 ～ 10℃）	5	50
鮮奶	10	100
水	50	500
無鹽奶油（16～20℃）	10	100
合計	197	1970

作法

1 攪拌：高筋麵粉、全脂奶粉、即發乾酵母、細砂糖、鹽。（下完乾性材料）酵母跟糖、鹽不可疊放，要錯開。

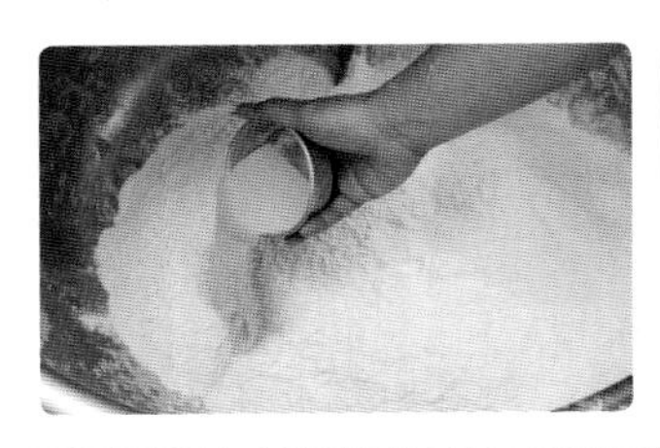

2 再下無糖優格、全蛋、鮮奶、水（下完濕性材料）。低速攪打 3 ～ 5 分鐘，過程會逐漸收縮，慢慢成團。

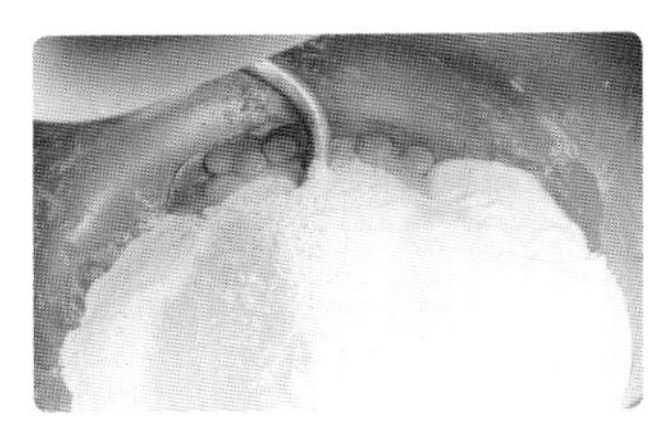

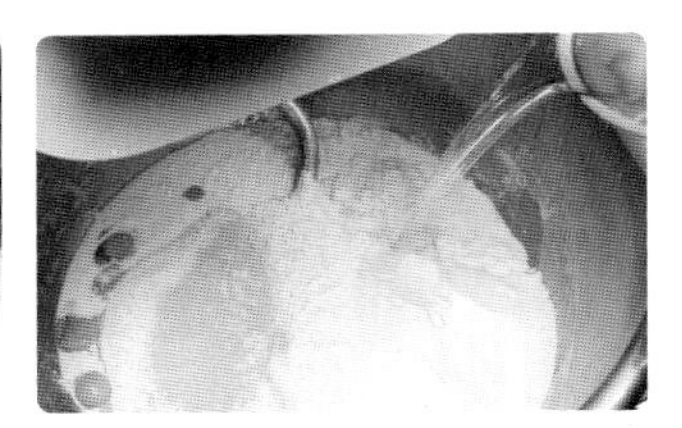

3 這個階段會比較黏一點，因為這個是高液態配方，要給一點時間讓乾性材料與濕性材料結合。當麵團逐漸收縮，乾粉材料都融合，看不到酵母、糖，這時候的麵團只有一點點脆弱的薄膜，稱為「捲起」階段。

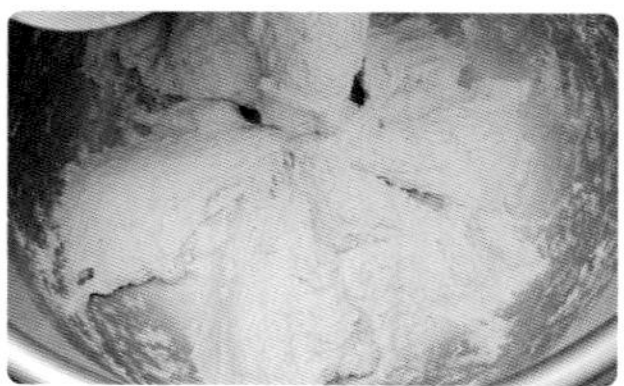

4 轉中速攪打 6 ～ 10 分鐘，把麵團攪拌到光亮。攪拌時間有落差是因為每一台機器轉速不太一樣，會影響麵包最後出筋的時間點，因此必須學會判斷麵團狀態。判斷方法都是取一點小麵團觀察，取出後雙手捉住麵團，左右延展，這個狀態是吐司開始具備比較好的筋性但還沒非常光滑，有微微薄膜，但還有點粗糙的狀態。

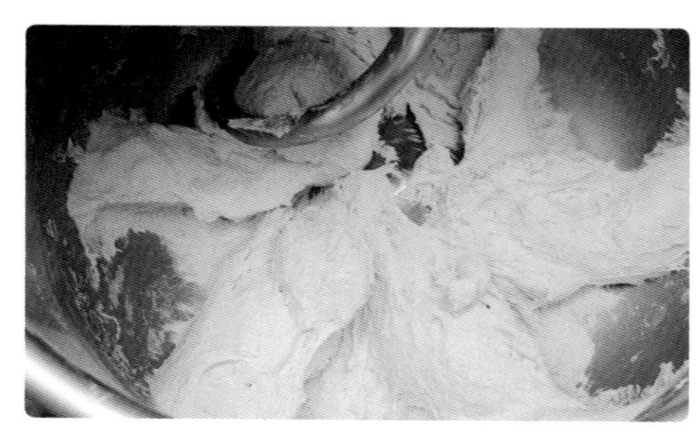
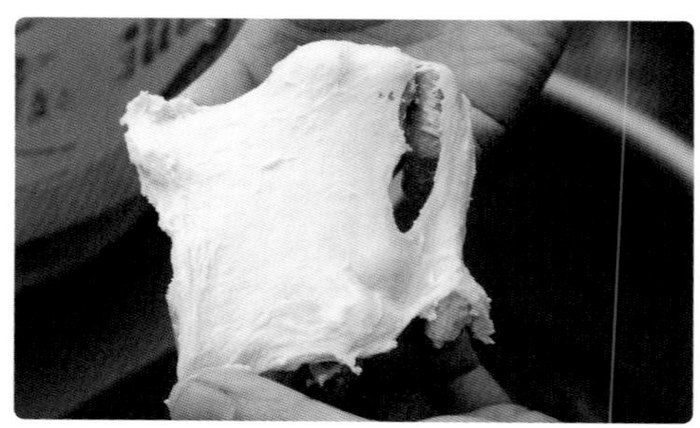

5 繼續攪打，每次取出觀察狀態都會發現麵團更透，材料結合得更好。隨著攪打麵團會逐漸收縮成團，最後一張稱為「擴展」階段，麵團拉開會有薄膜，呈現光滑但延展性不足的狀態，邊邊有些許鋸齒狀。

★延展性不足的麵團，會沒有辦法拉到非常透光，就破掉，並且將麵團拉長時會很容易斷掉，可以參考右頁的「完全擴展」狀態，薄膜的狀態是不同的。

★與歐式麵包不同，甜麵團的破口鋸齒狀會比較少，主要可以用手感覺麵團的延展性落在哪個區間？再觀察薄膜厚薄度。

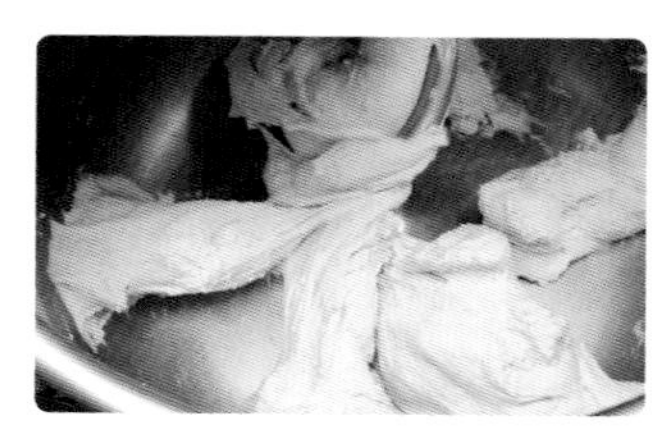
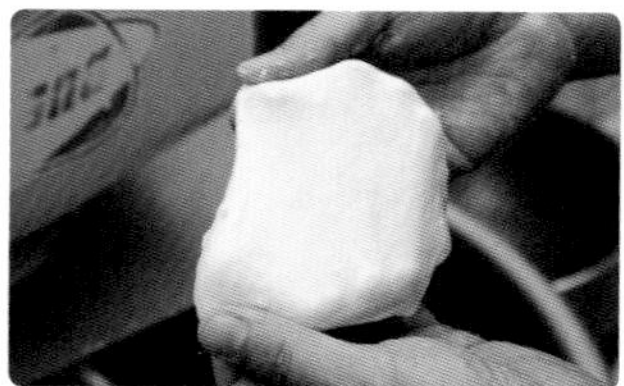
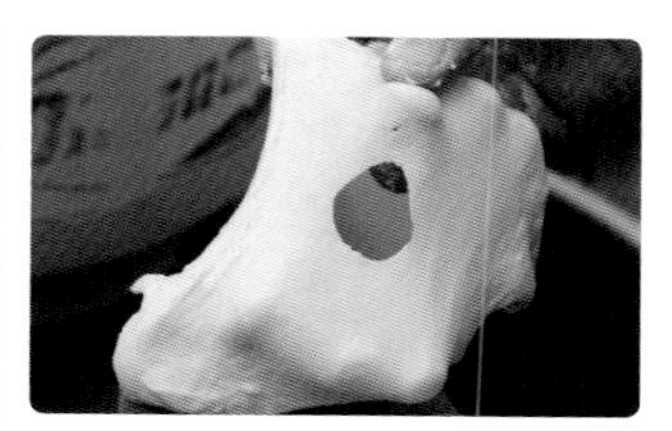

6 下無鹽奶油，低速攪打 3 分鐘，讓奶油融合進麵團裏，再轉中速攪打 4 ～ 5 分鐘。麵團會隨著攪打從底部慢慢捲上攪拌器。

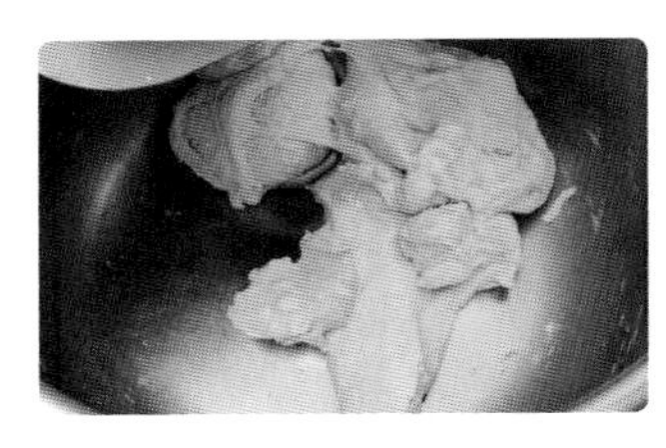

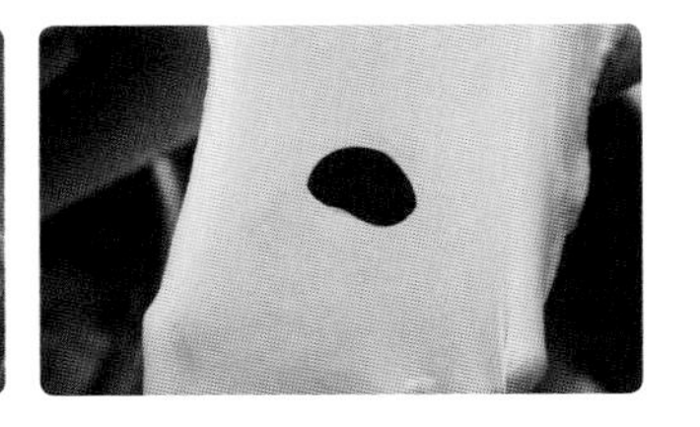

7 時間到取一點麵團判斷狀態，麵團打至「完全擴展」階段，可以延展到更薄透、清楚透光；破口光滑圓潤、無鋸齒狀；麵團延展性更好，可以拉到非常長。吐司攪拌會有三個階段，分別是捲起→擴展→完全擴展階段，麵團終溫約 26 ～ 27℃。

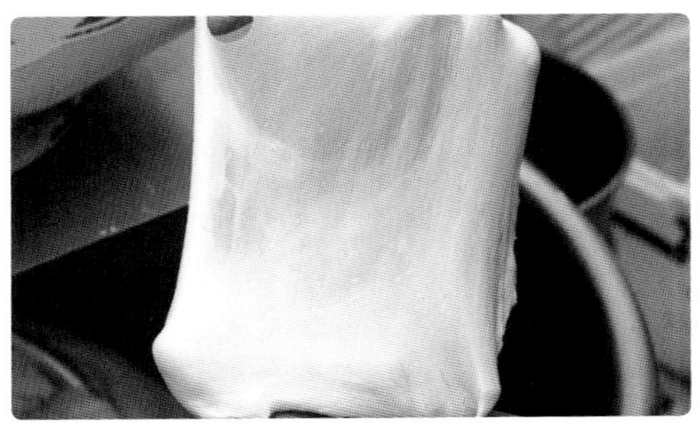

8 雙手從中心將麵團托起，放下，放的時候下垂的麵團自然往內收。雙手從側面推移，讓麵團透過桌面收整，收整成表面平滑的團狀。

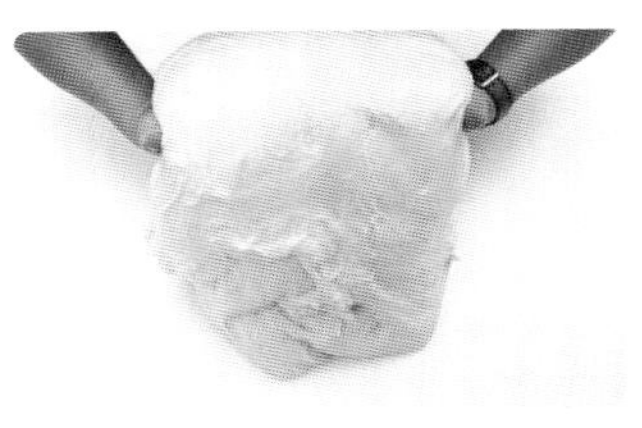

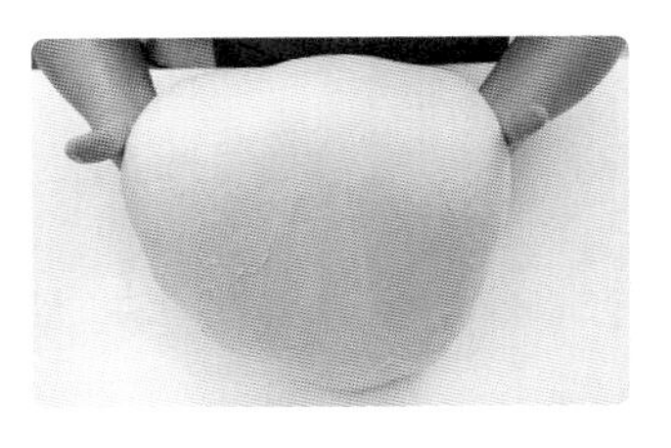

9 基本發酵：收整後放入發酵容器，發酵 60 分鐘（發酵溫度 28℃／濕度 75%）。

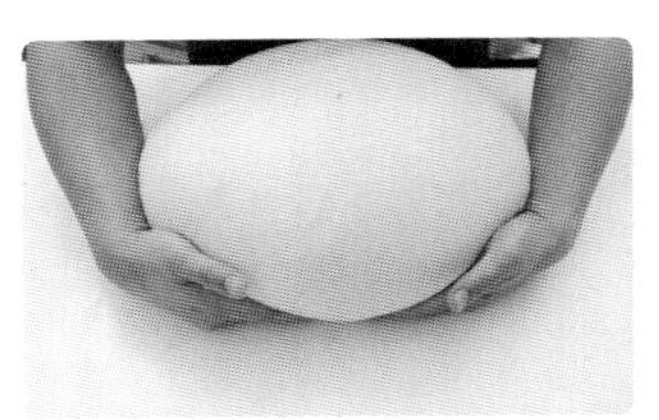

➡後續作法【分割滾圓→中間發酵】請見下頁。因每道分割重量不盡相同，需根據產品參考製作方法。

分割 100g + 中間發酵

10 分割滾圓→中間發酵：切麵刀分割 100g，虎口扣住麵團滾圓，間距相等放入發酵容器，蓋上蓋子（或用袋子妥善蓋好），冷藏發酵 60 分鐘。

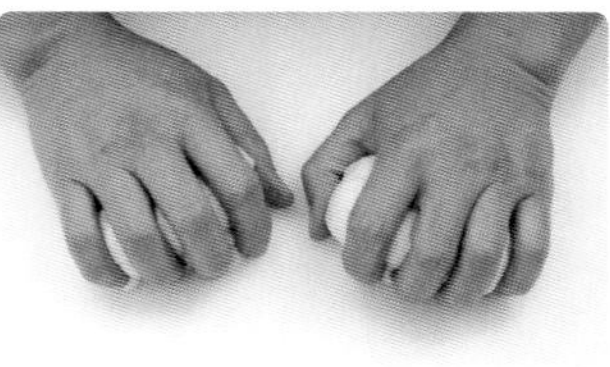

分割 150g + 中間發酵

11 分割滾圓→中間發酵：切麵刀分割 150g，正面朝上，雙手托住麵團，將底部麵團朝內收整，收整成圓團且表面光滑。間距相等放入發酵容器，蓋上蓋子（或用袋子妥善蓋好），冷藏發酵 60 分鐘。

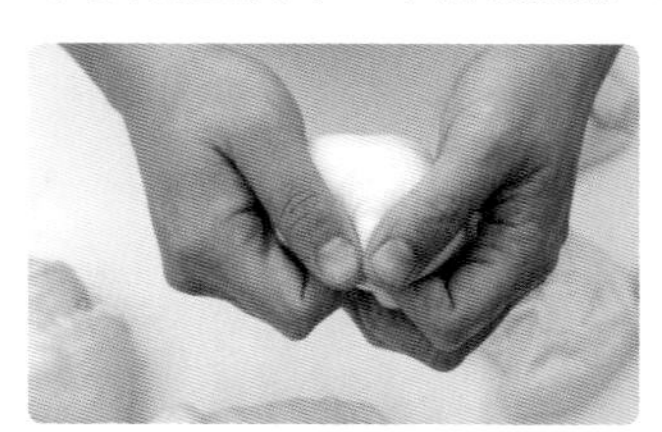

分割 180g + 中間發酵

12 分割滾圓→中間發酵：切麵刀分割 180g，正面朝上，雙手托住麵團，將底部麵團朝內收整，收整成圓團且表面光滑。間距相等放入發酵容器，發酵 20 分鐘（室溫 26 ～ 28℃／濕度 75%）。

分割 250g + 中間發酵

13 分割滾圓→中間發酵：切麵刀分割 250g，正面朝上，雙手托住麵團，將底部麵團朝內收整，收整成圓團且表面光滑。間距相等放入發酵容器，發酵 20 分鐘（室溫 26 ～ 28℃／濕度 75%）。

分割 300g + 中間發酵

14 分割滾圓→中間發酵：切麵刀分割 300g，正面朝上，雙手托住麵團，將底部麵團朝內收整，收整成圓團且表面光滑。間距相等放入發酵容器，發酵 20 分鐘（室溫 26 ～ 28℃／濕度 75%）。

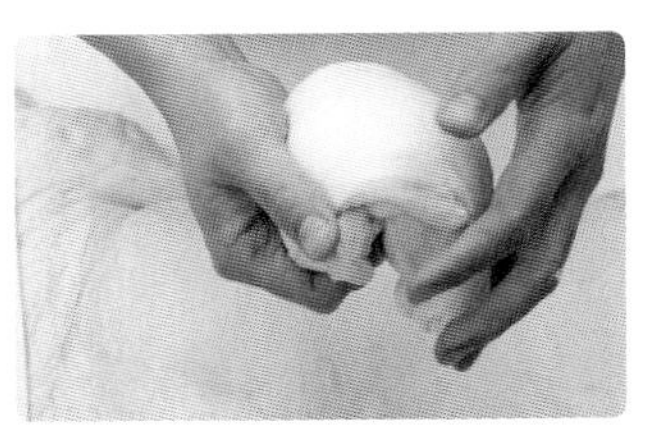

分割 500g + 中間發酵

15 分割滾圓→中間發酵：切麵刀分割 500g，正面朝上，雙手托住麵團，將底部麵團朝內收整，收整成圓團且表面光滑。間距相等放入發酵容器，發酵 20 分鐘（室溫 26 ～ 28℃／濕度 75%）。

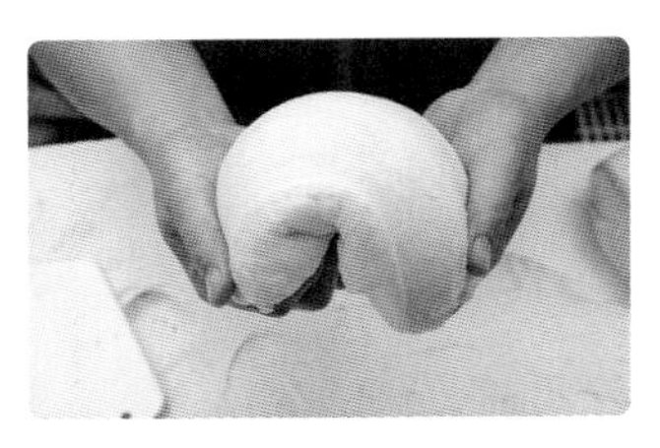
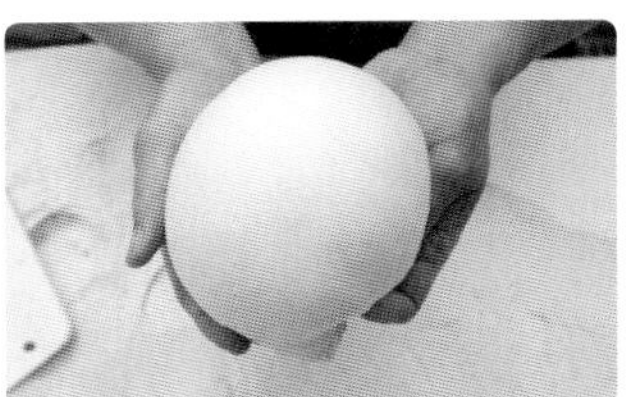
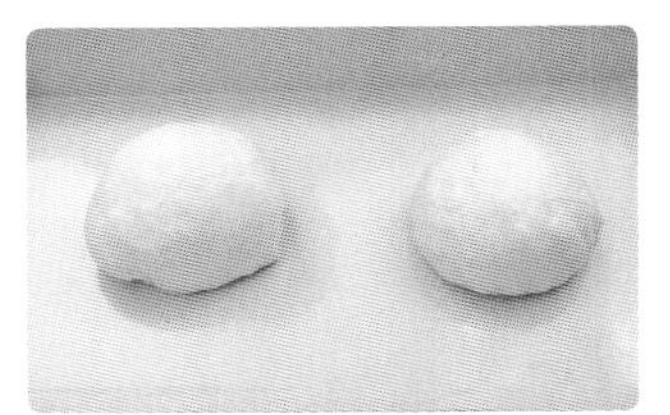

Theme

6

肉桂卷系列

◎1款必殺肉桂糖奶油餡×2種卷類延伸變化

肉桂糖奶油餡

材料	公克
無鹽奶油	100
細砂糖	50
黑糖	50
肉桂粉	10
玉米粉	5

作法

1 所有材料分別秤妥，備用。
2 無鹽奶油室溫軟化，軟化至手指按壓可留下指痕之程度。
3 粉類分別過篩，避免結顆粒不好拌勻，並且過篩可以讓餡料口感更細緻。
4 鋼盆加入無鹽奶油、細砂糖，以打蛋器拌勻。
★拌到細砂糖均勻分佈於奶油中即可。
5 加入混合過篩的粉類，以打蛋器拌到看不到顆粒，粉類融化與材料結合。

延伸變化！檸檬糖霜肉桂卷×特濃乳酪肉桂卷

檸檬糖霜

材料	公克
純糖粉	100
新鮮檸檬汁	20

作法

1 純糖粉預先過篩。
★糖粉務必過篩，在潮濕的天氣中糖粉容易結顆粒，過篩可以讓糖粉更鬆散。
2 加入新鮮檸檬汁以打蛋器拌勻，拌到材料完全融合看不見粉粒。

使用方法

★取烤好的肉桂卷，把沾附表面的巧克力醬改為淋上檸檬糖霜。

特濃乳酪醬

材料	公克
奶油乳酪	200
煉乳	30

作法

1 奶油乳酪室溫軟化，軟化至手指按壓可留下指痕之程度。
2 加入煉乳以打蛋器拌勻，拌到材料完全融合即可。

使用方法

★取烤好的肉桂卷，把沾附表面的巧克力醬改為抹上特濃乳酪醬。

#41.
髒髒巧克力肉桂卷

烘焙筆記

最後發酵｜30 ～ 50 分鐘
烘　　烤｜上下火 200℃，12 ～ 15 分鐘

1個 / 所需的材料

- 肉桂糖奶油餡（P.93）配方量全部抹完
- 苦甜巧克力 適量
- 防潮可可粉 適量

1 整形：取完成至 P.91 分割 500g＋中間發酵之麵團。麵團輕輕拍開，擀 30 公分正方片，翻面。

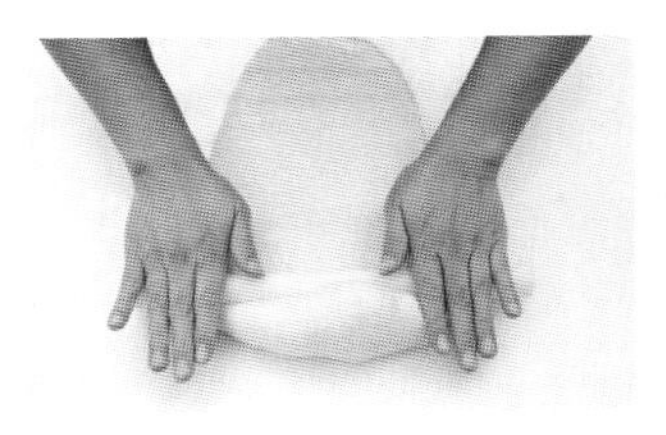
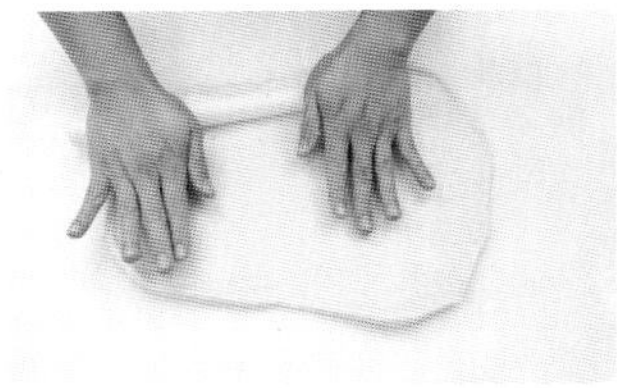
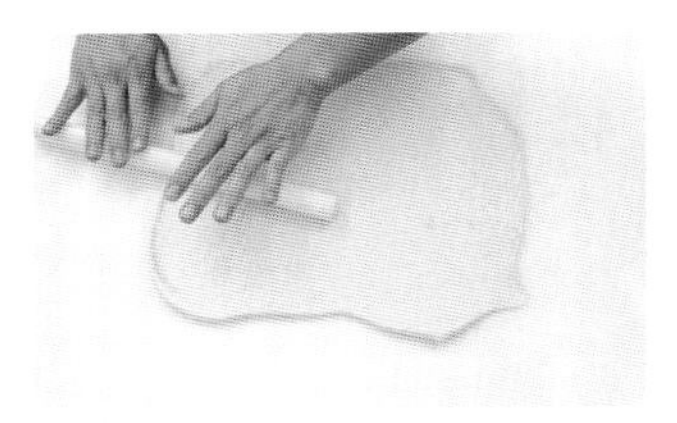

2 捏住四角，盡可能把麵團拉成正方片狀；底部壓平，抹上肉桂糖奶油餡（壓平處不抹餡）。

3 整形：由上朝下捲起，輕輕捲即可，鬆鬆的不用捲很緊，捲好長度大約 30 公分，捲起後切 3 公分寬，放入杯模。

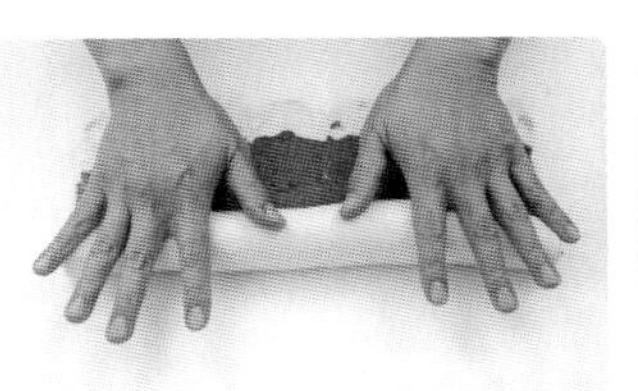
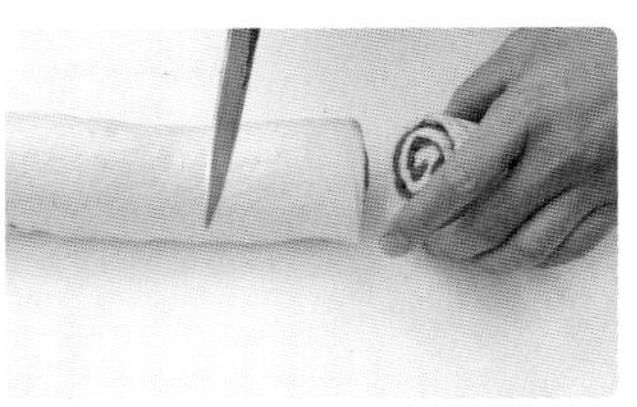

4 最後發酵：發酵 30 ～ 50 分鐘（發酵溫度 35 ～ 38℃／濕度 85%）。

★口感 Q 一點發酵 30 分鐘，想要鬆軟一點就發酵 50 分鐘。

5 烘烤：送入預熱好的烤箱，以上下火 200℃，烤 12 ～ 15 分鐘。

6 取烤好放涼的麵包，表面沾隔水加熱融化的苦甜巧克力，篩適量防潮可可粉。

#42.
牛奶巧克力杏仁肉桂卷

製作數量
10 個

最後發酵｜30 ～ 50 分鐘
烘　　烤｜上下火 200℃，12 ～ 15 分鐘

1個 / 所需的材料

- 肉桂糖奶油餡（P.93）配方量全部抹完
- 白巧克力 適量
- 牛奶巧克力 適量
- 杏仁片 適量
- 防潮糖粉 適量
- 烤過碎核桃 100 ～ 150g
  ★以上下火 120℃，烤 15 ～ 20 分鐘。低溫烘烤的核桃表面有一層薄薄的油脂，香氣宜人。
  ★撒 100g 熟核桃，想豐富一點最多可以加到 150g。核桃加太多會影響膨脹，150g 是極限。

作法

1 整形：取完成至 P.91 分割 500g＋中間發酵之麵團。麵團輕輕拍開，擀 30 公分正方片，翻面。

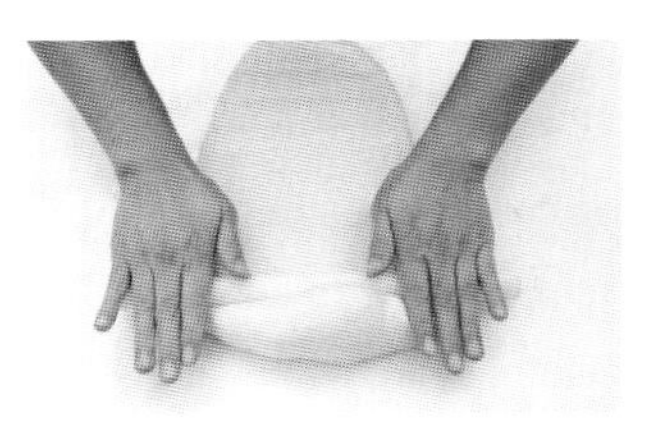
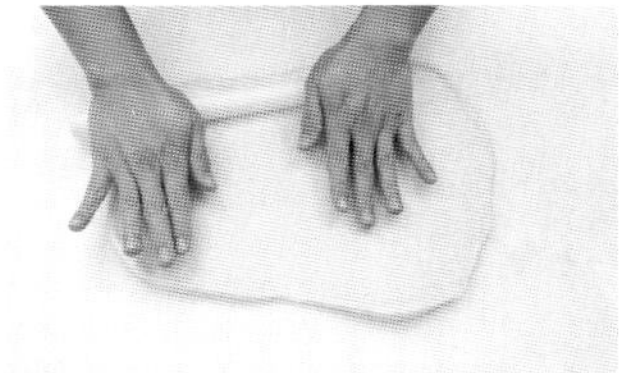
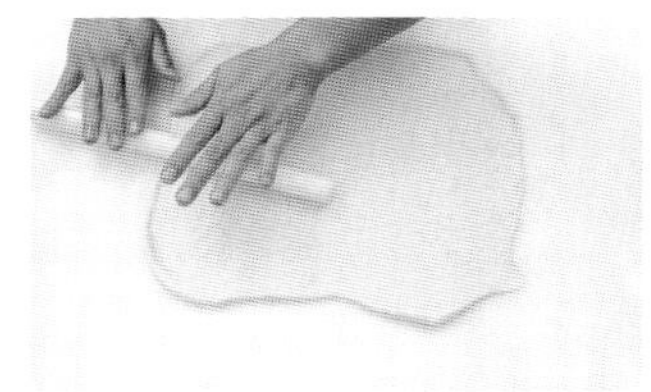

2 捏住四角，盡可能把麵團拉成正方片狀；底部壓平，抹上肉桂糖奶油餡（壓平處不抹餡）；撒烤過碎核桃。

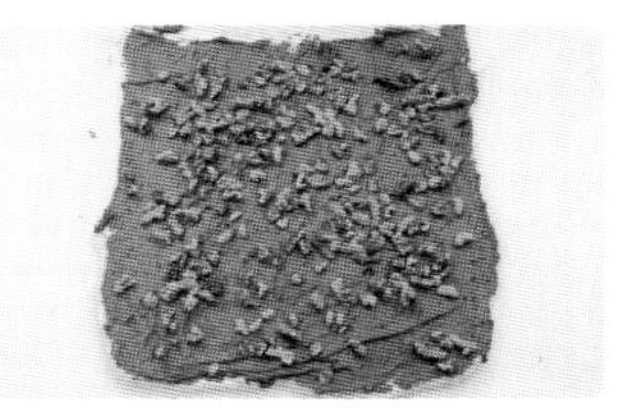

3 整形：由上朝下捲起，輕輕捲即可，鬆鬆的不用捲很緊，捲好長度大約 30 公分，捲起後切 3 公分寬，放入杯模。

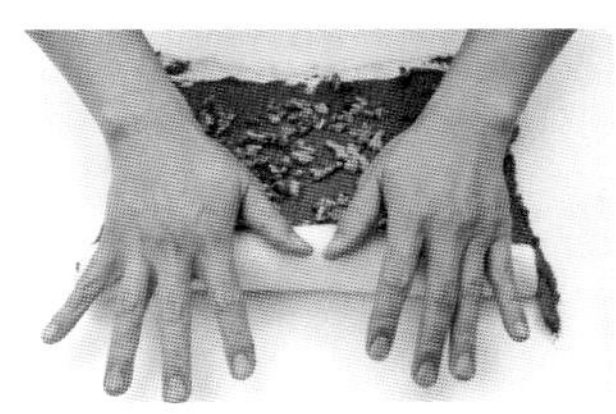
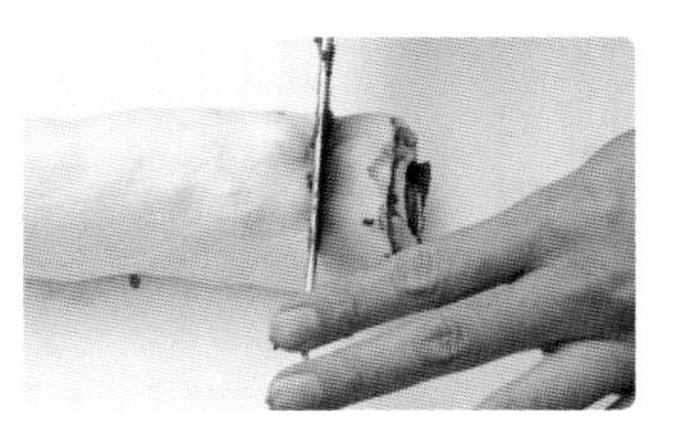

4 最後發酵：發酵 30 ～ 50 分鐘（發酵溫度 35 ～ 38℃／濕度 85%）。

★口感Q一點發酵 30 分鐘，想要鬆軟一點就發酵 50 分鐘。

5 烘烤：送入預熱好的烤箱，以上下火 200℃，烤 12 ～ 15 分鐘。

6 取烤好放涼的麵包，表面沾隔水加熱融化的兩種巧克力，鋪上杏仁片，篩防潮糖粉。

Theme

7

薄片與吐司系列

◎薄片基本作法

1 包餡：取完成至 P.90 分割 150g＋中間發酵之麵團。輕輕拍開，翻面。

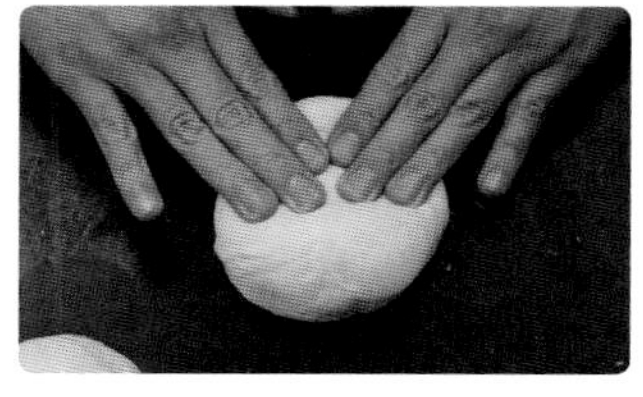

2 放入 50g 高熔點乳酪丁，一手托著麵皮大拇指在中心定位，另一手大拇指與食指由麵皮一側捏合麵團，順勢將麵團收口。

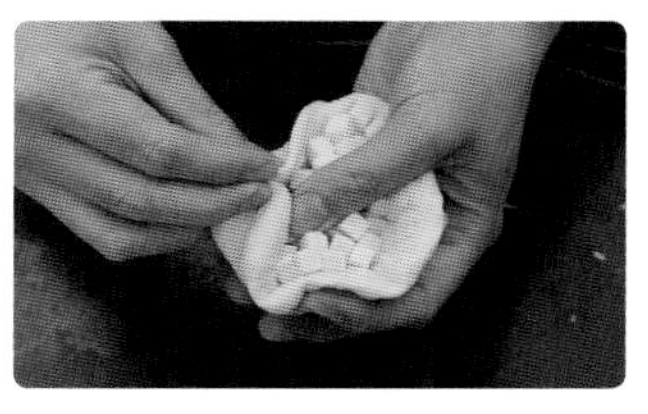
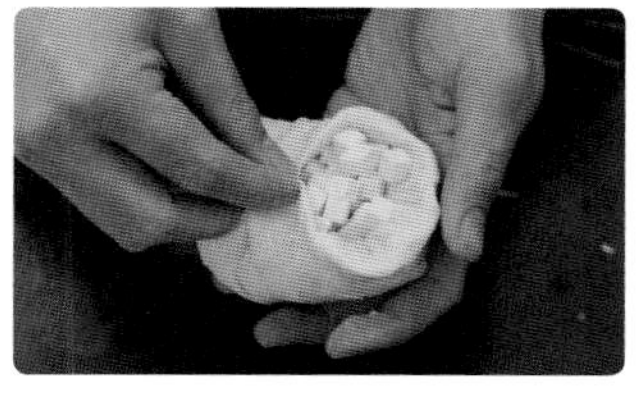
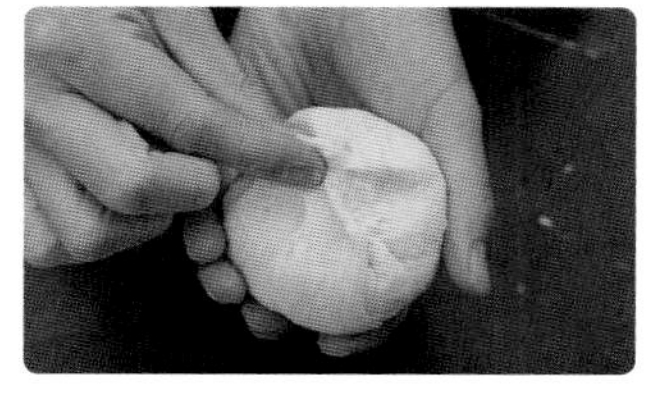

3 鬆弛：收口朝下，間距相等放入不沾烤盤，蓋上袋子常溫鬆弛發酵 30 分鐘。
★包餡後必須鬆弛，為了讓麵團具備操作性。

4 整形：撒高筋麵粉，雙手在麵團兩側朝內輕壓 1 次讓麵團窄一點（不弄的話會很胖）；再用手指輕輕壓開，壓 2 公分厚。

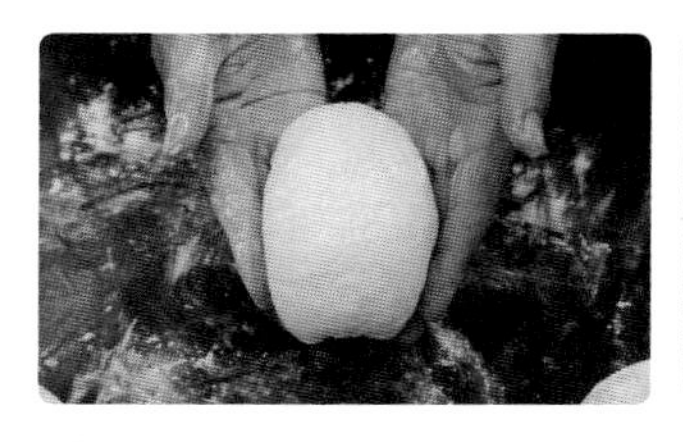
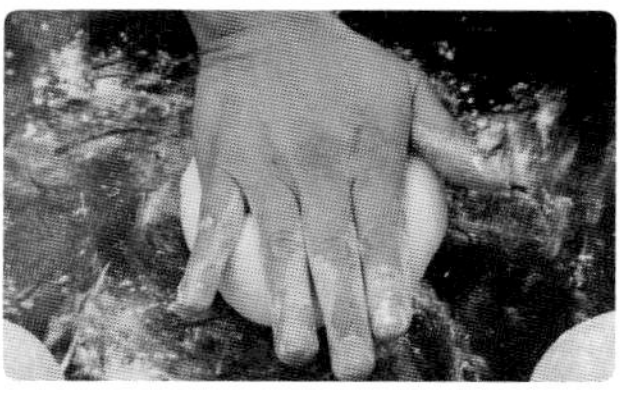

5 接著進丹麥機（壓延機）壓延到厚度約 0.3 公分，用擀麵棍擀也可以，只是會比較吃力一些。到這邊就不再發酵，後面會撒上配料或直接烘烤。

#43.
經典圓頂吐司

製作數量

6~7 個

烘焙筆記

最後發酵｜50 分鐘
烘　　烤｜上火 160℃ / 下火 200℃，30 分鐘

- 吐司模：SN2151

作法

1 整形：取完成至 P.91 分割 300g＋中間發酵之麵團。麵團輕輕拍開，擀 25 ～ 30 公分長方片，翻面，底部壓薄。

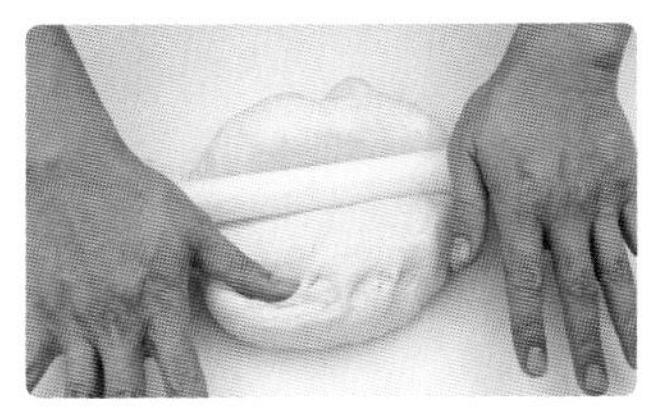
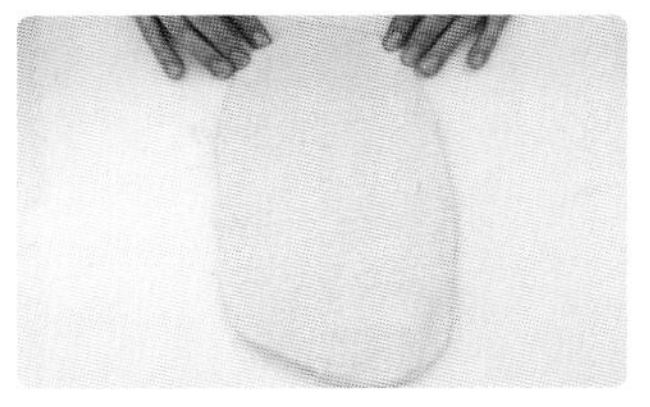
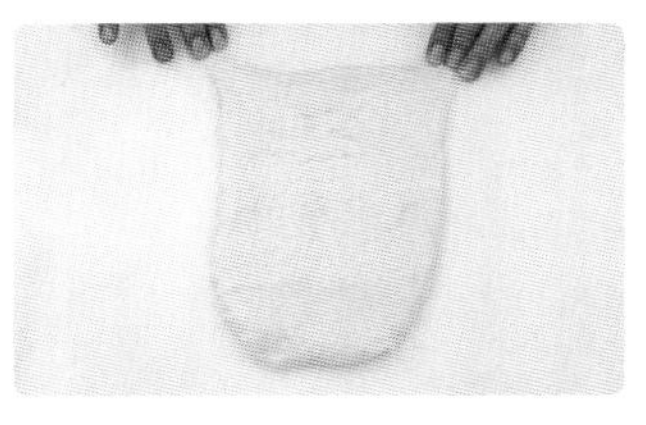

2 切三刀，切 15 公分長度。

★第一張是底部壓薄的狀態，有做壓薄的動作，收口處就可以緊密與麵團貼合，沒有做會有一截凸出來的收口面。

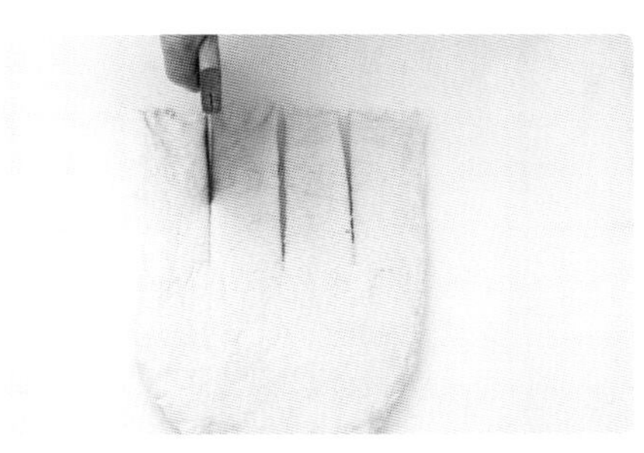

3 由前朝後收摺捲起，放入模具。

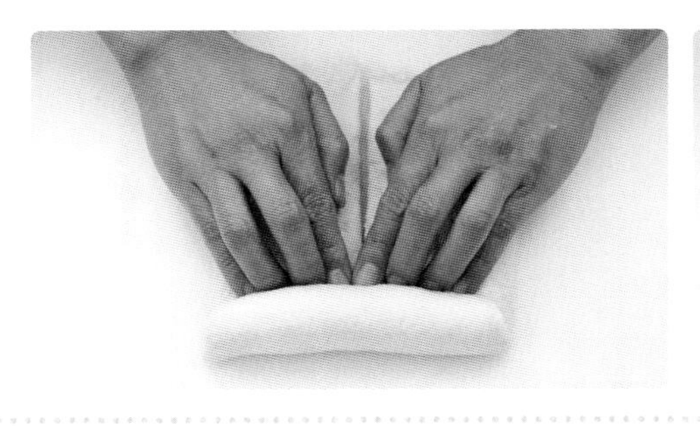
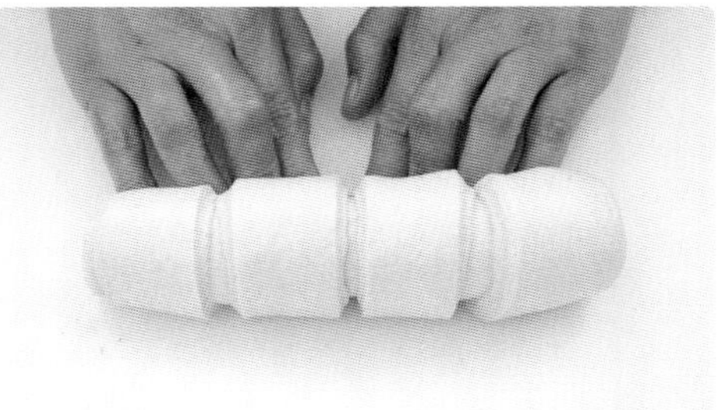

4 最後發酵：發酵 50 分鐘（發酵溫度 35 ～ 38℃／濕度 85%）。

烘烤：送入預熱好的烤箱，上火 160℃ / 下火 200℃，烤 30 分鐘。

44.

經典起司高熔點乳酪薄片

製作數量

13個

烘焙筆記

最後發酵｜無

烘　　烤｜上下火 210℃，12 ～ 15 分鐘

1個 / 所需的材料

- 義大利香料 適量

作法

1. 整形鋪料：取完成至 P.99 整形完畢之麵團。
2. 表面撒適量義大利香料，薄片不會再進行最後發酵，可以直接烘烤了。
3. 烘烤：送入預熱好的烤箱，上下火 210℃，烤 12 ～ 15 分鐘。

★薄片的作法比較特別：攪拌→基本發酵→分割滾圓→中間發酵→**包餡鬆弛→整形鋪料→烘烤**。它不像一般麵包會再有一個「最後發酵」的動作，鬆弛到麵團恢復操作性（擀開不回縮）後，就可以鋪料，再進行烘烤了。

#45.
明太子薄片

製作數量 **13** 個

最後發酵｜無

烘　　烤｜上下火 210℃，12 ～ 15 分鐘

1 個 / 所需的材料

- 明太子醬（P.237）適量

作 法

1. 整形：取完成至 P.99 整形完畢之麵團。
2. 薄片不會再進行最後發酵，可以直接烘烤了。
3. 烘烤：送入預熱好的烤箱，上下火 210℃，烤 12 ～ 15 分鐘。

   ★薄片的作法比較特別：攪拌→基本發酵→分割滾圓→中間發酵→**包餡鬆弛→整形→烘烤→抹醬**。它不像一般麵包會再有一個「最後發酵」的動作，鬆弛到麵團恢復操作性（擀開不回縮）後，就可以進行烘烤了。

4. 抹醬：抹適量明太子醬，再用上下火 200℃烤 3 ～ 5 分鐘，把明太子烤熱、烤到散發香氣，味道會與麵包更好地融合。

46.

韓式香蒜黑胡椒薄片

製作數量 **13** 個

烘焙筆記

最後發酵｜無

烘　　烤｜上下火 210℃，12 ～ 15 分鐘

1 個 / 所需的材料

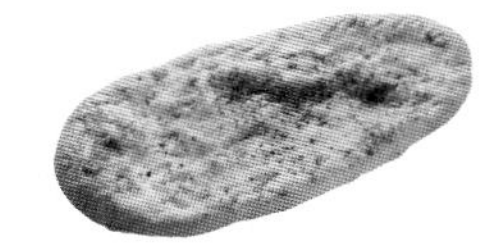

- 粗黑胡椒粒　適量
- 韓式香蒜奶油醬（P.119）適量

作法

1 整形：取完成至 P.99 整形完畢之麵團。

2 烘烤：送入預熱好的烤箱，上下火 210℃，烤 12 ～ 15 分鐘。

★薄片的作法比較特別：攪拌→基本發酵→分割滾圓→中間發酵→**包餡鬆弛→整形→烘烤→抹醬**。它不像一般麵包會再有一個「最後發酵」的動作，鬆弛到麵團恢復操作性（擀開不回縮）後，就可以進行烘烤了。

3 抹醬：抹韓式香蒜奶油醬，撒適量粗黑胡椒粒，再用上下火 200℃烤 3 ～ 5 分鐘，把抹醬烤熱、烤到散發香氣，味道會與麵包更好地融合。

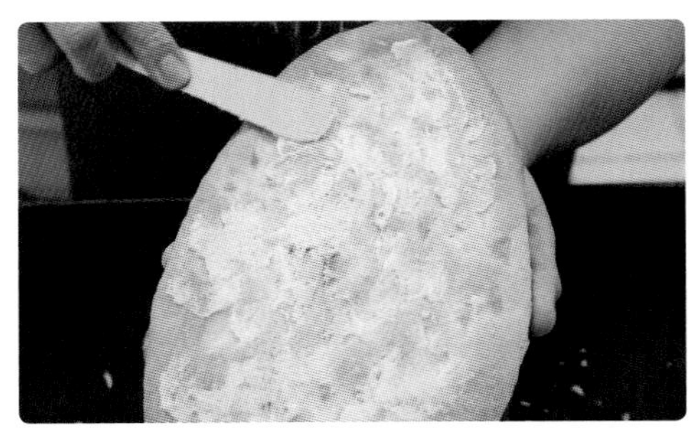

Theme

8

奶油乳酪
麵包系列

#47.
十字燻雞奶油乳酪包

製作數量
19個

烘焙筆記

最後發酵｜30分鐘
烘　　烤｜上下火210℃，
　　　　　12～15分鐘

1個／所需的材料

- 乳酪絲 適量
- 燻雞 20g
- 奶油乳酪 100g
- 義大利香料 適量

作法

1. 整形：取完成至P.90分割100g＋中間發酵之麵團。輕輕拍開，包入奶油乳酪、燻雞，收口成圓形，收口處朝下。（圖1）
2. 最後發酵：發酵30分鐘（發酵溫度35～38℃／濕度85%）。
3. 烘烤：撒義大利香料，麵團中心剪十字，鋪乳酪絲。送入預熱好的烤箱，以上下火210℃，烤12～15分鐘。（圖2）

★因為內餡有奶油乳酪，如果不剪一個出口，奶油乳酪本身的水分亂爆，烘烤後可能會爆餡。

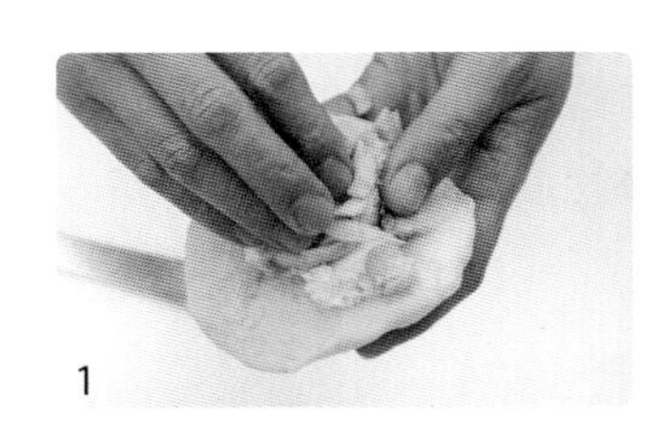
1

2

#48. 十字培根奶油乳酪包

製作數量 19 個

最後發酵｜30 分鐘

烘　　烤｜上下火 210℃，
12 ～ 15 分鐘

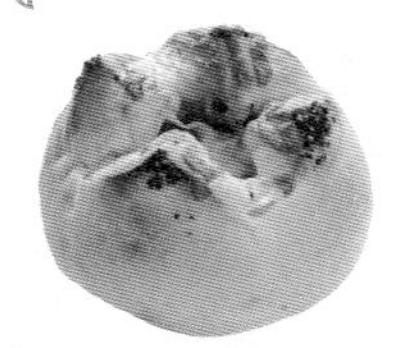

- 乳酪絲 適量
- 培根 1 片
- 奶油乳酪 30g
- 粗粒黑胡椒 適量

作法

1 整形：取完成至 P.90 分割 100g＋中間發酵之麵團。麵團輕輕拍開，包入捲起奶油乳酪的培根，收口成圓形，收口處朝下。（圖 1）

★奶油乳酪被培根的油脂包圍，烘烤時比較不容易花掉（分離），且培根的油脂、肉香可以簡單的烤進乳酪內。

2 最後發酵：發酵 30 分鐘（發酵溫度 35 ～ 38℃／濕度 85%）。

3 烘烤：撒粗粒黑胡椒，麵團中心剪十字，鋪乳酪絲。送入預熱好的烤箱，以上下火 210℃，烤 12 ～ 15 分鐘。（圖 2）

1

2

#49. 十字蜂蜜奶油乳酪包

製作數量 19個

烘焙筆記

最後發酵｜30 分鐘

烘　　烤｜上下火 210℃，12 ～ 15 分鐘

1個 / 所需的材料

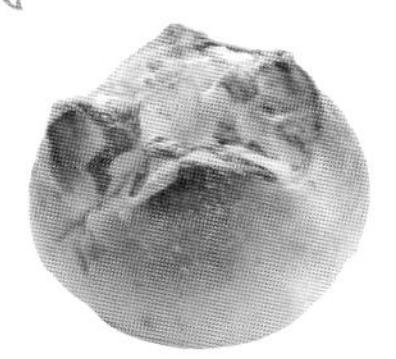

- 乳酪絲 適量
- 奶油乳酪 30g
- 蜂蜜 適量

作法

1 整形：取完成至 P.90 分割 100g＋中間發酵之麵團。輕輕拍開，包入奶油乳酪，收口成圓形，收口處朝下。（圖 1）

2 最後發酵：發酵 30 分鐘（發酵溫度 35 ～ 38℃／濕度 85%）。

3 烘烤：麵團中心剪十字，鋪乳酪絲。送入預熱好的烤箱，以上下火 210℃，烤 12 ～ 15 分鐘。

★因為內餡有奶油乳酪，如果不剪一個出口，奶油乳酪本身的水分亂爆，烘烤後可能會爆餡。

4 出爐後中心擠上適量蜂蜜，完成。（圖 2）

1

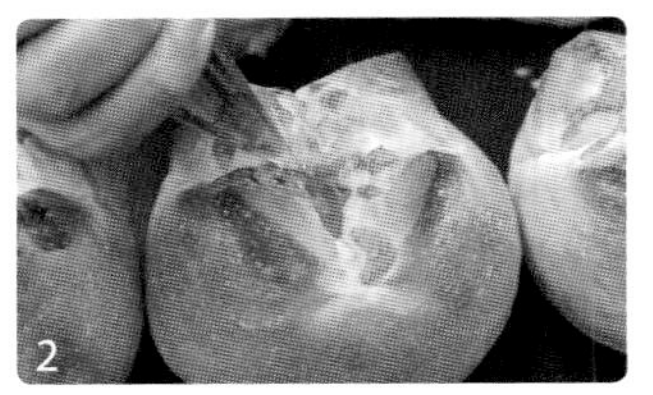
2

#50.
幸運草紅豆奶油乳酪包

製作數量 **19** 個

最後發酵｜50 分鐘
烘　　烤｜上下火 210℃，12 ～ 15 分鐘

- 生黑芝麻　適量
- 奶油乳酪 30g
- 高雄 9 號特級低甜紅豆粒餡 20g

作法

1. 整形：取完成至 P.90 分割 100g + 中間發酵之麵團。輕輕拍開，包入高雄 9 號特級低甜紅豆粒餡、奶油乳酪，收口成圓形，收口處朝下。（圖 1）
2. 最後發酵：發酵 50 分鐘（發酵溫度 35 ～ 38℃／濕度 85%）。
3. 烘烤：手指沾水點生黑芝麻，再把生黑芝麻點在麵團中心；側邊剪三刀，送入預熱好的烤箱，以上下火 210℃，烤 12 ～ 15 分鐘。（圖 2）
   ★因為內餡有奶油乳酪，如果不剪一個出口，奶油乳酪本身的水分亂爆，烘烤後可能會爆餡。

1

2

#51.
幸運草
芋頭奶油乳酪包

製作數量
19 個

烘焙筆記

最後發酵｜50 分鐘
烘　　烤｜上下火 210℃，12 ～ 15 分鐘

1 個 / 所需的材料

- 生核桃 1 顆
- 奶油乳酪 30g
- 低甜顆粒純芋頭粒餡 20g
- 防潮糖粉　適量

作法

1. 整形：取完成至 P.90 分割 100g＋中間發酵之麵團。輕輕拍開，包入低甜顆粒純芋頭粒餡、奶油乳酪，收口成圓形，收口處朝下，中心壓入 1 顆生核桃。（圖 1）
   ★生核桃要整顆壓進去，不壓會黏不住。
2. 最後發酵：發酵 50 分鐘（發酵溫度 35 ～ 38℃／濕度 85%）。
3. 烘烤：麵團剪三刀，送入預熱好的烤箱，以上下火 210℃，烤 12 ～ 15 分鐘。（圖 2）
   ★因為內餡有奶油乳酪，如果不剪一個出口，奶油乳酪本身的水分亂爆，烘烤後可能會爆餡。
4. 出爐放涼，表面篩防潮糖粉。

1

2

#52.
幸運草
蔓越莓奶油乳酪包

製作數量 **19** 個

最後發酵｜50 分鐘
烘　　烤｜上下火 210℃，
12 ～ 15 分鐘

1 個 / 所需的材料

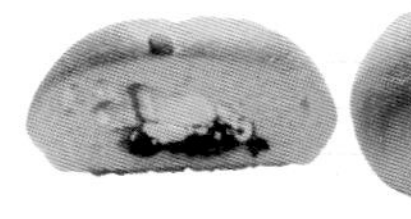

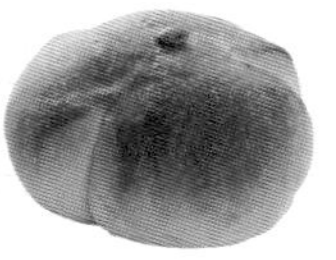

- 南瓜籽 1 顆
- 奶油乳酪 30g
- 蔓越莓乾 20g

1. 整形：取完成至 P.90 分割 100g＋中間發酵之麵團。輕輕拍開，包入蔓越莓乾、奶油乳酪，收口成圓形，收口處朝下，頂端放 1 顆南瓜籽。（圖 1）
2. 最後發酵：發酵 50 分鐘（發酵溫度 35 ～ 38℃／濕度 85%）。
3. 烘烤：麵團剪三刀，送入預熱好的烤箱，以上下火 210℃，烤 12 ～ 15 分鐘。（圖 2）

★因為內餡有奶油乳酪，如果不剪一個出口，奶油乳酪本身的水分亂爆，烘烤後可能會爆餡。

1

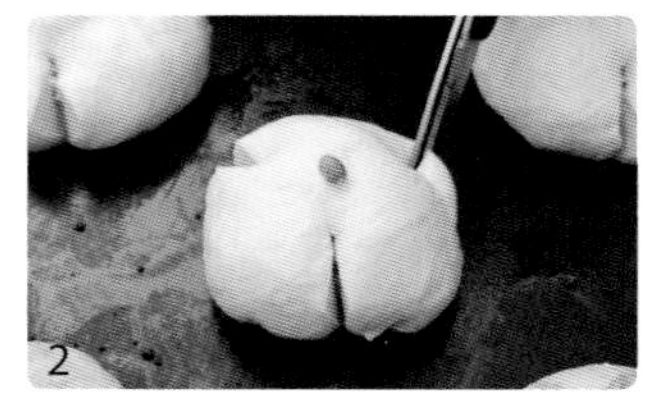

2

#53. 黑糖葡萄奶油乳酪包

製作數量 **19** 個

最後發酵	50 分鐘
烘　　烤	上下火 210℃，12 ～ 15 分鐘

1 個 / 所需的材料

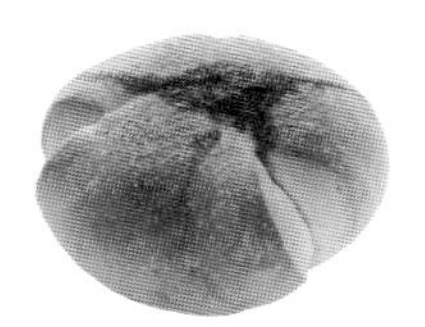

- 黑糖 適量
- 奶油乳酪 30g
- 葡萄乾 20g

1. 整形：取完成至 P.90 分割 100g＋中間發酵之麵團。輕輕拍開，包入葡萄乾、奶油乳酪，收口成圓形，收口處朝下，頂端撒黑糖粉。（圖 1）
2. 最後發酵：發酵 50 分鐘（發酵溫度 35 ～ 38℃／濕度 85%）。
3. 烘烤：麵團剪三刀，送入預熱好的烤箱，以上下火 210℃，烤 12 ～ 15 分鐘。
   ★因為內餡有奶油乳酪，如果不剪一個出口，奶油乳酪本身的水分亂爆，烘烤後可能會爆餡。
4. 出爐放涼，表面再撒適量黑糖。（圖 2）

1

2

Theme
9

厚切奶油系列

這個系列是當初做和菓子系列時，受啟發而發想的系列麵包。日本秋天豐收都會吃一種叫做「Ohagi 御萩」的甜點，它是一款用大量紅豆包裹糯米飯的甜點，在日本有慶祝豐收的涵意。我當時就在想，有沒有辦法把這樣的概念放入麵包中，做一個有飽足感的甜食麵包？所以才誕生了「厚切奶油系列」。甜點麵包一般都是像點心一般的存在，這個系列是針對有些人想吃甜點麵包，但又希望它具備飽足感，這幾款就是「一顆就可以吃飽的麵包」，吃起來不但有質感，飽足感也很足夠。

通常大顆麵包搭配大量餡料會很快就膩了，容易有厭倦感，可是如果搭配奶油，奶油可以增加滑順度，每一口都可以感受材料在口中融合的感覺，日本也是這樣子，他們會把麵包切開抹上最新鮮的餡料，搭配奶油食用。早年大家都覺得甜麵包不是吃熱的麵包，是那種等麵包冷卻之後，切開跟新鮮食材做結合的麵包。

這款要讓奶油跟餡料都保持在冰冰涼涼的狀態，吃起來會非常舒服，不會有很重、很膩的感覺。奶油有一定的厚度，風味會比較好，常溫下奶油的油膩感會比較強烈，但如果在冰涼時食用，吃起來冰涼滑順，是非常適合夏天的麵包。這種麵包的利用率很好，利用製作時剩餘的餡料做午餐小點，把餡料抹上麵包，奶油先不放，等到達野餐地點，要吃的時候才把奶油切片，擺上去跟餡料一起食用。這款麵包不是冰冷藏，它平常是放常溫的，就像今天麵包如果鋪炒麵了，不可能放太久，一定越快吃掉越好。

#54.

厚切奶油紅豆餡食包

最後發酵｜40 分鐘
烘　　烤｜上下火 210℃，
10 ～ 12 分鐘

1 個 / 所需的材料

- 紅豆餡 100g
- 無鹽奶油片 20g

製作數量
19 個

1. 整形：取完成至 P.90 分割 100g + 中間發酵之麵團。輕輕拍開，重新滾圓，底部捏緊，收口處朝下發酵。（圖 1 ～ 6）
2. 最後發酵：發酵 40 分鐘（發酵溫度 35 ～ 38℃／濕度 85%）。
3. 烘烤：送入預熱好的烤箱，以上下火 210℃，烤 10 ～ 12 分鐘。
4. 出爐放涼，夾紅豆餡、無鹽奶油片。

55.

厚切奶油芋頭餡食包

最後發酵｜40 分鐘
烘　　烤｜上下火 210℃，10 ～ 12 分鐘

1 個／所需的材料

- 芋頭餡 100g
- 無鹽奶油片 20g

1. 整形：取完成至 P.90 分割 100g ＋中間發酵之麵團。輕輕拍開，重新滾圓，底部捏緊，收口處朝下發酵。（圖 1 ～ 6）
2. 最後發酵：發酵 40 分鐘（發酵溫度 35 ～ 38℃／濕度 85%）。
3. 烘烤：送入預熱好的烤箱，以上下火 210℃，烤 10 ～ 12 分鐘。
4. 出爐放涼，夾芋頭餡、無鹽奶油片。

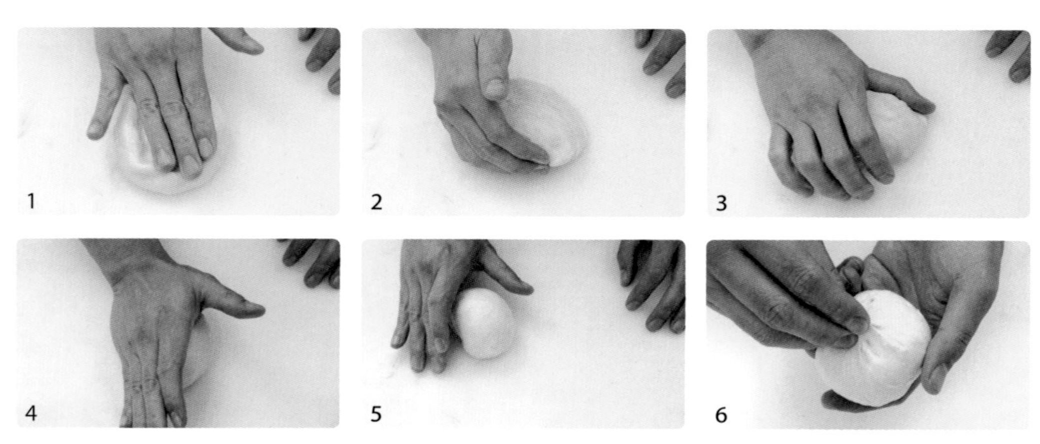

#56.
厚切奶油地瓜飽食包

烘焙筆記

最後發酵｜40 分鐘
烘　　烤｜上下火 210℃，
10 ～ 12 分鐘

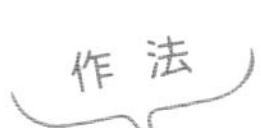

1 個 / 所需的材料

- 地瓜餡 100g
- 無鹽奶油片 20g

製作數量
19 個

作法

1. 整形：取完成至 P.90 分割 100g ＋中間發酵之麵團。輕輕拍開，重新滾圓，底部捏緊，收口處朝下發酵。（圖 1 ～ 6）
2. 最後發酵：發酵 40 分鐘（發酵溫度 35 ～ 38℃／濕度 85%）。
3. 烘烤：送入預熱好的烤箱，以上下火 210℃，烤 10 ～ 12 分鐘。
4. 出爐放涼，夾地瓜餡、無鹽奶油片。

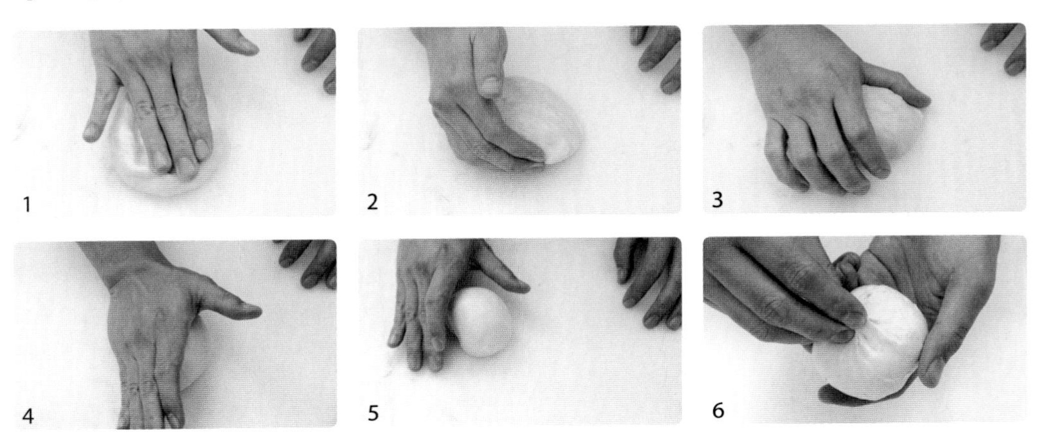

Theme

10

橄欖形軟法系列

◎殺手級奶油醬「香蒜奶油醬」與「韓式香蒜奶油醬」

韓式跟臺式的蒜香奶油醬最大的差異是，韓國的蒜頭奶油醬有時候怕蒜頭味道太重，他們會加一點糖（或者是煉乳），到蒜頭奶油醬裏面平衡蒜頭風味。臺式基本上也能做，只是一樣的東西做出來，臺式的會濃郁一點，更有蒜頭的風味。

香蒜奶油醬

材料	公克
無鹽奶油	100
新鮮蒜泥	40
鹽	3
乾燥洋香菜	2

作法

1. 所有材料分別秤妥，備用。
2. 無鹽奶油室溫軟化，軟化至手指按壓可留下指痕之程度。
3. 與新鮮蒜泥、鹽、乾燥洋香菜拌勻。

韓式香蒜奶油醬

材料	公克
無鹽奶油	100
新鮮蒜泥	30
帕瑪森起司粉	30
鹽	2
蜂蜜	5

作法

1. 所有材料分別秤妥，備用。
2. 無鹽奶油室溫軟化，軟化至手指按壓可留下指痕之程度。
3. 與新鮮蒜泥、帕瑪森起司粉、鹽、蜂蜜拌勻。

想把蒜頭風味加強或減弱其實還有一個方法，調整「蒜頭」處理程度。希望味道輕一點、細膩一點，就把蒜頭磨成泥，這樣就能降低蒜頭強烈的風味；希望味道更凸顯，更重更辣，就把一部分蒜頭切成稍具口感的碎，抹醬可看到蒜頭的原形，牙齒咬下去因為瞬間接觸面積大，就可以品嚐到蒜頭的辣味。

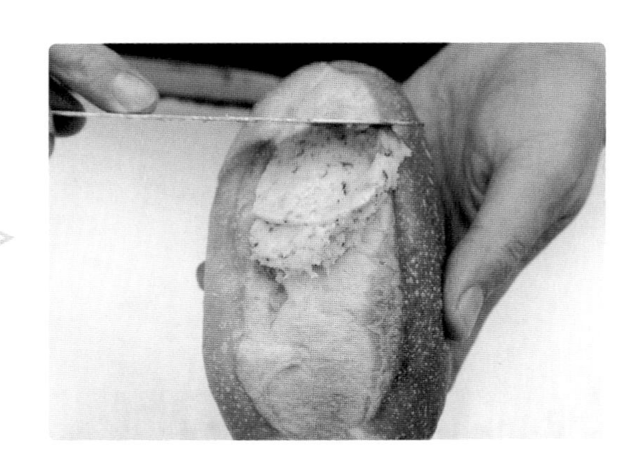

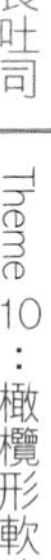

#57. 原味橄欖形軟法

烘焙筆記

最後發酵｜50 分鐘
烘　　烤｜上下火 210℃，10 ～ 12 分鐘

1 個 / 所需的材料

- 無鹽奶油 適量

作法

1. 整形：取完成至 P.90 分割 100g + 中間發酵之麵團。輕輕拍開，翻面，底部壓薄，收摺成橄欖形。（圖 1 ～ 3）
2. 最後發酵：發酵 50 分鐘（發酵溫度 35 ～ 38℃／濕度 85%）。（圖 4）
3. 烘烤：中心割一刀，割線處擠軟化無鹽奶油，送入預熱好的烤箱，以上下火 210℃，烤 10 ～ 12 分鐘。（圖 5 ～ 6）

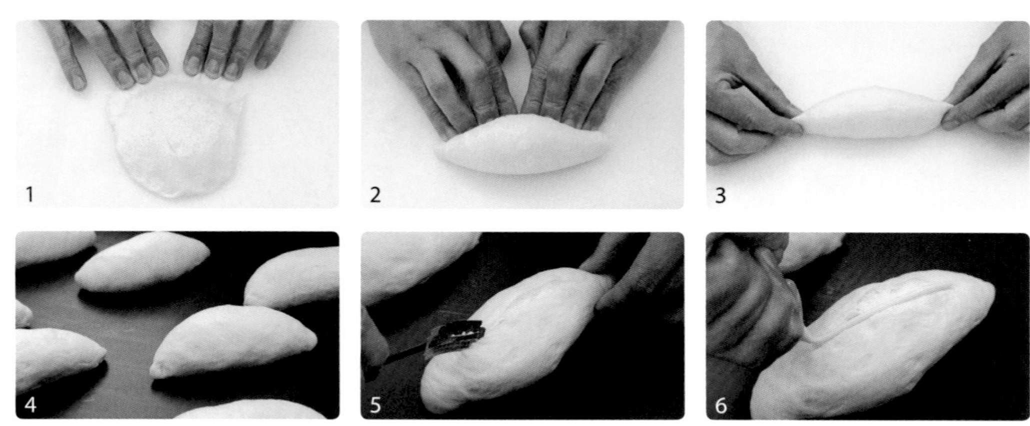

#58. 美味延伸！香蒜奶油七味軟法

- 乾巴西利葉 適量
- 七味粉 適量
- 香蒜奶油醬（P.119）15g

作 法

1. 整形至烘烤可參考左頁「#57. 原味橄欖形軟法」作法。
2. 抹香蒜奶油醬、撒七味粉；以上下火 200℃，烤 3 ～ 5 分鐘，烤到奶油融化，撒乾巴西利葉。

#59. 美味延伸！特濃乳酪韓式香蒜軟法

- 特濃乳酪醬（P.93）30g
- 韓式香蒜奶油醬（P.119）20g

作 法

1. 整形至烘烤可參考左頁「#57. 原味橄欖形軟法」作法。
2. 麵包切三刀（不切斷），擠特濃乳酪醬，表面抹香蒜奶油醬；以上下火 200℃，烤 8 ～ 10 分鐘，烤到奶油融化。

這個吐司是我喜歡的風格，我會讓它筋度稍微強一點，吃起來會比較有嚼勁、會比較Q，沒有一般吐司的那種鬆軟、入口即化的感覺。基本上我連起種的麵團（中種麵團），我都會讓它筋度起來，攪打時間會比一般起種再多一點，整體我會希望他稍微有嚼勁。

製作麵包就是看你想呈現的口感跟狀態是什麼，去設計配方、設計作法，像我把它變成胚芽口味、藜麥口味、貓咪的黑芝麻口味、抹茶口味、巧克力口味等，我的核心都是知道「這支麵團適合做各種變化」。

變化核心有兩個：❶麵團本身的風味如何？如果它今天特別甜、特別鹹，那它就不適合變化，簡單來說口味太極端的麵團，並不是說不能變化，只是選擇相對會少一些。我們這款主要以鮮奶吐司為主，奶味會多一點點，但它還是有彈性的，像這種麵團就比較容易做不一樣的變化。❷麵團本身的「口感」是如何？比如本身口感是極軟的，那我就不會以法國麵包的概念去變化它，思考的方向會偏甜麵團、菓子麵團等常見的種類去做搭配。我會設計這個中種麵團的配方，就是為了能夠方便做各種變化而寫的，不論是想做甜麵包（甜吐司）或是鹹麵包（鹹吐司）都能夠隨心運用變化，當對這個配方更熟悉之後，就能根據自己想要的口感、風味去做配方上的微調，例如想要麵團更柔軟、奶香味更好，可以自行增加奶油比例；想讓麵團保濕性更好，可以添加湯種、煉乳。

C

中種法：鮮奶吐司

Pain au lait

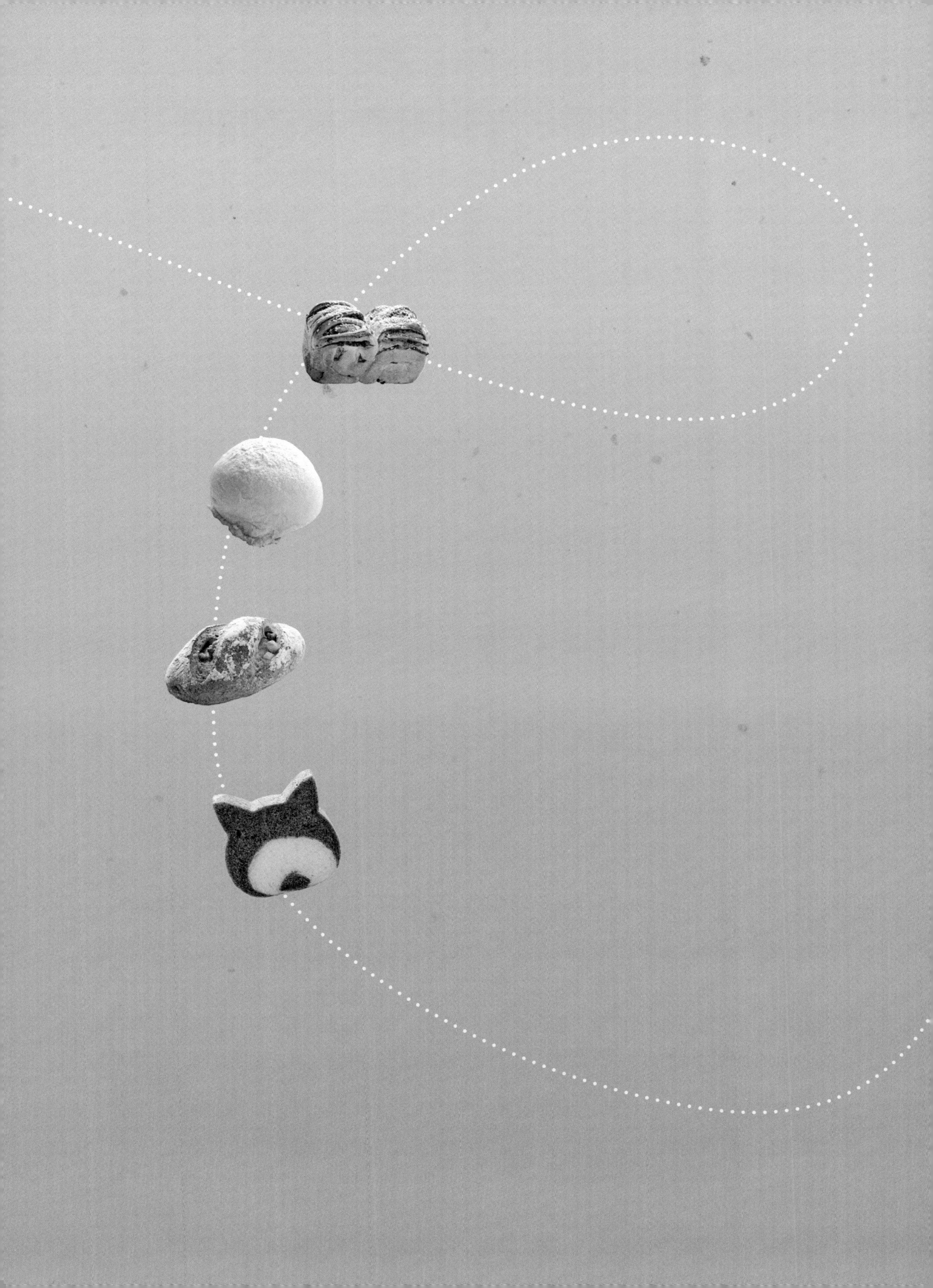

★Basic! 中種法鮮奶吐司基礎麵團

烘焙筆記

中種攪拌	L2 → M3
中種終溫	22℃
中種基發	90 分鐘
主麵團攪拌	L3 → M6 ～ 10
下奶油	L3 → M4 ～ 5
主麵團終溫	22 ～ 24℃
基本發酵	40 ～ 60 分鐘
分割滾圓	依照產品需求進行分割
中間發酵	依照不同的分割重量進行發酵
整形	請參閱 P.127 ～ 191 產品製作

中種麵團	(%)	（公克）
強力粉	70	700
高糖酵母	1	10
水	42	420
上白糖	1.4	14
主麵團	**(%)**	**（公克）**
強力粉	30	300
鮮奶	28	280
上白糖	8	80
岩鹽	1	10
無鹽奶油（16～20℃）	10	100
合計	191.4	1914

1 中種攪拌：攪拌缸加入所有材料（除了無鹽奶油），低速攪打 2 分鐘，酵母跟糖不可疊放，要錯開。

2 攪打過程材料會逐漸收縮，慢慢成團，材料大致成團時轉中速攪打 3 分鐘，打至擴展階段。取部分麵團拉開測試麵團延展度，像這樣表面略有粗糙感，麵團延展度雖不足，卻也不會一拉就繃斷。

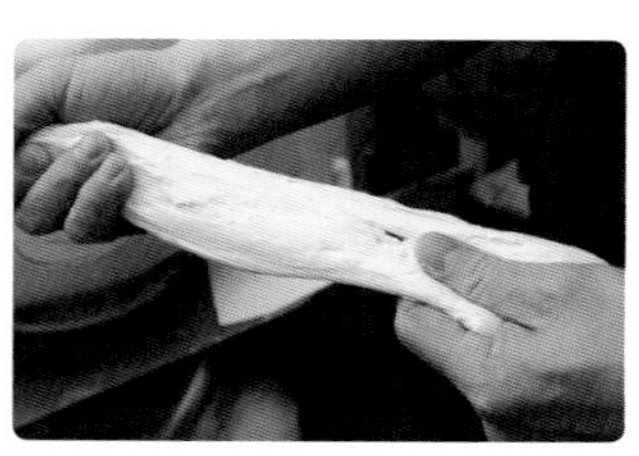
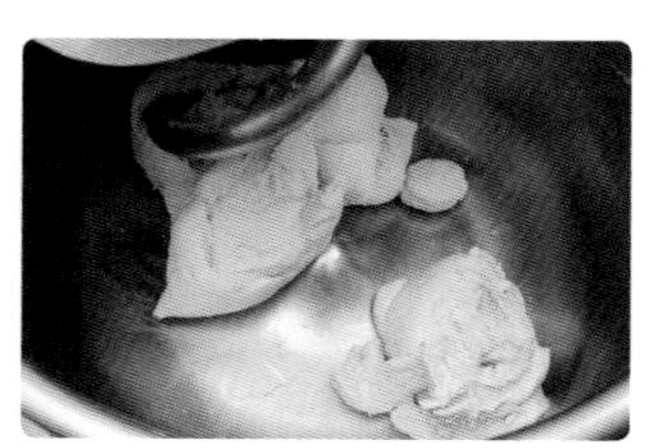

3 中種發酵：收整後放入發酵容器，常溫發酵 90 分鐘（溫度約 26 ～ 28℃／濕度 75%）。

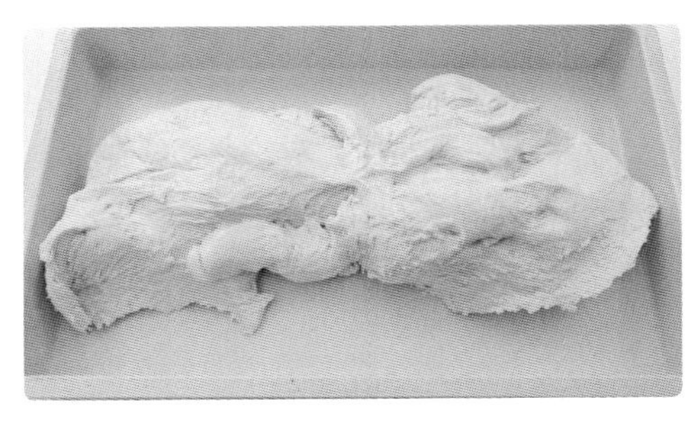
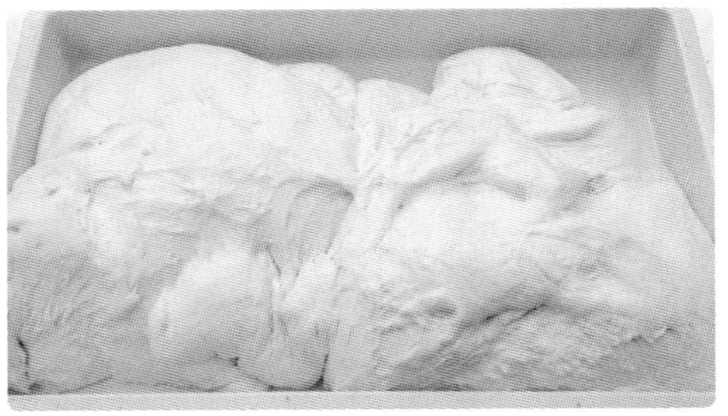

4 主麵團攪拌：攪拌缸加入所有材料（除了無鹽奶油）、發酵好的中種麵團，低速攪拌 3 分鐘，轉中速攪打 6 ～ 10 分鐘，把麵團攪拌到光亮。

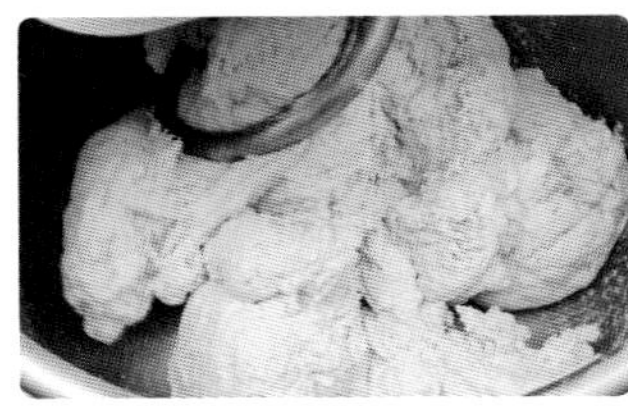
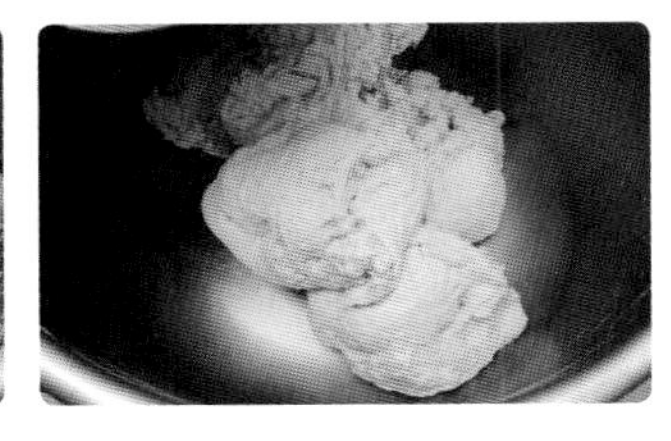

5 攪拌時間有落差是因為每一台機器轉速不太一樣，會影響麵包最後出筋的時間點，因此必須學會判斷麵團狀態。判斷方法都是取一點小麵團觀察，取出後雙手捉住麵團，左右延展，每次取出觀察狀態都會發現麵團更透，材料結合得更好。隨著攪打麵團會逐漸收縮成團，要打到最後一張稱為「擴展」階段的狀態，麵團拉開會有薄膜，呈現光滑但延展性不足的狀態，邊邊有些許鋸齒狀。

★延展性不足的麵團，會沒有辦法拉到非常透光，就破掉，並且將麵團拉長時會很容易斷掉，可以參考下頁的「完全擴展」狀態，薄膜的狀態是不同的。

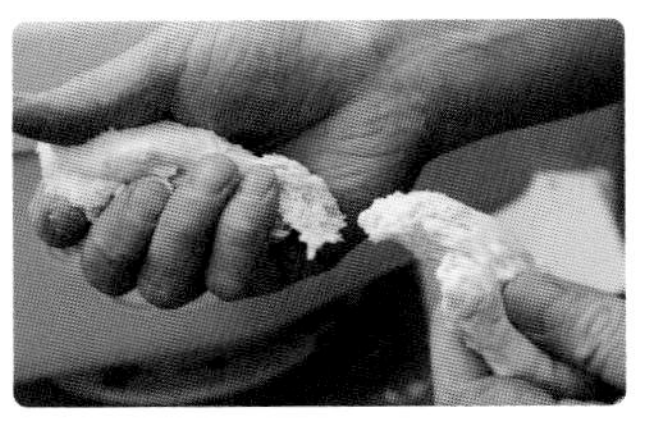

6 下無鹽奶油，低速攪打 3 分鐘，讓奶油融合進麵團裏，再轉中速攪打 4 ～ 5 分鐘。麵團會隨著攪打從底部慢慢捲上攪拌器。

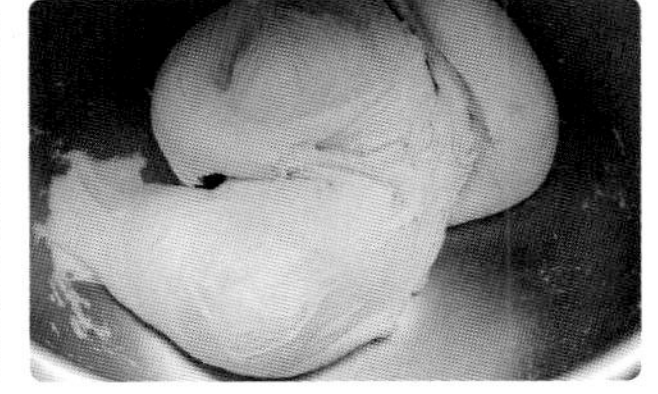

7 時間到取一點麵團判斷狀態，麵團打至「完全擴展」階段，可以延展到更薄透、清楚透光；破口光滑圓潤、無鋸齒狀；麵團延展性更好，可以拉到非常長。這支麵團攪拌有兩個大階段，分別是擴展→完全擴展階段，麵團終溫約 22 ～ 24℃。

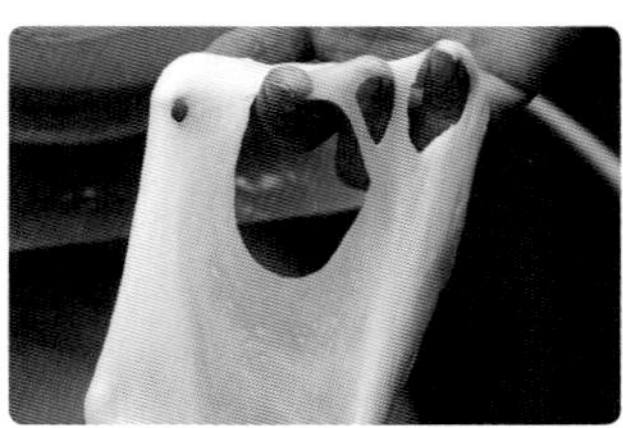

8 雙手從中心將麵團托起，放下，放的時候下垂的麵團自然往內收。雙手從側面推移，讓麵團透過桌面收整，收整成表面平滑的團狀。

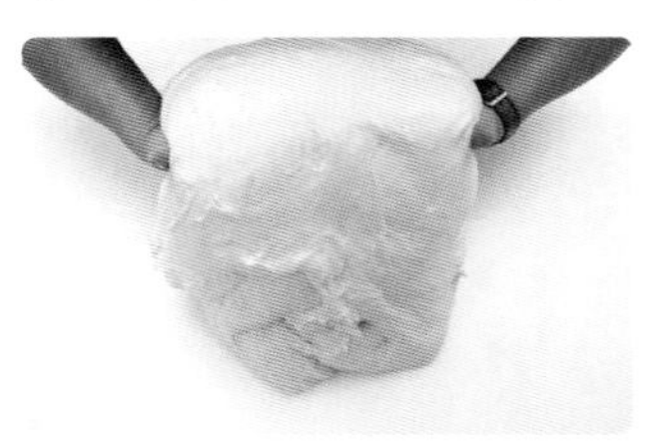
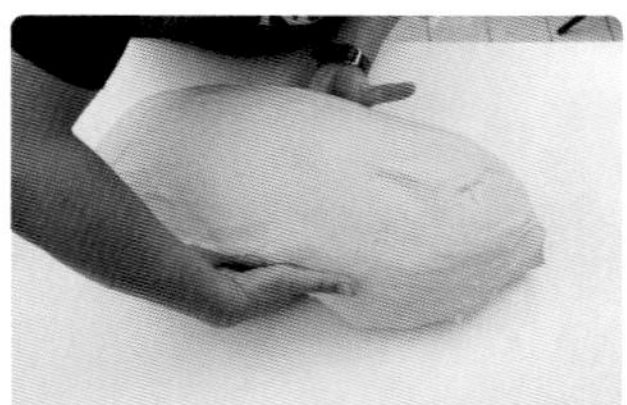
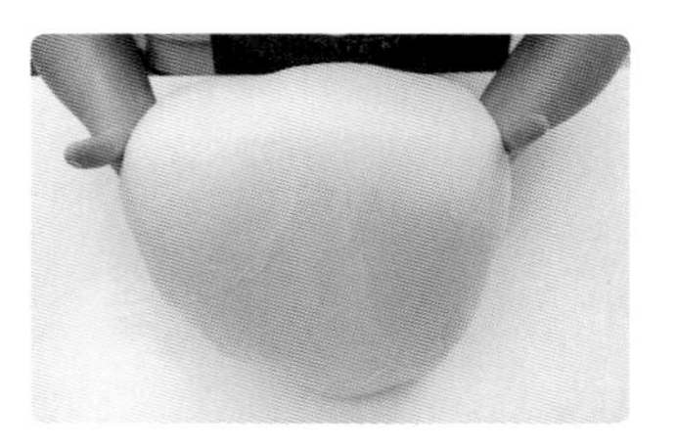

9 基本發酵：收整後放入發酵容器，發酵 40 ～ 60 分鐘（室溫 33℃／濕度 80%）。

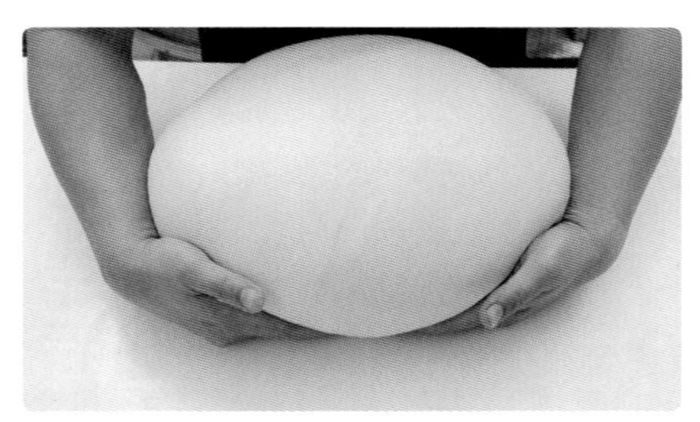

製作到基本發酵的麵團便告一個段落了，大部分我們變化麵團會從「中間發酵」開始，但這個系列我準備搭配不同的分割重量，變化不同的麵包主題，因此基礎說明才在「基本發酵」便告一段落。接下來可以直接往後翻閱，或者至目錄尋找感興趣的品項進行製作。

「C、中種法：鮮奶吐司」一共會有 4 個主題變化，分別是基本型吐司、白燒與漢堡、營養胚芽、創意變化系列。大方向上羅列了基礎麵包、配料麵包以及具備我個人風格的創意類麵包，我認為一間店「傳統與創新」都是不可缺少的重要一角，若缺了，就像拼圖缺了一角般不完整，品項的陳列我一定會做到兩者兼顧，尋求突破的同時，也留住老味道，留住記憶中的美好時光。

Theme

11

吐司專題系列

#60.
長磚鮮奶吐司

製作數量

1~2 條

分　　割｜分割機分割一顆約 90g，取兩顆一起滾圓成 180g（一模 6 顆）

中間發酵｜15 ～ 20 分鐘

整　　形｜詳右頁

最後發酵｜40 ～ 50 分鐘

烘　　烤｜上火 220℃ / 下火 230℃，20 分鐘。調頭，上火 210℃ / 下火 220℃，20 分鐘

- 吐司模：SN2012

1 分割→中間發酵：取完成至 P.124 ～ 126 基本發酵之麵團，用分割機分割，麵團一顆約 90g，兩顆一起滾圓（成一顆 180g 的麵團），發酵 15 ～ 20 分鐘（發酵溫度 33℃／濕度 80%）。

2 整形：輕輕拍開，再以擀麵棍擀開，翻面，把一側麵團底部壓薄。

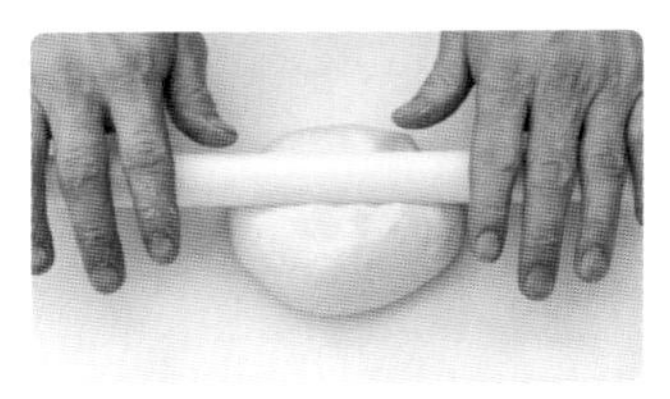

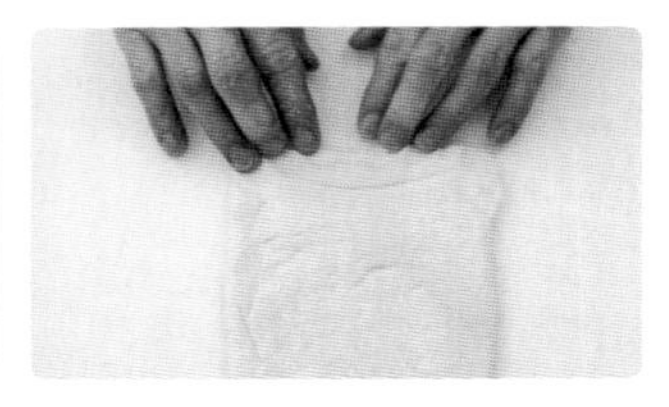

3 由上朝下收摺，收摺成長條狀，長度約 15 公分。

★先前有壓薄的地方，最後收口會完美貼覆麵團，比較美觀。

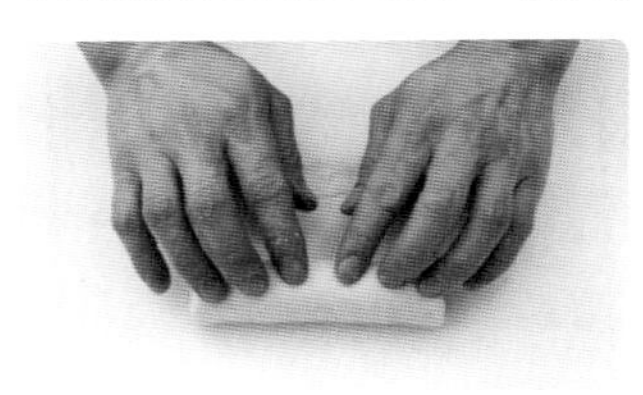
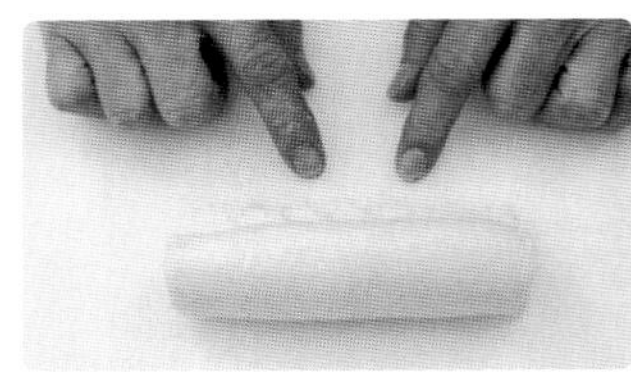
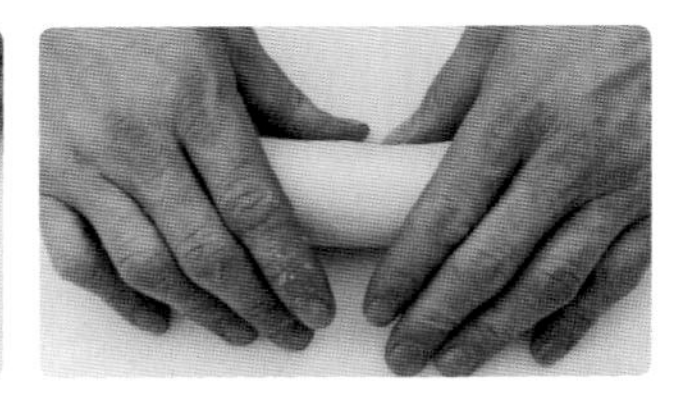

4 表面蓋上袋子靜置鬆弛 15 ～ 20 分鐘。

5 鬆弛後正面朝上再次擀開，擀約 30 公分，翻面（翻面後收口處朝上），把一側麵團底部壓薄，由上朝下捲起，收口處朝下放入吐司模中，一模放 6 個。

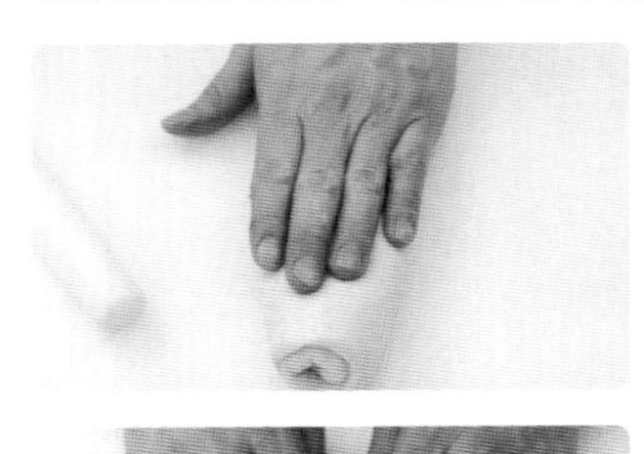
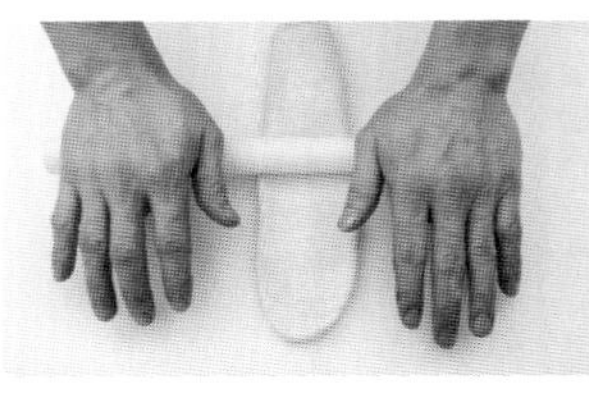
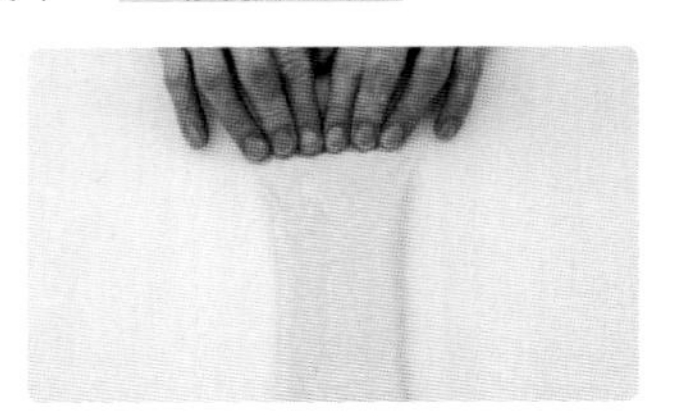
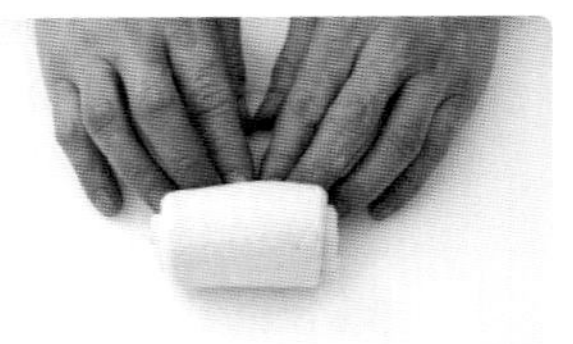

6 最後發酵：發酵 40 ～ 50 分鐘（發酵溫度 33℃／濕度 80%）。

★右圖為麵團發酵後，發到約八分滿即可。

7 烘烤：蓋上蓋子，送入預熱好的烤箱，上火 220℃ / 下火 230℃，20 分鐘。調頭，上火 210℃ / 下火 220℃，20 分鐘，烤至理想顏色即可出爐。

#61. 蝸牛漫步 鮮奶葡萄吐司

製作數量

6 個

烘焙筆記

分　　割｜150g（一模 2 顆）

中間發酵｜15 ～ 20 分鐘

整　　形｜詳本頁

最後發酵｜40 ～ 50 分鐘

烘　　烤｜上火 150℃ / 下火 220℃，15 分鐘。調頭，再烤 15 分鐘

1 個 / 所需的材料

- 葡萄乾 50g
- 吐司模：SN2151

作法

1 分割→中間發酵：取完成至 P.124 ～ 126 基本發酵之麵團，用切麵刀分割 150g，滾圓，發酵 15 ～ 20 分鐘（發酵溫度 33℃／濕度 80%）。

2 整形：輕輕拍開，成中心厚邊緣薄的麵團，翻面。

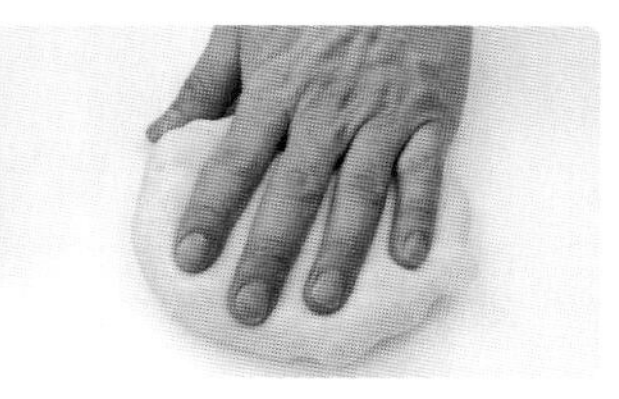

3 放入葡萄乾，一手托住麵皮大拇指固定葡萄乾位置，另一手食指與大拇指捏合麵皮，收口麵團。

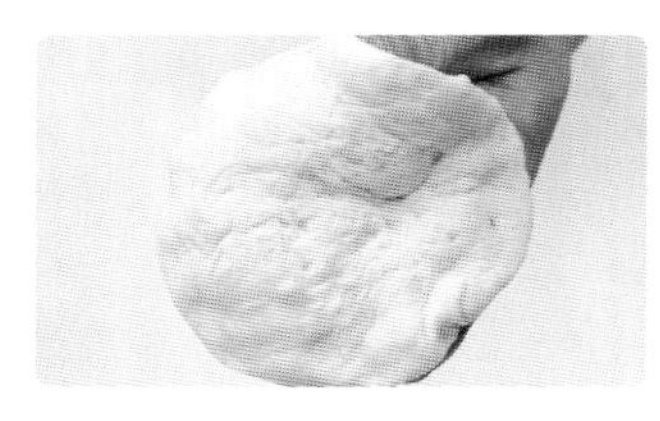

4 擀捲第一次，表面蓋上袋子靜置鬆弛 15 ～ 20 分鐘。

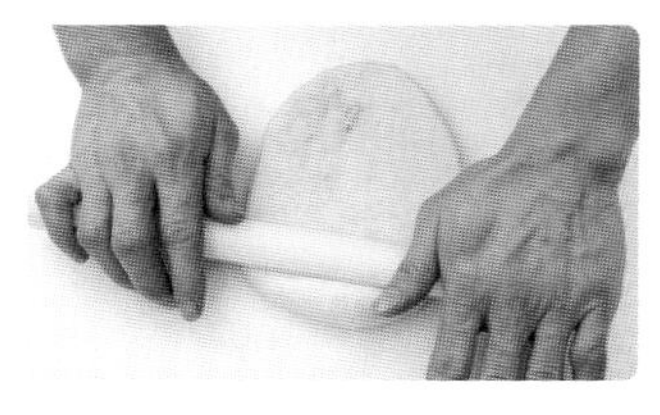
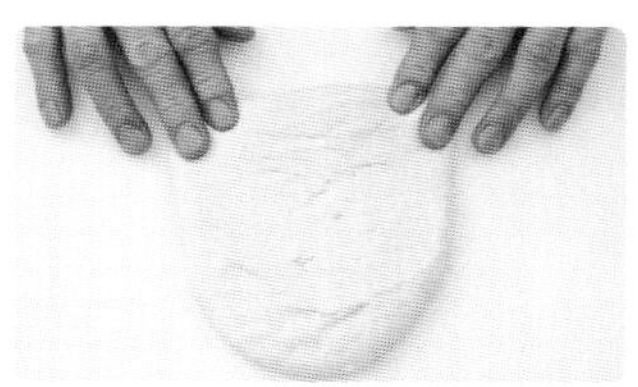
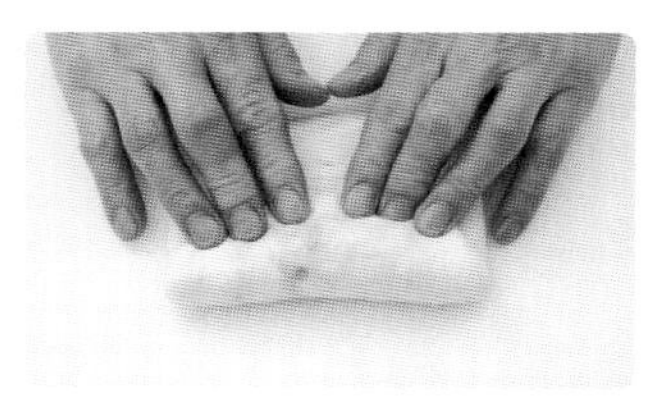

5 鬆弛後正面朝上再次擀開，翻面（翻面後收口處朝上），把一側麵團底部壓薄，由上朝下捲起，收口處朝下放入吐司模中，一模放 2 個。

6 最後發酵：發酵 40 ～ 50 分鐘（發酵溫度 33℃／濕度 80%）。

★右圖為麵團發酵後，發到約八分滿即可。

7 烘烤：送入預熱好的烤箱，上火 150℃ / 下火 220℃，15 分鐘。調頭，再烤 15 分鐘，烤至理想顏色即可出爐。

#62. 太陽菠蘿奶酥吐司

奶香奶酥餡

材料	公克
無鹽奶油	250
糖粉	125
鹽	2
全脂奶粉	240

作法

1. 無鹽奶油室溫退冰至 16 ～ 20℃；粉類分別過篩。
2. 攪拌缸加入無鹽奶油、過篩糖粉、鹽，慢速拌勻至沒有粉粒，材料均勻融入奶油。
3. 中速攪拌至奶油反白，體積增加至原本的三倍大左右，加入過篩奶粉，拌勻至奶粉融入即完成。

酥香菠蘿皮

材料	公克
無鹽奶油	195
糖粉	150
全蛋液	75

作法

1. 無鹽奶油室溫退冰至 16 ～ 20℃；粉類分別過篩。
2. 攪拌缸加入無鹽奶油、過篩糖粉，慢速拌勻至沒有粉粒，材料均勻融入奶油，轉中速攪拌至奶油反白，體積增加至原本的三倍大左右。
3. 轉慢速，分 2 ～ 3 次加入全蛋液，待蛋液跟奶油完全乳化後即完成菠蘿皮。

烘焙筆記

分　　割｜300g（一模 1 顆）
中間發酵｜15 ～ 20 分鐘
整　　形｜詳本頁
最後發酵｜40 ～ 50 分鐘
烘　　烤｜上火 180℃ / 下火 230℃，18 分鐘。調頭，上火 150℃ / 下火 220℃，20 分鐘

1 個 / 所需的材料

- 奶香奶酥餡（P.132）150g
- 酥香菠蘿皮（P.132）150g
- 吐司模：SN2151

作法

1 分割→中間發酵：取完成至 P.124 ～ 126 基本發酵之麵團，分割 300g，收整成橢圓條狀，發酵 15 ～ 20 分鐘（發酵溫度 33℃／濕度 80%）。

2 整形：用擀麵棍擀開，把一側麵團底部壓薄，抹奶香奶酥餡，由上朝下捲起，成條狀，表面噴水。酥香菠蘿皮壓成片狀，搭配切麵刀移動，放上麵團表面，放入吐司模，一模放 1 個。

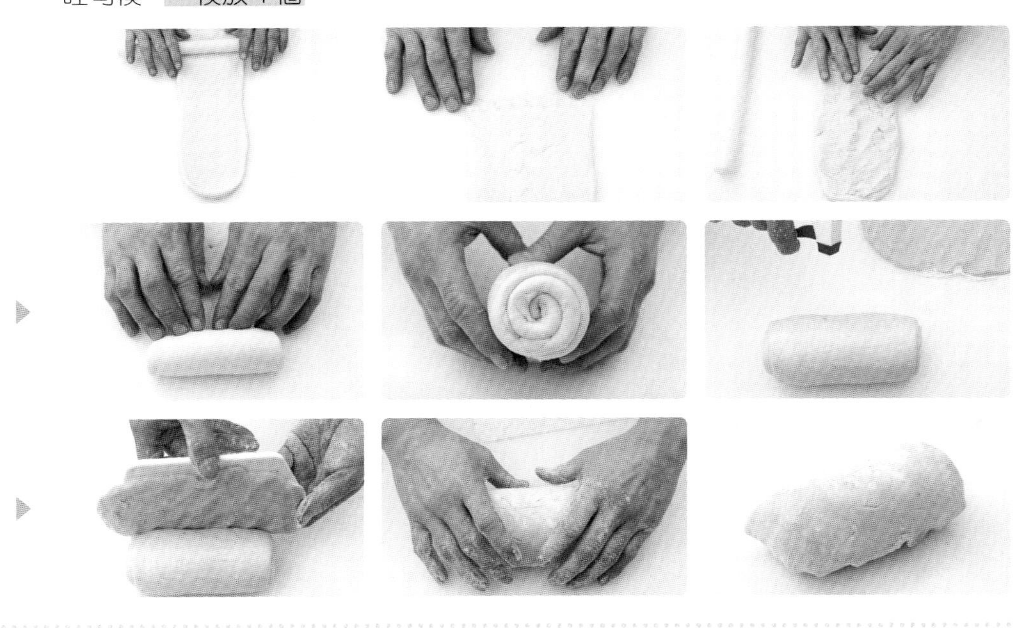

3 最後發酵：發酵 40 ～ 50 分鐘（發酵溫度 33℃／濕度 80%）。

★右圖為麵團發酵後，發到約八分滿即可。

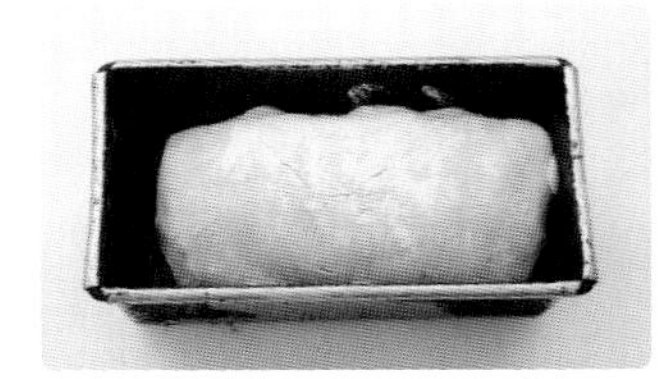

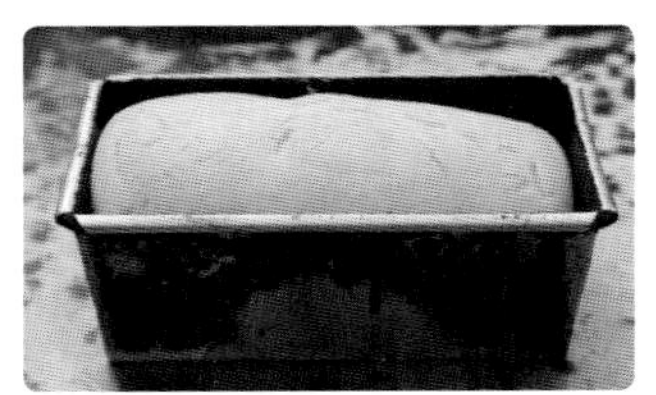

4 烘烤：送入預熱好的烤箱，上火 180℃ / 下火 230℃，烘烤 18 分鐘。調頭，上火 150℃ / 下火 220℃，再烤 20 分鐘，烤至理想顏色即可出爐。

#63. 鮮奶紅豆吐司

製作數量 6 條

烘焙筆記

分　　割	150g（一模 2 顆）
中間發酵	15 ～ 20 分鐘
整　　形	詳右頁
最後發酵	40 ～ 50 分鐘
烘　　烤	上火 150℃ / 下火 220℃，15 分鐘，調頭再 15 分鐘

1個 / 所需的材料

- 奶水 適量
- 生白芝麻 適量
- 高雄九號特級低甜紅豆餡 100g
- 吐司模：SN2151

1 分割→中間發酵：取完成至 P.124 ～ 126 基本發酵之麵團，用切麵刀分割 150g，滾圓，發酵 15 ～ 20 分鐘（發酵溫度 33℃／濕度 80%）。

2 整形：輕輕拍開，成中心厚邊緣薄的麵團，翻面。包高雄九號特級低甜紅豆餡，一手托住麵皮大拇指固定內餡位置，另一手食指與大拇指捏合麵皮，收口麵團。

3 擀捲第一次，表面蓋上袋子靜置鬆弛 15 ～ 20 分鐘。

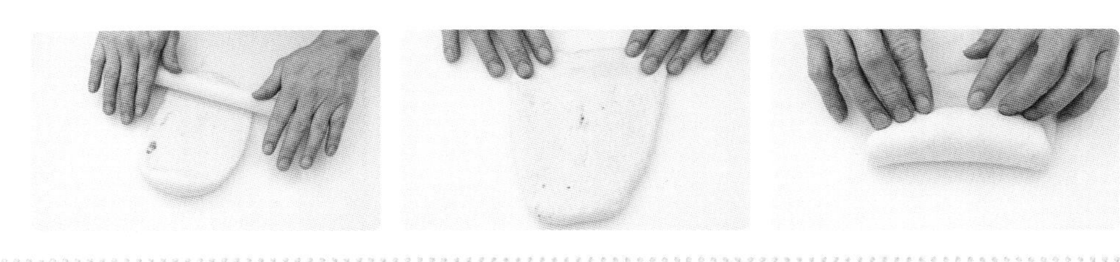

4 鬆弛後正面朝上再次擀開，翻面（翻面後收口處朝上），把一側麵團底部壓薄，由上朝下捲起，切 4 刀，收口處朝下放入吐司模中，一模放 2 個。

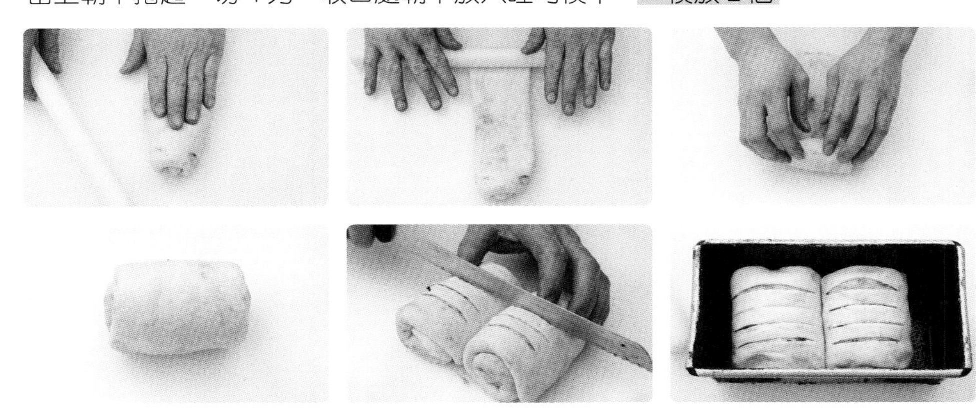

5 最後發酵：發酵 40 ～ 50 分鐘（發酵溫度 33℃／濕度 80%）。

6 烘烤：表面刷奶水，撒生白芝麻，送入預熱好的烤箱，上火 150℃ / 下火 220℃，烘烤 15 分鐘，調頭再烤 15 分鐘。

#64.
鮮奶芋泥吐司

製作數量

6 條

烘焙筆記

分　割｜150g（一模 2 顆）
中間發酵｜15 ～ 20 分鐘
整　形｜詳右頁
最後發酵｜40 ～ 50 分鐘
烘　烤｜上火 150℃ / 下火 220℃，15 分鐘，調頭再 15 分鐘

1 個 / 所需的材料

- 杏仁片 適量
- 芋頭泥 100g
- 吐司模：SN2151

1 分割→中間發酵：取完成至 P.124 ～ 126 基本發酵之麵團，用切麵刀分割 150g，滾圓，發酵 15 ～ 20 分鐘（發酵溫度 33℃／濕度 80%）。

2 整形：輕輕拍開，成中心厚邊緣薄的麵團，翻面。包入芋頭泥，一手托住麵皮大拇指固定內餡位置，另一手食指與大拇指捏合麵皮，收口麵團。

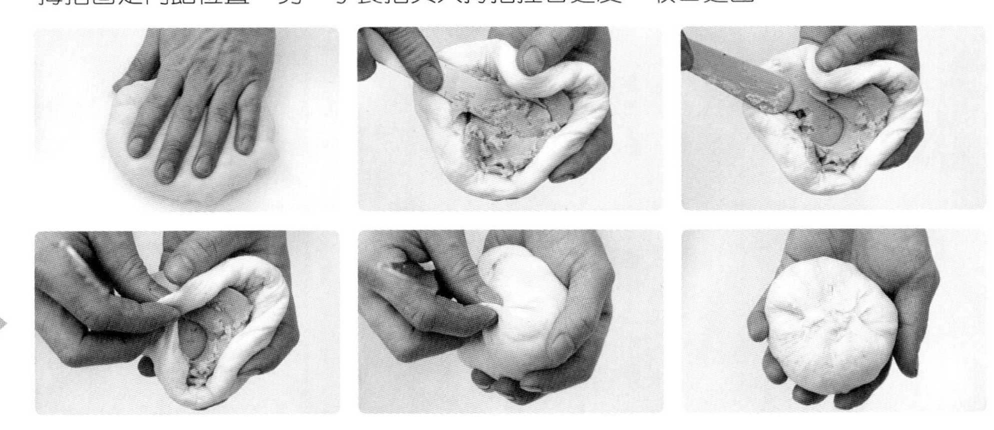

3 擀捲第一次，表面蓋上袋子靜置鬆弛 15 ～ 20 分鐘。

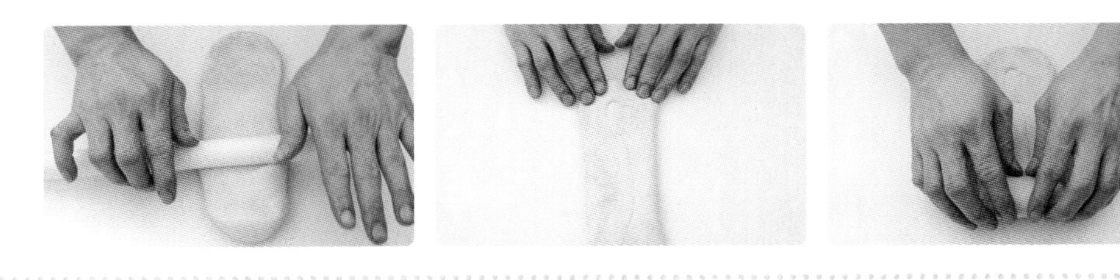

4 鬆弛後正面朝上再次擀開，翻面（翻面後收口處朝上），把一側麵團底部壓薄，由上朝下捲起，收口處朝下放入吐司模中，一模放 2 個。

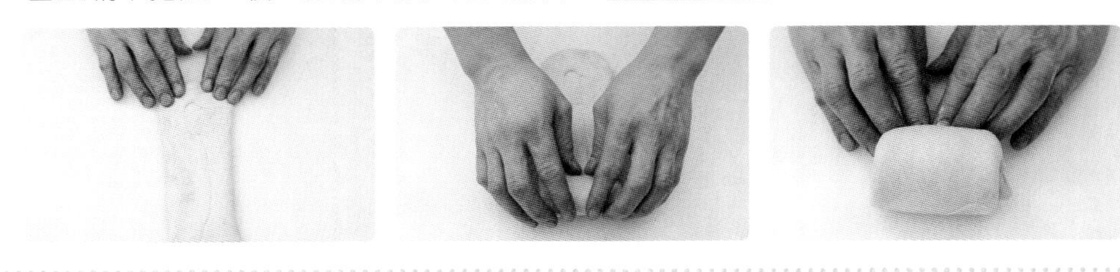

5 最後發酵：發酵 40 ～ 50 分鐘（發酵溫度 33℃／濕度 80%）。

※ 發酵前

※ 發酵後裝飾

6 烘烤：撒杏仁片，送入預熱好的烤箱，上火 150℃ / 下火 220℃，烘烤 15 分鐘，調頭再烤 15 分鐘。

#65.
椰子奶酥吐司

製作數量
6 條

分　　割	300g（一模 1 顆）
中間發酵	15 ～ 20 分鐘
整　　形	詳右頁
最後發酵	40 ～ 50 分鐘
烘　　烤	上火 160℃ / 下火 230℃，18 分鐘，調頭再 18 分鐘

1 個 / 所需的材料

- 奶香奶酥餡（P.132）150g
- 椰子餡 適量
- 吐司模：SN2151

材料	公克
無鹽奶油	70
椰子粉	90
糖粉	50
全脂奶粉	30
鹽	1
全蛋液	25

作法

1. 無鹽奶油室溫退冰至 16 ～ 20℃；糖粉過篩。
2. 鋼盆加入椰子粉、糖粉、全脂奶粉、鹽，用手大致和勻，讓材料鬆散地分布。
3. 分 2 次加入全蛋液，用打蛋器快速拌勻，完成椰子餡。
4. 完成後放入冷藏保存，備用。

★若要將椰子餡抹在麵包表面當裝飾，記得用全蛋液調整成所需的軟硬度，即可當成表面裝飾用。

1 分割→中間發酵：取完成至 P.124 ～ 126 基本發酵之麵團，用切麵刀分割 300g，滾圓，發酵 15 ～ 20 分鐘（發酵溫度 33℃／濕度 80%）。

2 整形：用擀麵棍擀開，把一側麵團底部壓薄，抹奶香奶酥餡，由上朝下捲起，成條狀，放入吐司模，一模放 1 個。

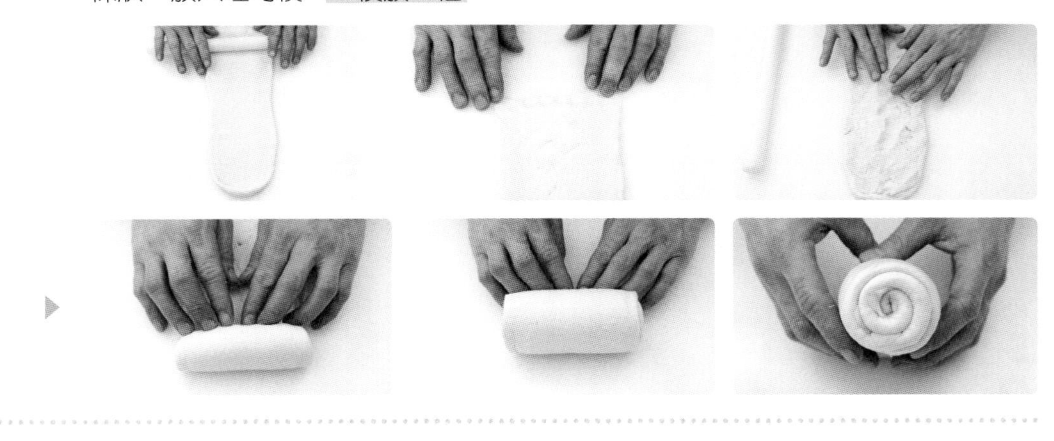

3 最後發酵：發酵 40 ～ 50 分鐘（發酵溫度 33℃／濕度 80%）。

★右圖為麵團發酵前、後，發到約八分滿即可。

4 烘烤：表面抹適量椰子醬，送入預熱好的烤箱，上火 160℃ / 下火 230℃，烘烤 18 分鐘。調頭再烤 18 分鐘，烤至理想顏色即可出爐。

#66.
鮮奶黑豆吐司

製作數量
6 個

分　　割｜150g（一模2顆）
中間發酵｜15～20分鐘
整　　形｜詳右頁
最後發酵｜40～50分鐘
烘　　烤｜上火150℃／下火220℃，15分鐘。調頭再烤15分鐘

- 黑豆粒 50g
- 吐司模：SN2151

作法

1 分割→中間發酵：取完成至 P.124 ～ 126 基本發酵之麵團，用切麵刀分割 150g，滾圓，發酵 15 ～ 20 分鐘（發酵溫度 33℃／濕度 80%）。

2 整形：輕輕拍開，成中心厚邊緣薄的麵團，翻面。包入黑豆粒，一手托住麵皮大拇指固定內餡位置，另一手食指與大拇指捏合麵皮，收口麵團。

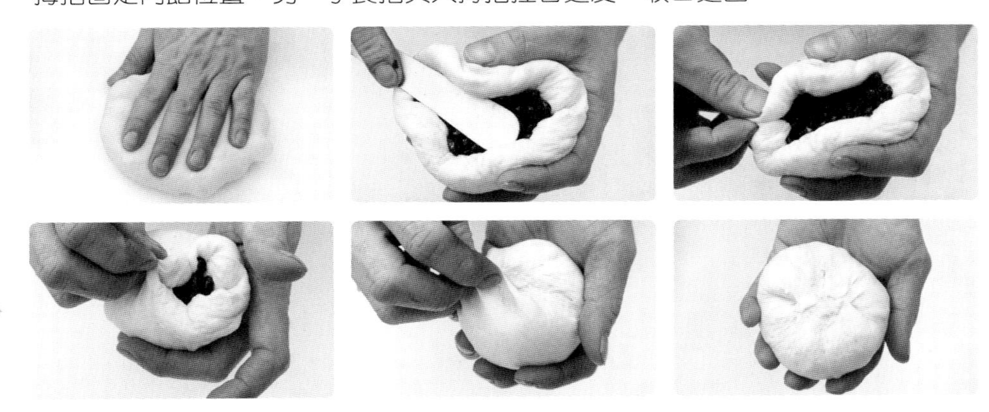

3 擀捲第一次，表面蓋上袋子靜置鬆弛 15 ～ 20 分鐘。

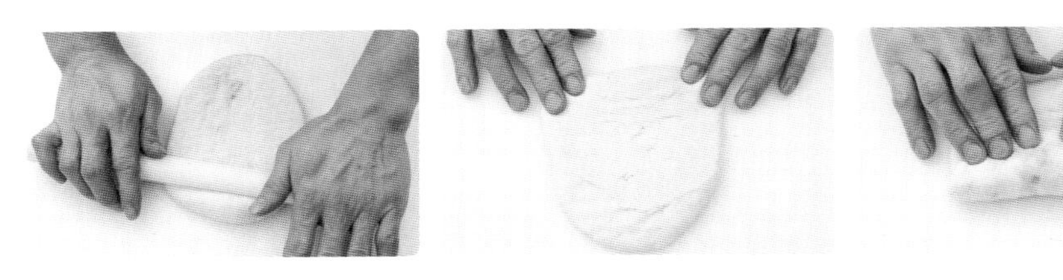

4 鬆弛後正面朝上再次擀開，翻面（翻面後收口處朝上），把一側麵團底部壓薄，由上朝下捲起，收口處朝下放入吐司模中，一模放 2 個。

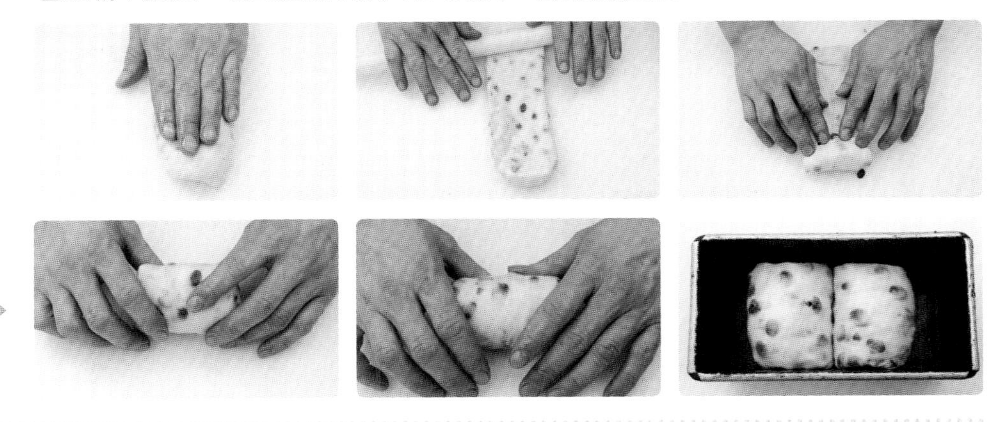

5 最後發酵：發酵 40 ～ 50 分鐘（發酵溫度 33℃／濕度 80%）。
★右圖為麵團發酵後，發到約八分滿即可。

6 烘烤：送入預熱好的烤箱，上火 150℃ / 下火 220℃，烘烤 15 分鐘，調頭再烤 15 分鐘。

#67.
洋蔥火腿吐司

製作數量
7~8個

烘焙筆記

分割	120g（一模 2 條）
中間發酵	15 ～ 20 分鐘
整形	詳右頁
最後發酵	40 ～ 50 分鐘
烘烤	上火 190℃ / 下火 230℃，16分鐘。調整至上火 160℃ / 下火 230℃，16 ～ 18 分鐘

1個 / 所需的材料

- 洋蔥 適量
- 美乃滋 適量
- 乳酪絲 適量
- 吐司模：SN2151
- 火腿 1 片（一切二）

作法

1 分割→中間發酵：取完成至 P.124 ～ 126 基本發酵之麵團，用切麵刀分割 120g，滾圓，發酵 15 ～ 20 分鐘（發酵溫度 33℃／濕度 80%）。

2 整形：輕輕拍開，擀成 18 公分長片，翻面，底部壓薄，包入火腿片，由前朝後摺起收口麵團，兩條並排。

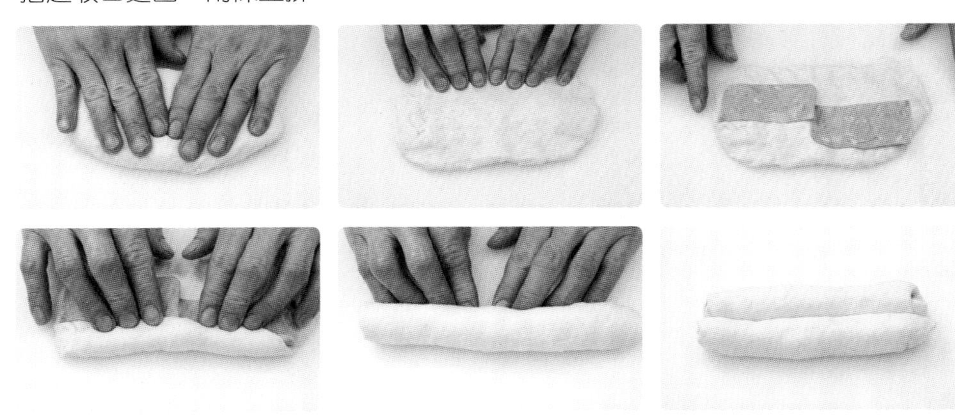

3 切三刀，把麵團翻正。

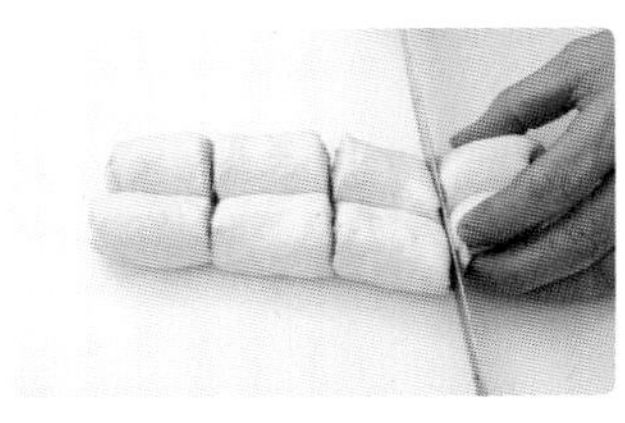

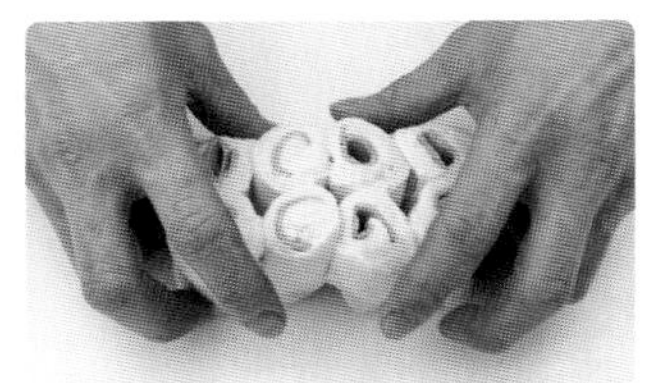

4 翻正後放入吐司模中，一模放 2 條（8 顆）。（右圖）

5 最後發酵：發酵 40 ～ 50 分鐘（發酵溫度 33℃／濕度 80%）。

6 烘烤：表面鋪洋蔥，擠美乃滋，鋪乳酪絲。送入預熱好的烤箱，上火 190℃ / 下火 230℃，烘烤 16 分鐘。調整上火 160℃ / 下火 230℃，再烤 16 ～ 18 分鐘，烤至理想顏色即可出爐。

#68. 黑芝麻吐司

製作數量 4 個

烘焙筆記

分　　割｜450g（一模 1 顆）
中間發酵｜15 ～ 20 分鐘
整　　形｜詳右頁
最後發酵｜40 ～ 50 分鐘
烘　　烤｜上火 150℃ / 下火 220℃，15 分鐘。調頭再烤 15 分鐘

- 黑芝麻餡 80g
- 奶水 適量
- 生黑芝麻 適量
- 吐司模：SN2066

1 分割→中間發酵：取完成至 P.124 ～ 126 基本發酵之麵團，用切麵刀分割 450g，滾圓，發酵 15 ～ 20 分鐘（發酵溫度 33℃／濕度 80%）。

2 整形：輕輕拍開，擀 50 公分長片，翻面，底部壓薄。

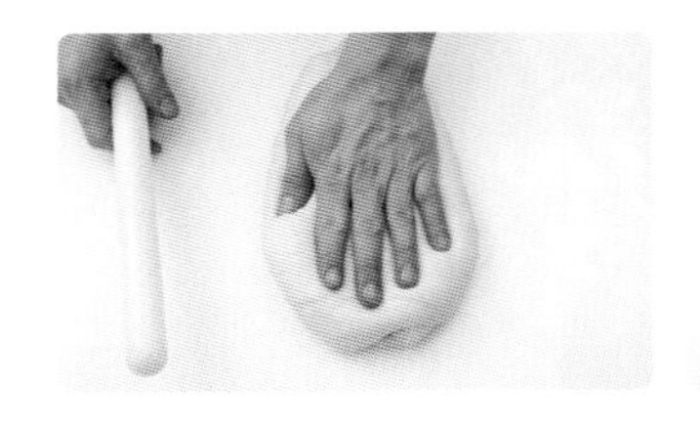
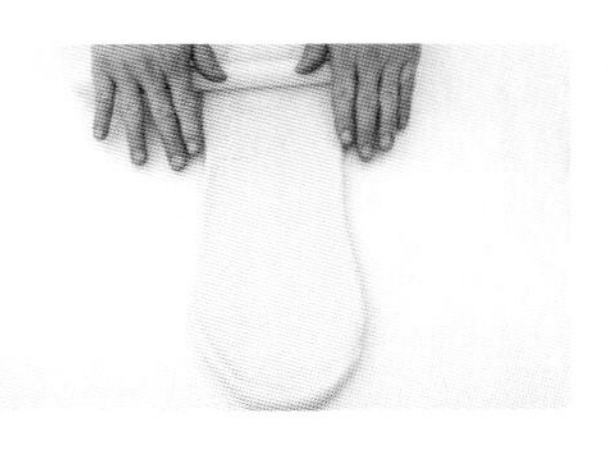
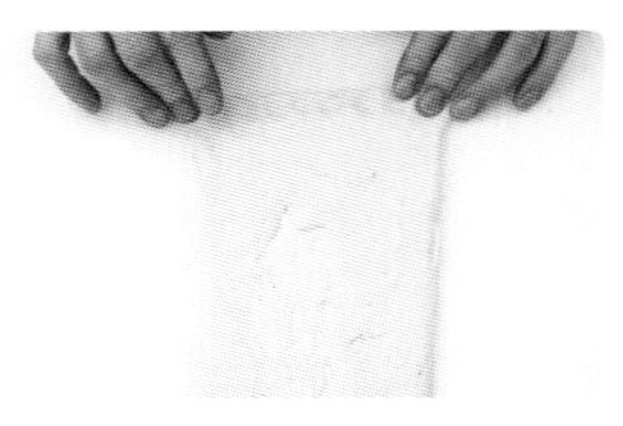

3 抹黑芝麻餡，壓薄端留 1/5 不抹，由前朝後摺起收口麵團。

★全部抹滿會爆餡，但只要留一小段空白的麵皮包覆，就比較不會爆餡。

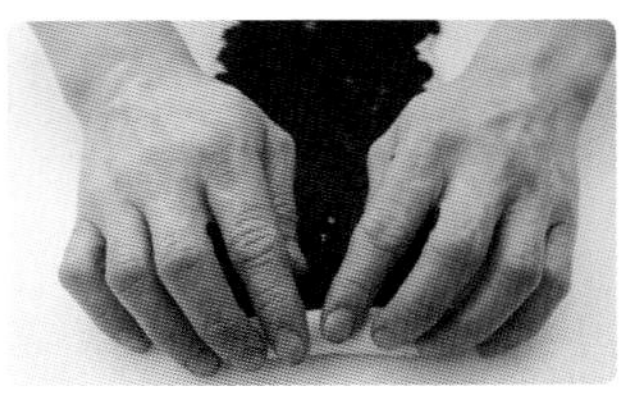

4 收口處朝下，表面刷奶水，沾生黑芝麻，翻正，翻正後放入吐司模中，一模放 1 條。

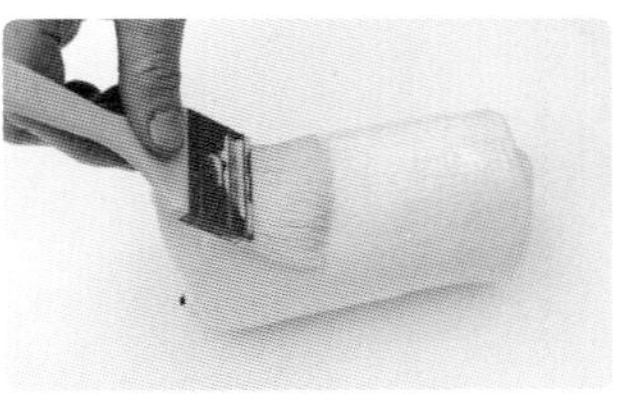

5 最後發酵：發酵 40 ～ 50 分鐘（發酵溫度 33℃／濕度 80%）。

★右圖為麵團發酵前、後，發到約八分滿即可。

6 烘烤：送入預熱好的烤箱，上火 150℃ / 下火 220℃，烘烤 15 分鐘。調頭再烤 15 分鐘，烤至理想顏色即可出爐。

69.

炭烤地瓜吐司

製作數量 6 個

烘焙筆記

分　割｜150g（一模 2 顆）
中間發酵｜15 ～ 20 分鐘
整　形｜詳右頁
最後發酵｜40 ～ 50 分鐘
烘　烤｜上火 170℃ / 下火 230℃，20 分鐘。調頭再烤 20 分鐘

1 個 / 所需的材料

- 炭烤地瓜餡 100g
- 奶水 適量
- 生杏仁角 適量
- 吐司模：SN2151

1　分割→中間發酵：取完成至 P.124 ～ 126 基本發酵之麵團，用切麵刀分割 150g，滾圓，發酵 15 ～ 20 分鐘（發酵溫度 33℃／濕度 80%）。

2　整形：輕輕拍開，成中心厚邊緣薄的麵團，翻面。包入炭烤地瓜餡，一手托住麵皮大拇指固定內餡位置，另一手食指與大拇指捏合麵皮，收口麵團。

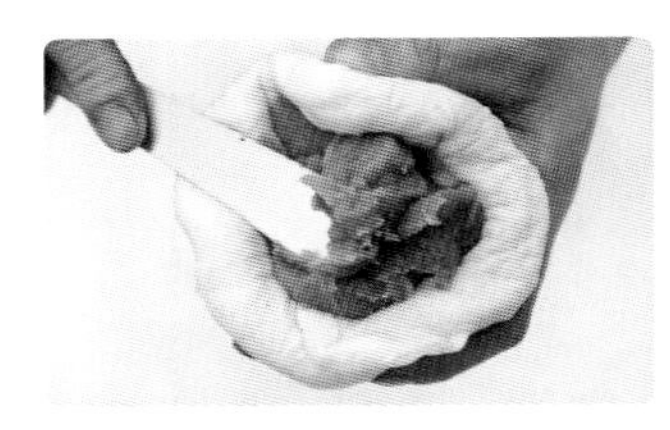
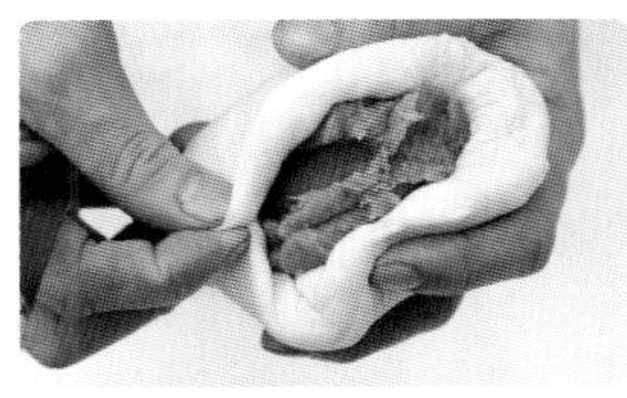

3　擀捲第一次，表面蓋上袋子靜置鬆弛 15 ～ 20 分鐘。

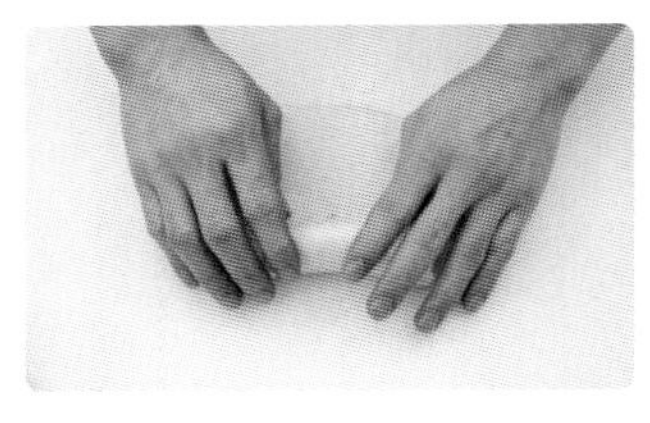

4　鬆弛後正面朝上再次擀開，翻面（翻面後收口處朝上），把一側麵團底部壓薄，由上朝下捲起。表面刷奶水，沾生杏仁角，放入吐司模，一模放 2 個。

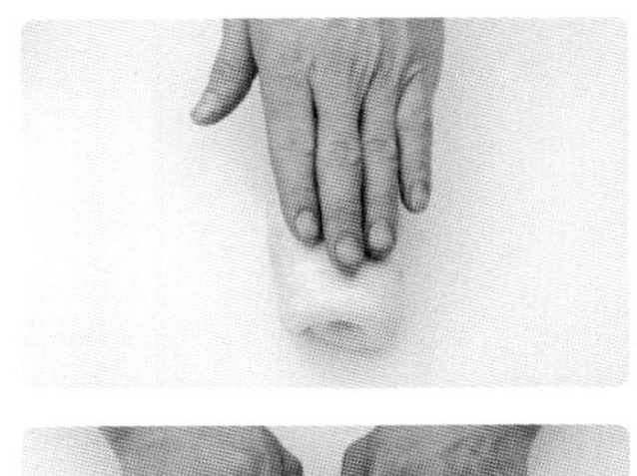
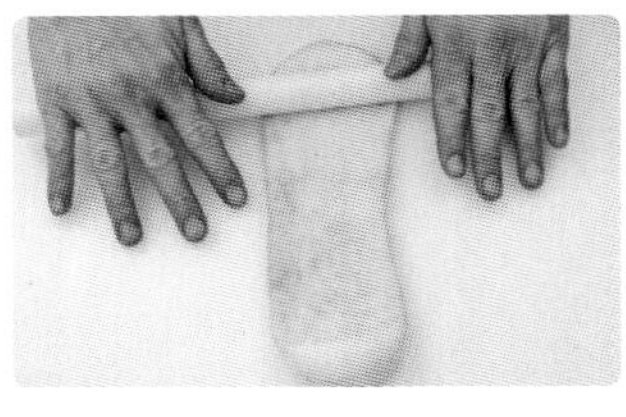
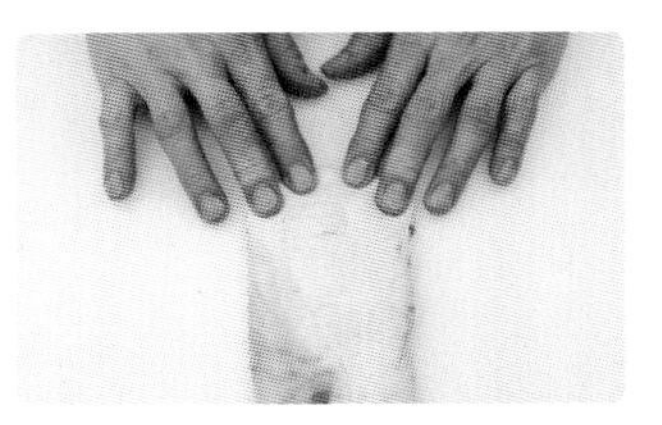
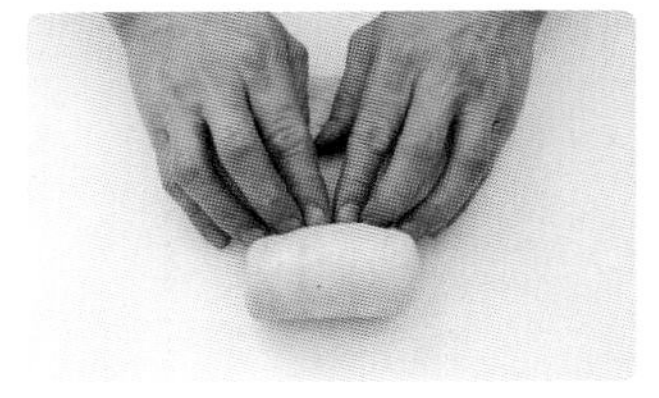

5　最後發酵：發酵 40 ～ 50 分鐘（發酵溫度 33℃／濕度 80%）。

6　烘烤：送入預熱好的烤箱，上火 170℃ / 下火 230℃，烘烤 20 分鐘，調頭再烤 20 分鐘，烤至理想顏色即可出爐。

Theme 12

白燒與漢堡系列

#70. 原味漢堡包

製作數量 24個

烘焙筆記

分割	75g
中間發酵	15 ~ 20 分鐘
整形	詳本頁
最後發酵	40 ~ 50 分鐘
烘烤	上火 230℃ / 下火 180℃，10 分鐘

作法

1. 分割→中間發酵：取完成至 P.124 ~ 126 基本發酵之麵團，用切麵刀分割 75g，滾圓，發酵 15 ~ 20 分鐘（發酵溫度 33℃／濕度 80%）。
2. 整形：將麵團再次滾圓，底部捏緊。（圖 1 ~ 2）
   ★漢堡有非常多造型，整形最後表面刷水，沾生白芝麻最後發酵，再直接烤至完成就是一般早餐店最常見的漢堡。
3. 最後發酵：發酵 40 ~ 50 分鐘（發酵溫度 33℃／濕度 80%）。（圖 3 ~ 4）
4. 烘烤：送入預熱好的烤箱，以上火 230℃ / 下火 180℃，烤 10 分鐘。

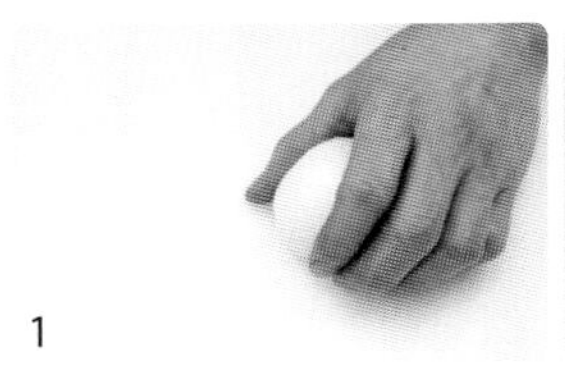

1

2

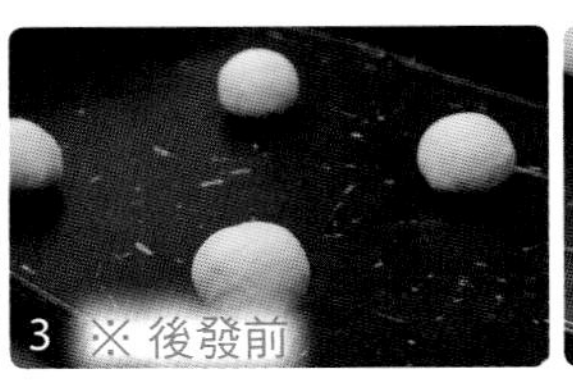

3 ※ 後發前

4 ※ 後發後

#71.
白燒奶酥麵包

製作數量
24個

烘焙筆記

分割	75g
中間發酵	15～20分鐘
整形	詳本頁
最後發酵	40～50分鐘
烘烤	上火0℃ / 下火170℃，10分鐘，調頭再烤6分鐘

1個 / 所需的材料

- 奶香奶酥餡（P.132）60g
- 高筋麵粉 適量

作法

1. 分割→中間發酵：取完成至P.124～126基本發酵之麵團，用切麵刀分割75g，滾圓，發酵15～20分鐘（發酵溫度33℃／濕度80%）。
2. 整形：麵團輕輕拍開，包入奶香奶酥餡，妥善收口。（圖1～3）
3. 最後發酵：發酵40～50分鐘（發酵溫度33℃／濕度80%）。
4. 烘烤：篩高筋麵粉，送入預熱好的烤箱，以上火0℃ / 下火170℃，烤10分鐘，調頭再烤6分鐘。（圖4）

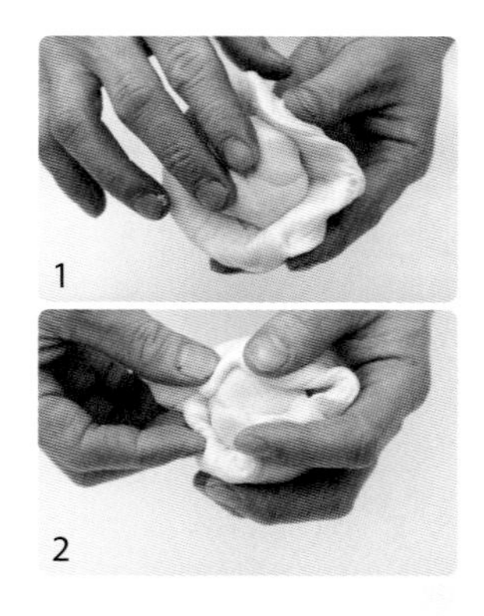

1
2

3
4

72.

白燒芋泥 QQ 麵包

製作數量

24 個

烘焙筆記

分　　割	75g
中間發酵	15 ～ 20 分鐘
整　　形	詳本頁
最後發酵	40 ～ 50 分鐘
烘　　烤	上火 0℃ / 下火 170℃，10 分鐘，調頭再烤 6 分鐘

1 個 / 所需的材料

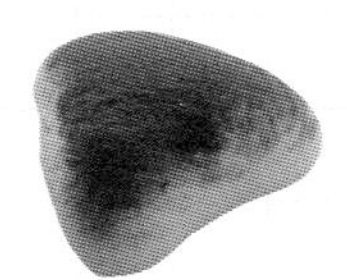

- 白麻糬 5g
- 芋頭泥 40g
- 紫薯粉 適量

作 法

1. 分割→中間發酵：取完成至 P.124 ～ 126 基本發酵之麵團，用切麵刀分割 75g，滾圓，發酵 15 ～ 20 分鐘（發酵溫度 33℃／濕度 80%）。
2. 整形：麵團輕輕拍開，抹芋頭泥，放白麻糬，取三端朝內摺，摺成三角形，收口處捏緊。（圖 1 ～ 4）
3. 最後發酵：發酵 40 ～ 50 分鐘（發酵溫度 33℃／濕度 80%）。
4. 烘烤：篩紫薯粉，送入預熱好的烤箱，以上火 0℃ / 下火 170℃，烤 10 分鐘，調頭再烤 6 分鐘。

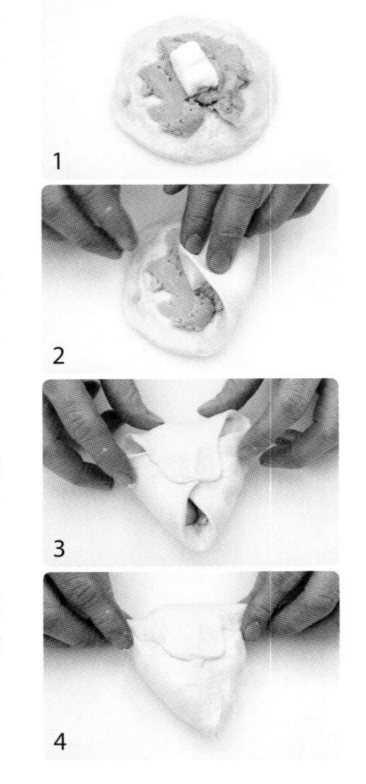

Theme

13

營養胚芽系列

◎以配料延展麵團疆界

使用 P.124 ～ 126 中種法鮮奶吐司基礎麵團，取已下奶油乳化完成後分割出來的麵團做變化，比例是麵團 1000g、烤過胚芽粉 70g、黑芝麻粉 30g、水 50g（麵團 1000g：粉類 100g：液體 50g）。再用攪拌機慢速攪拌至完全擴展階段即完成。要注意若是完全擴展階段就要馬上停機將麵團拾起，因為胚芽麵團容易因為蛋白質含量較低攪拌過頭。

★本配方之胚芽麵團總重 1150g。

作法

1 攪拌：取 P.124 ～ 126 與奶油乳化完成的麵團，加入所有配料，慢速攪打至材料均勻分布於麵團內，成「完全擴展」狀態。

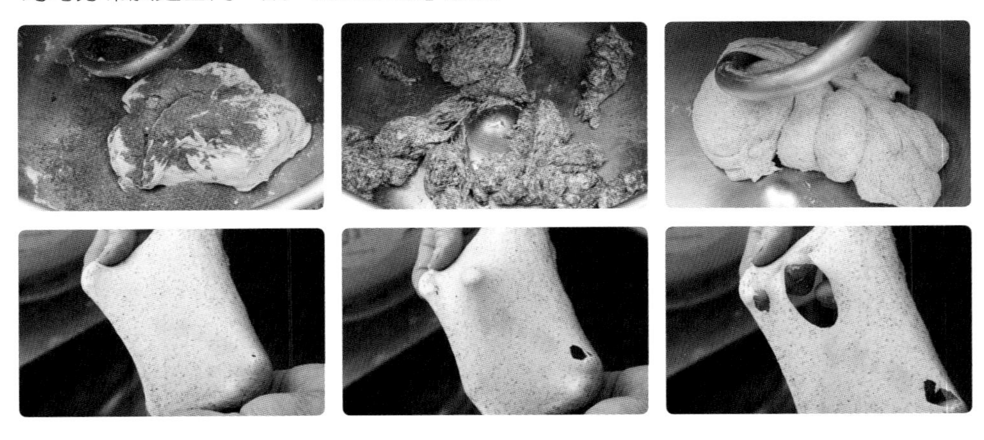

2 雙手從中心將麵團托起，放下，放的時候下垂的麵團自然往內收。雙手從側面推移，讓麵團透過桌面收整，收整成表面平滑的團狀。

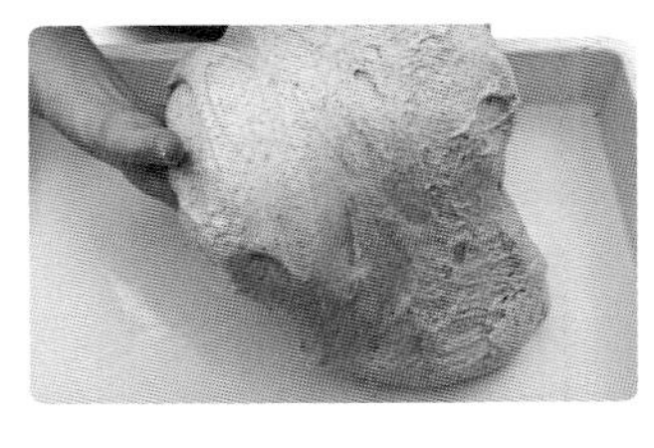

3 基本發酵：收整後放入發酵容器，發酵 60 分鐘（室溫 28℃／濕度 75%）

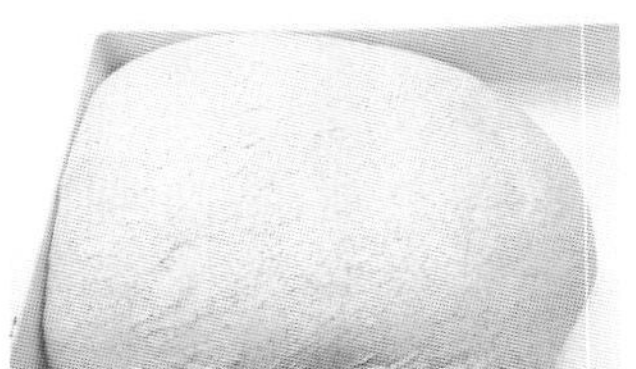

#73. 長磚核桃吐司

製作數量 3~4 個

分　　割	300g（一模 1 顆）
中間發酵	15 ～ 20 分鐘
整　　形	詳右頁
最後發酵	40 ～ 50 分鐘
烘　　烤	上火 220℃ / 下火 230℃，16 分鐘。調頭再烤 16 分鐘

- 熟核桃（P.222）80g
- 吐司模：SN2056
  ★吐司模長 20× 底寬 6× 高 11 公分。此組模具現已停產，使用可容納 300g 麵團之吐司模，或購買相似大小的即可。

1 分割→中間發酵：取完成至 P.153 基本發酵之麵團，用切麵刀分割 300g，滾圓，發酵 15 ～ 20 分鐘（發酵溫度 33℃／濕度 80%）。

2 整形：輕輕拍開，再以擀麵棍擀開，擀約 30 公分，翻面（翻面後收口處朝上），把一側麵團底部壓薄。

★先前有壓薄的地方，最後收口會完美貼覆麵團，比較美觀。

3 鋪熟核桃，由上朝下捲起，收口處朝下放入吐司模中，一模放 1 個。

4 最後發酵：發酵 40 ～ 50 分鐘（發酵溫度 33℃／濕度 80%）。

★下圖為麵團發酵前、後，發到約八分滿即可。

5 烘烤：蓋上蓋子，送入預熱好的烤箱，上火 220℃ / 下火 230℃，16 分鐘。調頭再烤 16 分鐘，烤至理想顏色即可出爐。

#74. 胚芽吐司

分　　割	分割機分割一顆約 90g，取兩顆一起滾圓成 180g（一模 6 顆）
中間發酵	15 ～ 20 分鐘
整　　形	詳右頁
最後發酵	40 ～ 50 分鐘
烘　　烤	上火 220℃ / 下火 230℃，20 分鐘。調頭，上火 210℃ / 下火 220℃，20 分鐘

- 吐司模：SN2012

1 分割→中間發酵：取完成至 P.153 基本發酵之麵團，用分割機分割，麵團一顆約 90g，兩顆一起滾圓（成一顆 180g 的麵團），發酵 15 ～ 20 分鐘（發酵溫度 33℃／濕度 80%）。

2 整形：輕輕拍開，再以擀麵棍擀開，翻面，把一側麵團底部壓薄，由上朝下收摺，收摺成長條狀，長度約 15 公分。

★先前有壓薄的地方，最後收口會完美貼覆麵團，比較美觀。

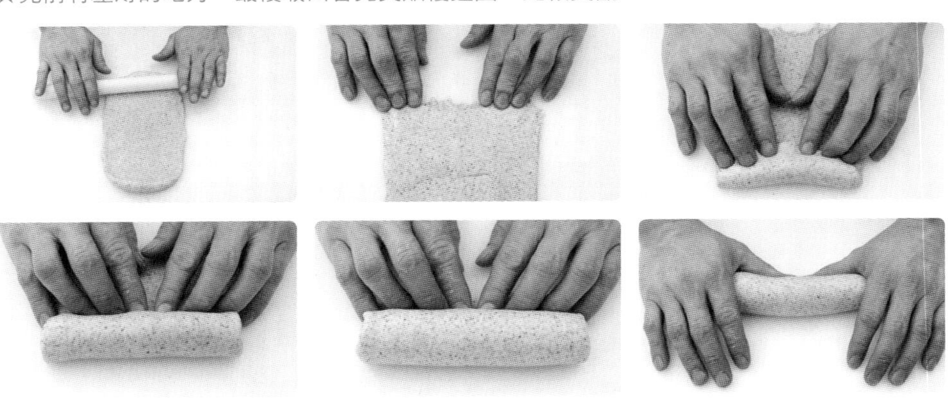

3 表面蓋上袋子靜置鬆弛 15 ～ 20 分鐘。

4 鬆弛後正面朝上再次擀開，擀約 30 公分，翻面（翻面後收口處朝上），把一側麵團底部壓薄，由上朝下捲起，收口處朝下放入吐司模中，**一模放 6 個**。

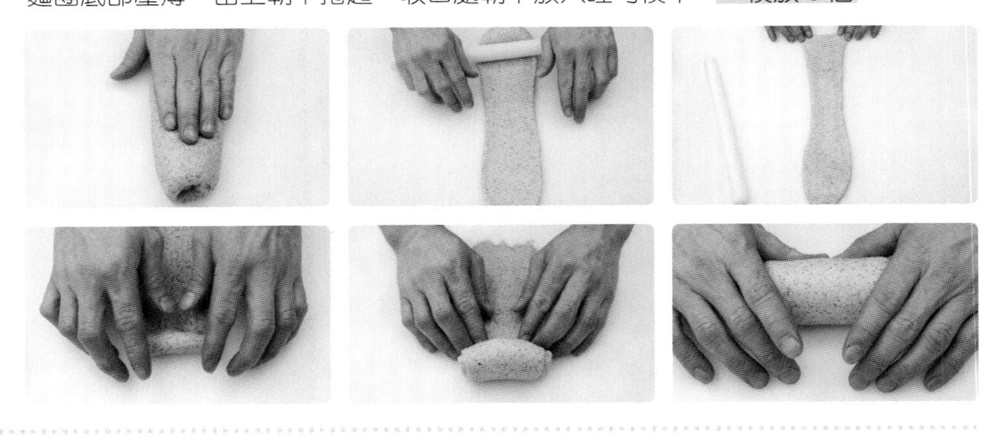

5 最後發酵：發酵 40 ～ 50 分鐘（發酵溫度 33℃／濕度 80%）。

★右圖為麵團發酵前、後，發到約八分滿即可。

6 烘烤：蓋上蓋子，送入預熱好的烤箱，上火 220℃ / 下火 230℃，20 分鐘。調頭，上火 210℃ / 下火 220℃，20 分鐘，烤至理想顏色即可出爐。

75.

胚芽多種子高纖吐司

烘焙筆記

分　　割｜300g（一模 1 個）
中間發酵｜15 ～ 20 分鐘
整　　形｜詳右頁
最後發酵｜40 ～ 50 分鐘
烘　　烤｜上火 220℃ / 下火 180℃，15 分鐘。調頭再烤 15 分鐘

1 個 / 所需的材料

- 奶水 適量
- 黑芝麻 適量
- 白芝麻 適量
- 杏仁片 適量
- 葵花籽 適量
- 南瓜籽 適量
- 吐司模：SN2151

1 分割→中間發酵：取完成至 P.153 基本發酵之麵團，用切麵刀分割 300g，滾圓，發酵 15 ～ 20 分鐘（發酵溫度 33℃／濕度 80%）。

2 整形：輕輕拍開，再以擀麵棍擀開，翻面，把一側麵團底部壓薄，由上朝下收摺，收摺成長條狀，長度約 15 公分。

★先前有壓薄的地方，最後收口會完美貼覆麵團，比較美觀。

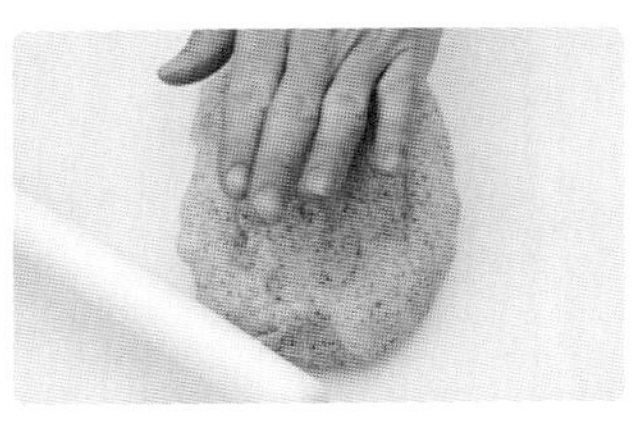
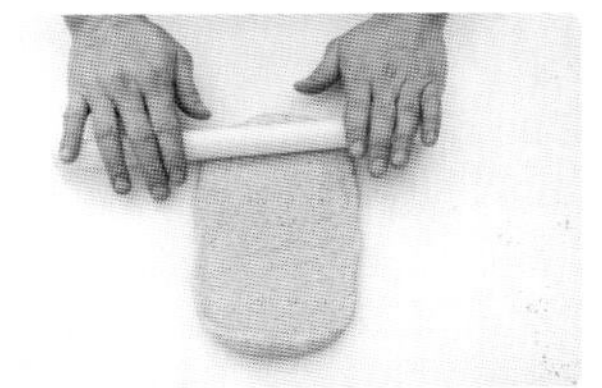

3 收口處朝下，表面刷奶水，沾上綜合穀物（黑芝麻、白芝麻、杏仁片、葵花籽、南瓜籽），正面朝上放入吐司模中，一模放 1 個。

★堅果都是生的，不需要另外烤過。

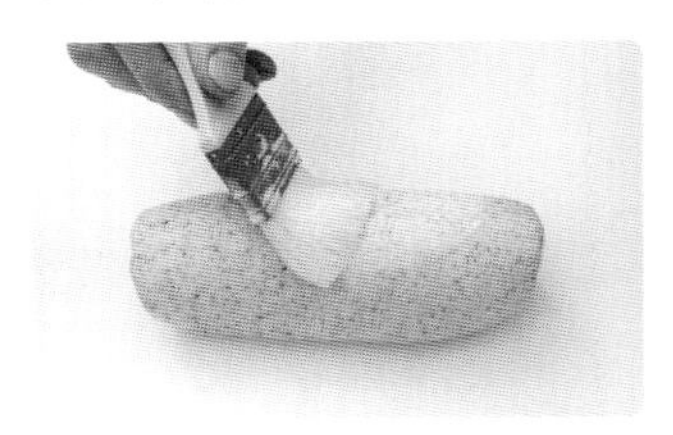

4 最後發酵：發酵 40 ～ 50 分鐘（發酵溫度 33℃／濕度 80%）。

★右圖為麵團發酵前、後，發到約八分滿即可。

5 烘烤：送入預熱好的烤箱，上火 220℃ / 下火 180℃，烘烤 15 分鐘。調頭再烤 15 分鐘，烤至理想顏色即可出爐。

76.

胚芽高纖核桃墨西哥麵包

製作數量 3~4 個

烘焙筆記

分　　割 | 300g
中間發酵 | 15 ～ 20 分鐘
整　　形 | 詳右頁
最後發酵 | 40 ～ 50 分鐘
烘　　烤 | 上下火 170℃，14 分鐘。調頭再烤 14 分鐘

1 個 / 所需的材料

- 奶水 適量
- 南瓜籽 適量
- 香濃墨西哥皮 適量
- 熟核桃（P.222）40g
- 水煮葡萄乾（P.222）100g

香濃墨西哥皮

材料	公克
糖粉	100
無鹽奶油	100
全蛋	100
低筋麵粉	100

作法

1. 無鹽奶油室溫退冰至 16 ～ 20℃；粉類分別過篩。
2. 攪拌缸加入無鹽奶油、過篩糖粉拌勻，慢速拌勻至沒有粉粒，材料均勻融入奶油。
3. 分 3 ～ 4 次加入全蛋液，每次都需將蛋液跟奶油完全混合，才能再加入蛋液。
4. 待全蛋液與奶油乳化均勻，加入過篩低筋麵粉，拌至融入即完成。
5. 將墨西哥皮冷藏儲存，使用時裝入三角袋即可。

1 分割→中間發酵：取完成至 P.153 基本發酵之麵團，用切麵刀分割 300g，滾圓，發酵 15 ～ 20 分鐘（發酵溫度 33℃／濕度 80%）。

2 整形：輕輕拍開，再以擀麵棍擀開，翻面，把一側麵團底部壓薄，鋪熟核桃、水煮葡萄乾，由上朝下收摺，收摺成長條狀。表面刷奶水，沾覆南瓜籽。

★先前有壓薄的地方，最後收口會完美貼覆麵團，比較美觀。

3 最後發酵：發酵 40 ～ 50 分鐘（發酵溫度 33℃／濕度 80%）。

★下圖為麵團發酵前、後，麵團會更光滑。

4 烘烤：擠適量香濃墨西哥皮，送入預熱好的烤箱，上下火 170℃，烘烤 14 分鐘。調頭再烤 14 分鐘，烤至理想顏色即可出爐。

#77.
胚芽葡萄包

製作數量
11~12個

分　割｜100g
中間發酵｜15 ～ 20 分鐘
整　形｜詳右頁
最後發酵｜40 ～ 50 分鐘
烘　烤｜上火 230℃ / 下火 180℃，12 分鐘

- 熟核桃（P.222）40g
- 水煮葡萄乾（P.222）20g
- 高筋麵粉 適量

1 分割→中間發酵：取完成至 P.153 基本發酵之麵團，用切麵刀分割 100g，滾圓，發酵 15 ～ 20 分鐘（發酵溫度 33℃／濕度 80%）。

2 整形：輕輕拍開，成中心厚邊緣薄的麵團，翻面。包入水煮葡萄乾、熟核桃，一手托住麵皮大拇指固定內餡位置，另一手食指與大拇指捏合麵皮，收口麵團。

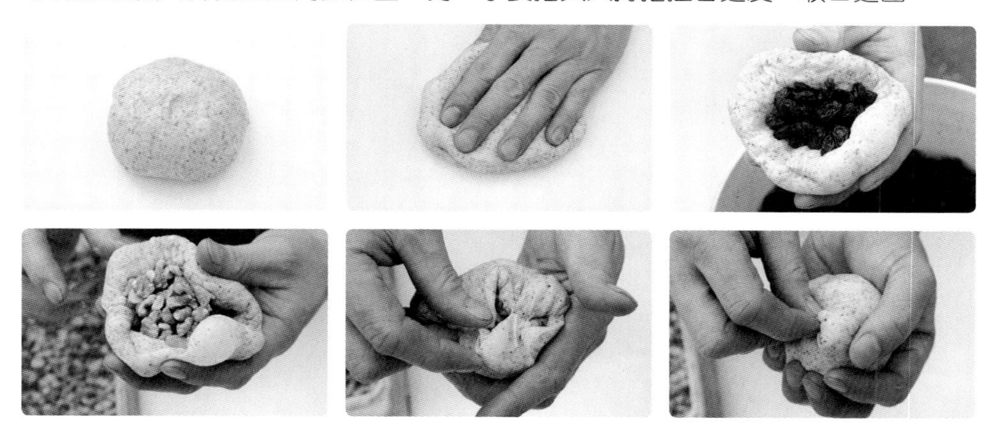

3 捉住底部收口處，表面向下沾覆高筋麵粉。

4 最後發酵：發酵 40 ～ 50 分鐘（發酵溫度 33℃／濕度 80%）。

5 烘烤：割 1 刀，送入預熱好的烤箱，上火 230℃ / 下火 180℃，烘烤 12 分鐘，烤至理想顏色即可出爐。

#78.
胚芽起司核桃包

烘焙筆記

分　　割｜100g
中間發酵｜15～20分鐘
整　　形｜詳右頁
最後發酵｜40～50分鐘
烘　　烤｜上火230℃ / 下火180℃，12分鐘

1個 / 所需的材料

- 熟核桃（P.222）15g
- 高熔點乳酪丁 20g
- 高筋麵粉 適量

1 分割→中間發酵：取完成至 P.153 基本發酵之麵團，用切麵刀分割 100g，滾圓，發酵 15 ～ 20 分鐘（發酵溫度 33℃／濕度 80%）。

2 整形：輕輕拍開，轉向，把一側麵團底部壓薄，鋪熟核桃、高熔點乳酪丁，由上朝下收摺，手呈 L 形略搓一下成橄欖形。

3 捏住底部收口處，表面向下沾覆高筋麵粉。

4 最後發酵：發酵 40 ～ 50 分鐘（發酵溫度 33℃／濕度 80%）。

5 烘烤：割 2 刀，送入預熱好的烤箱，上火 230℃ / 下火 180℃，烘烤 12 分鐘，烤至理想顏色即可出爐。

#79.
胚芽核桃小餐包

製作數量

38個

烘焙筆記

分　　割｜30g
中間發酵｜15 ～ 20 分鐘
整　　形｜詳本頁
最後發酵｜40 ～ 50 分鐘
烘　　烤｜上火 230℃ / 下火 180℃，8 ～ 9 分鐘

1 個 / 所需的材料

- 熟核桃（P.222）20 ～ 25g

作法

1 分割→中間發酵：取完成至 P.153 基本發酵之麵團，用切麵刀分割 30g，滾圓，發酵 15 ～ 20 分鐘（發酵溫度 33℃／濕度 80%）。

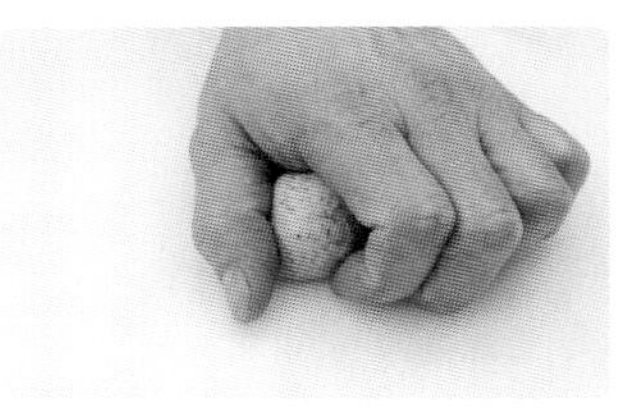

2 整形：輕輕拍開包入熟核桃，收口成圓形，底部捏緊。

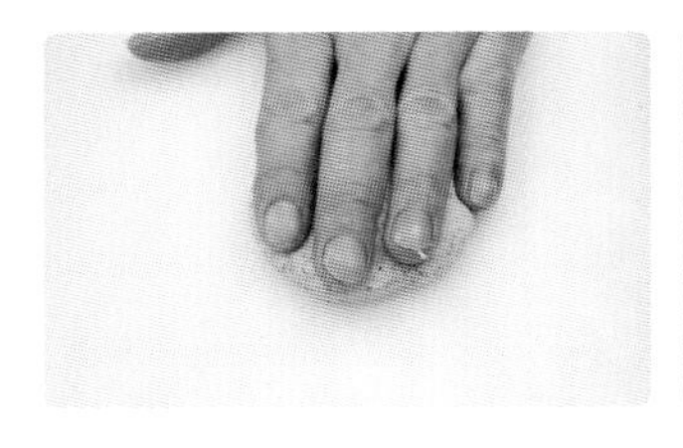
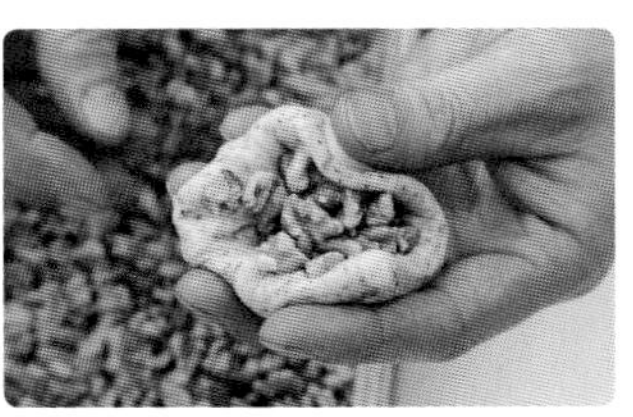

3 最後發酵：發酵 40 ～ 50 分鐘（發酵溫度 33℃／濕度 80%）。

4 烘烤：送入預熱好的烤箱，上火 230℃ / 下火 180℃，烘烤 8 ～ 9 分鐘，烤至理想顏色即可出爐。

Theme

14

創意變化系列

#80.
紫薯藜麥吐司

製作數量

3~4 個

原味酥菠蘿

材料	公克
上白糖	45
無鹽奶油	45
低筋麵粉	130

作法

1. 無鹽奶油室溫軟化，軟化至手指按壓可留下指痕之程度。低筋麵粉過篩備用。
2. 鋼盆加入上白糖、無鹽奶油，以打蛋器拌勻，拌勻至看不見糖粒。
3. 加入過篩低筋麵粉搓勻，用手搓成大小不一的狀態，呈砂礫狀，冷藏備用。

烘焙筆記

攪　　拌｜示範與配料攪打（見內文）
基本發酵｜60 分鐘
分　　割｜300g（一模 1 顆）
中間發酵｜15 ～ 20 分鐘
整　　形｜詳右頁
最後發酵｜40 ～ 50 分鐘
烘　　烤｜上火 150℃ / 下火 220℃，15 分鐘。調頭再烤 15 分鐘

1 個 / 所需的材料

- 奶水 適量
- 紫薯丁 100g
- 原味酥菠蘿 適量
- 吐司模：SN2151

作法

1 攪拌：取 P.124 ～ 126 下奶油後打到「完全擴展」階段的麵團，加入配料，慢速攪打至材料均勻分布於麵團內。

★配料比例是麵團 1000g：煮熟藜麥 50g，麵團總重 1050g。

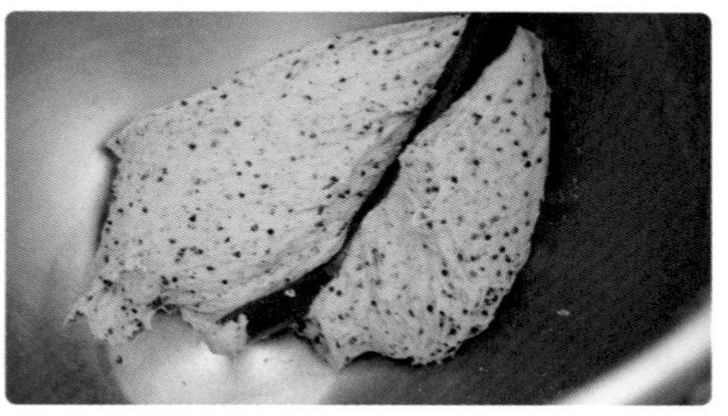

2 雙手從中心將麵團托起，放下，放的時候下垂的麵團自然往內收。雙手從側面推移，讓麵團透過桌面收整，收整成表面平滑的團狀。

3 基本發酵：收整後放入發酵容器，發酵 60 分鐘（室溫 28℃／濕度 75%）

4 分割→中間發酵：用切麵刀分割 300g，滾圓，發酵 15 ～ 20 分鐘（33℃／濕度 80%）。

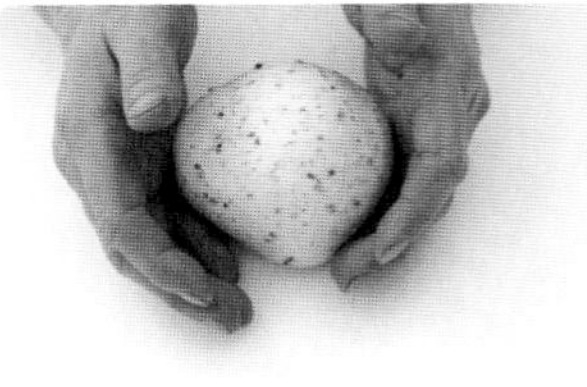

5 整形：輕輕拍開，再以擀麵棍擀開，翻面，把一側麵團底部壓薄，鋪紫薯丁，由上朝下收摺，收摺成長條狀，收口處朝下放置。

★先前有壓薄的地方，最後收口會完美貼覆麵團，比較美觀。

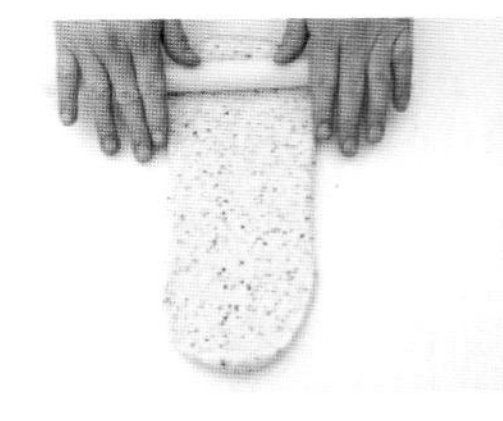

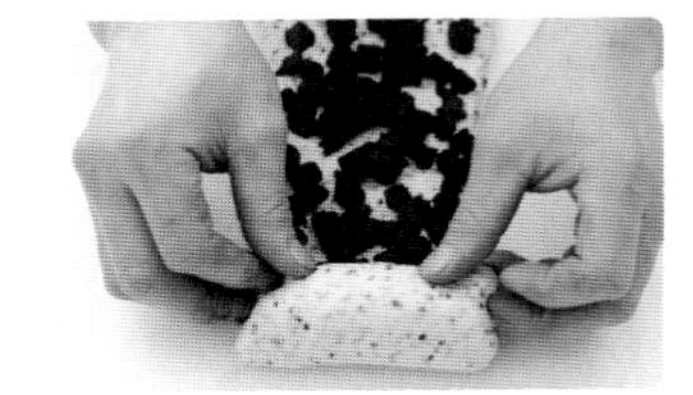

6 表面刷奶水，滾上原味酥菠蘿，收口處朝下放入吐司模中，一模放 1 個。

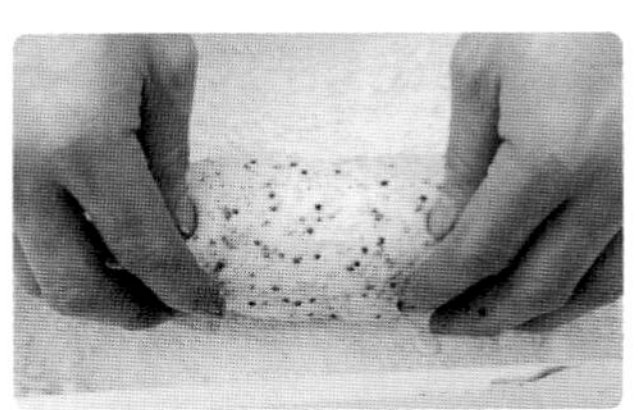

7 最後發酵：發酵 40 ～ 50 分鐘（發酵溫度 33℃／濕度 80%）。

★右圖為麵團發酵前、後，發到約八分滿即可。

8 烘烤：送入預熱好的烤箱，上火 150℃ / 下火 220℃，烘烤 15 分鐘。調頭再烤 15 分鐘，烤至理想顏色即可出爐。

#81. 亞麻蔓越莓吐司

製作數量

3~4 個

烘焙筆記

攪　　拌｜示範與配料攪打（見內文）
基本發酵｜60 分鐘
分　　割｜150g（一模 2 顆）
中間發酵｜15 ～ 20 分鐘
整　　形｜詳右頁
最後發酵｜40 ～ 50 分鐘
烘　　烤｜上火 150℃ / 下火 220℃，15 分鐘。調頭再烤 15 分鐘

1個 / 所需的材料

• 吐司模：SN2151

作法

1. 攪拌：取 P.124 ～ 126 下奶油後打到「完全擴展」階段的麵團，加入配料，慢速攪打至材料均勻分布於麵團內。
★配料比例是麵團 1000g ：亞麻籽 60g：蔓越莓乾 100g，麵團總重 1160g。
2. 雙手從中心將麵團托起，放下，放的時候下垂的麵團自然往內收。雙手從側面推移，讓麵團透過桌面收整，收整成表面平滑的團狀。
3. 基本發酵：收整後放入發酵容器，發酵 60 分鐘（室溫 28℃／濕度 75%）

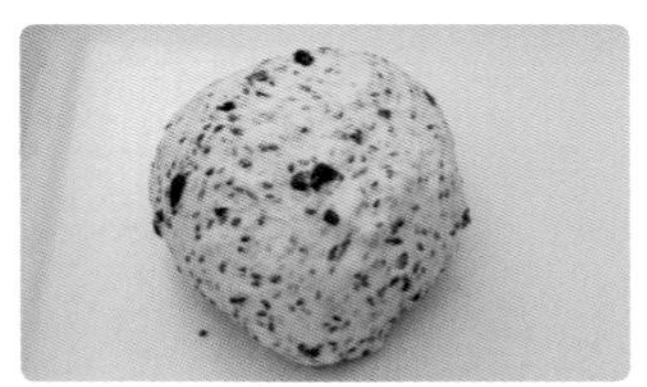

4 分割→中間發酵：用切麵刀分割 150g，滾圓，發酵 15 ～ 20 分鐘（33℃／濕度 80%）。

5 整形：輕輕拍開排氣，再次滾圓，底部重新收緊成圓形，收口處朝下放入吐司模中，一模放 2 個。

6 最後發酵：40 ～ 50 分鐘（發酵溫度 33℃／濕度 80%）。

★下圖為麵團發酵前、後，發到滿模即可。

7 烘烤：送入預熱好的烤箱，上火 150℃ / 下火 220℃，烘烤 15 分鐘。調頭再烤 15 分鐘，烤至理想顏色即可出爐。

#82.
抹茶山峰吐司

製作數量
1 條

烘焙筆記

攪　　拌｜示範與配料攪打（見內文）
基本發酵｜60 分鐘
分　　割｜200g（一模 5 顆）
中間發酵｜15 ～ 20 分鐘
整　　形｜詳右頁
最後發酵｜40 ～ 50 分鐘
烘　　烤｜上火 170℃ / 下火 230℃，20 分鐘。上火 150℃ / 下火 220℃，20 分鐘

1個 / 所需的材料

- 吐司模：SN2012

作法

1. 攪拌：取 P.124 ～ 126 下奶油後尚未打到「完全擴展」階段的麵團，加入混勻的抹茶水，慢速攪打至材料均勻溶入麵團。
   ★配料比例是麵團 1000g：抹茶粉 15g：水 20g，麵團總重 1035g。
2. 雙手從中心將麵團托起，放下，放的時候下垂的麵團自然往內收。雙手從側面推移，讓麵團透過桌面收整，收整成表面平滑的團狀。
3. 基本發酵：收整後放入發酵容器，發酵 60 分鐘（室溫 28℃／濕度 75%）

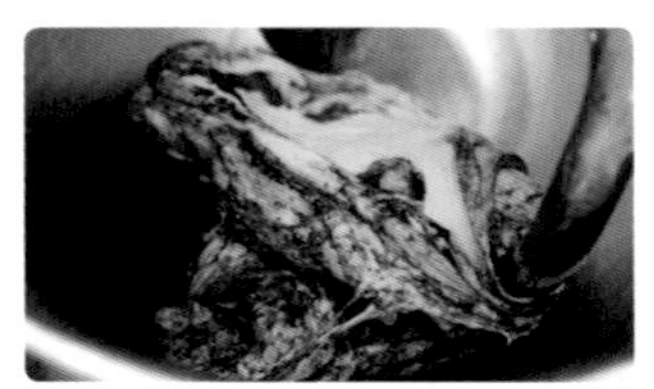
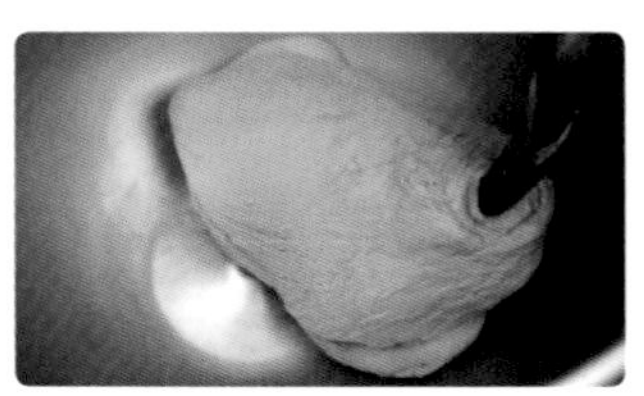

4 分割→中間發酵：用切麵刀分割 200g，滾圓，發酵 15 ～ 20 分鐘（33℃／濕度 80%）。

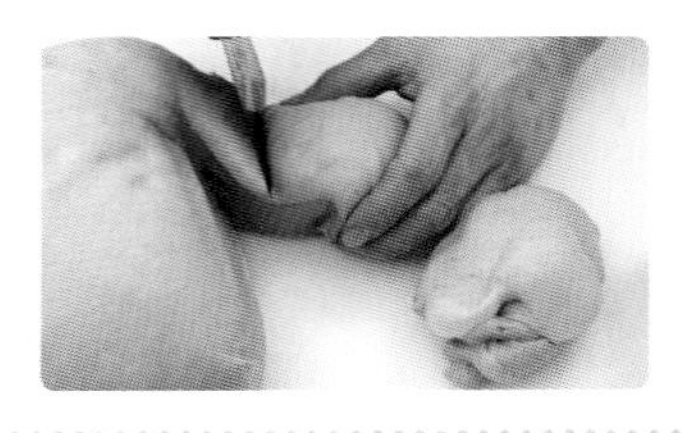
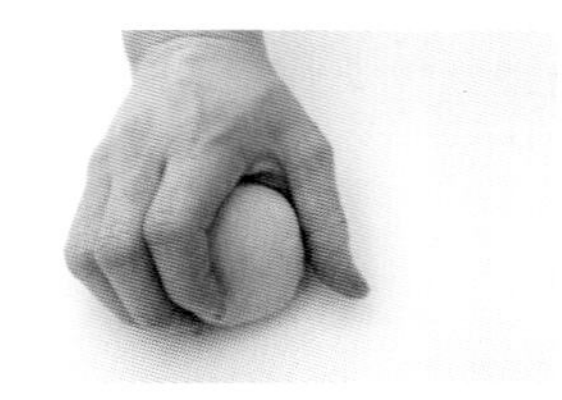

5 整形：輕輕拍開，再以擀麵棍擀開，翻面，把一側麵團底部壓薄，由上朝下收摺，收摺成長條狀，長度約 15 公分。

★先前有壓薄的地方，最後收口會完美貼覆麵團，比較美觀。

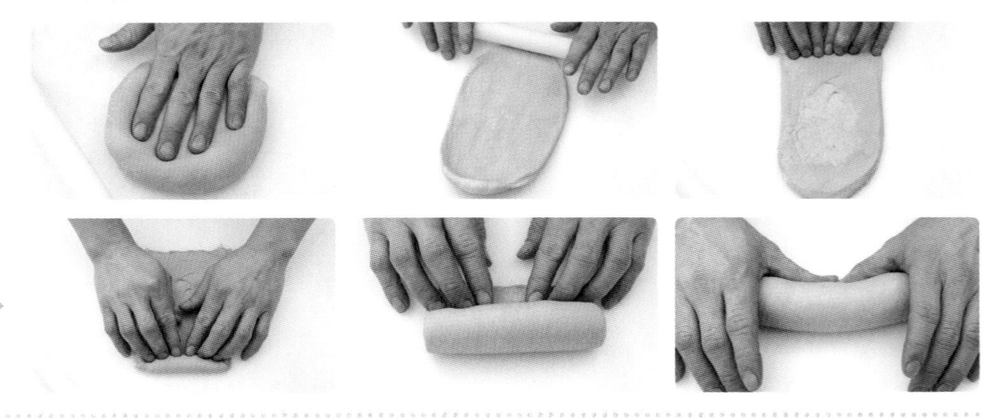

6 表面蓋上袋子靜置鬆弛 15 ～ 20 分鐘。

7 鬆弛後正面朝上再次擀開，擀約 30 公分，翻面（翻面後收口處朝上），把一側麵團底部壓薄，由上朝下捲起，收口處朝下放入吐司模中，一模放 5 個。

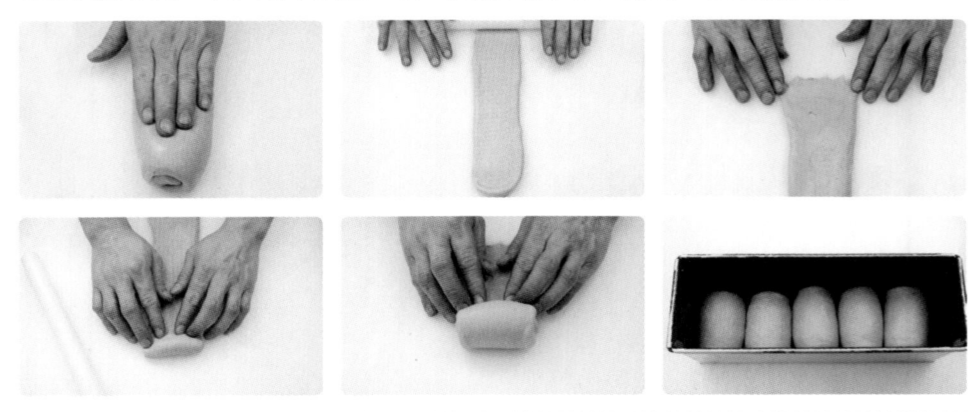

8 最後發酵：發酵 40 ～ 50 分鐘（發酵溫度 33℃／濕度 80%）。

9 烘烤：送入預熱好的烤箱，上火 170℃ / 下火 230℃，20 分鐘。溫度調整上火 150℃ / 下火 220℃，再烤 20 分鐘，烤至理想顏色即可出爐。

#83.
巧克力山峰吐司

烘焙筆記

攪　　拌	示範與配料攪打（見內文）
基本發酵	60 分鐘
分　　割	75g（一模 4 顆）
中間發酵	15 ～ 20 分鐘
整　　形	詳右頁
最後發酵	40 ～ 50 分鐘
烘　　烤	上火 150℃ / 下火 220℃，15 分鐘。調頭再烤 15 分鐘

1 個 / 所需的材料

- 吐司模：SN2056
  ★吐司模長 20× 底寬 6× 高 11 公分。此組模具現已停產，使用可容納 300g 麵團之吐司模，或購買相似大小的即可。

作法

1. 攪拌：取 P.124 ～ 126 下奶油後尚未打到「完全擴展」階段的麵團，加入可可粉，慢速攪打至看不見粉粒，轉中速打至完全擴展階段。最後加入耐烤巧克力豆，打到材料均勻散入麵團即可。
   ★配料比例是麵團 1000g：可可粉 20g：耐烤巧克力豆 100g，麵團總重 1120g。
2. 雙手從中心將麵團托起，放下，放的時候下垂的麵團自然往內收。雙手從側面推移，讓麵團透過桌面收整，收整成表面平滑的團狀。

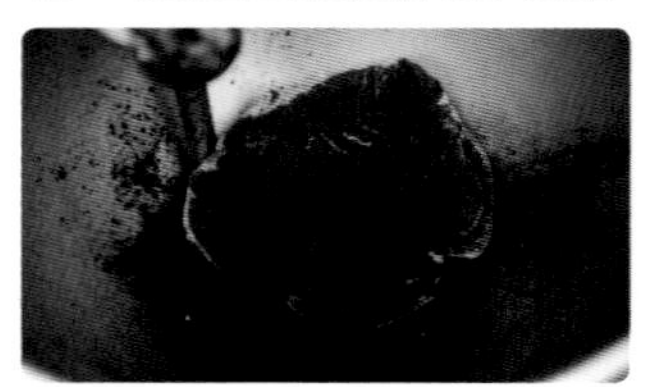

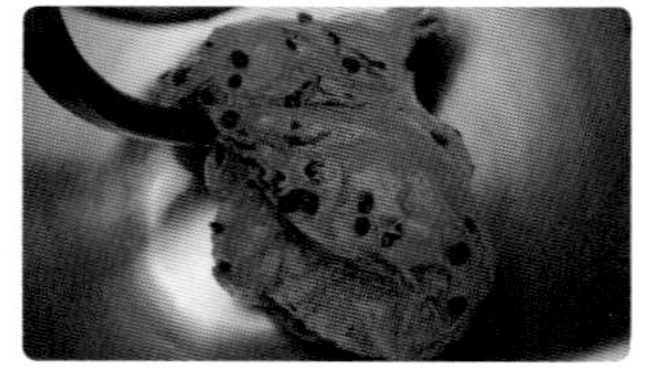

3 基本發酵：收整後放入發酵容器，發酵 60 分鐘（室溫 28℃／濕度 75%）

※ 發酵前

※ 發酵後

4 分割→中間發酵：用切麵刀分割 75g，滾圓，發酵 15 ～ 20 分鐘（33℃／濕度 80%）。

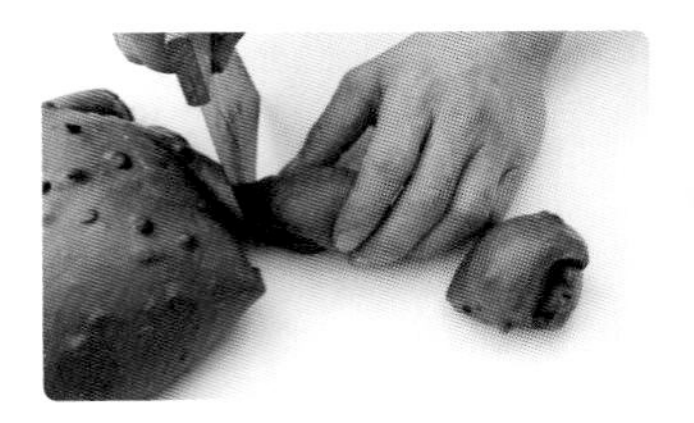

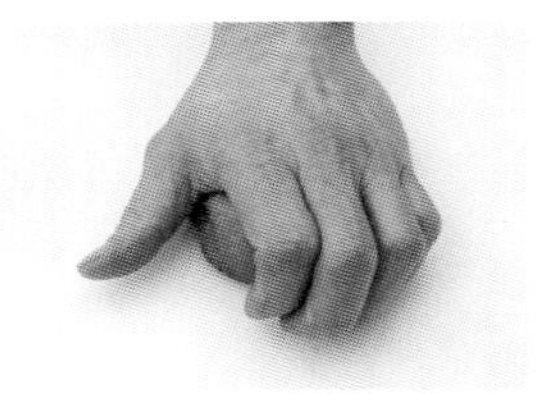

5 整形：輕輕拍開，再以擀麵棍擀開，翻面，把一側麵團底部壓薄，由上朝下收摺，收摺成長方形團，收口處朝下，四顆排列輕輕切 1 刀（不切斷），放入吐司模中，一模放 4 個。

★先前有壓薄的地方，最後收口會完美貼覆麵團，比較美觀。

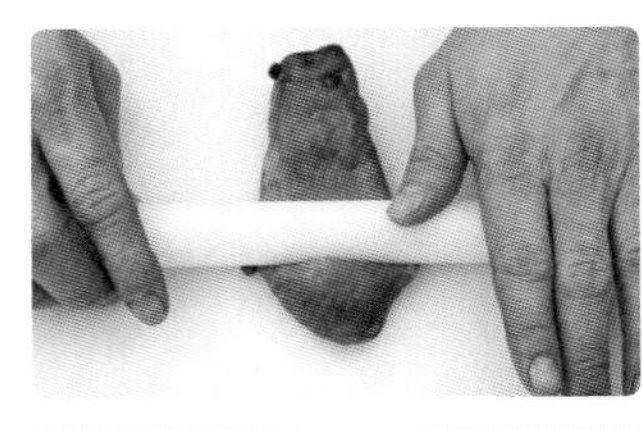

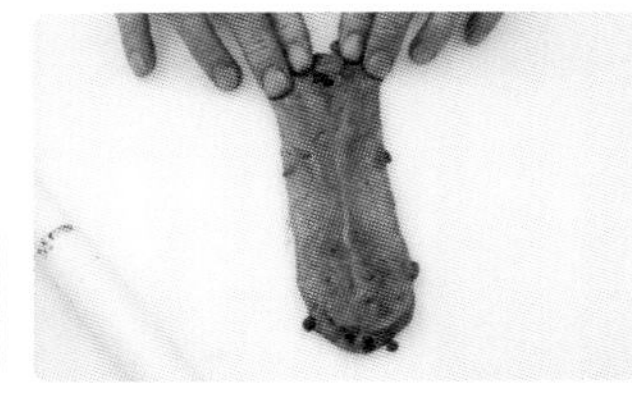

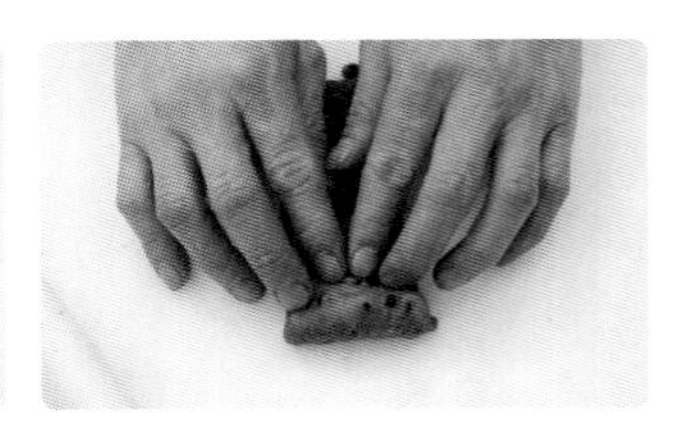

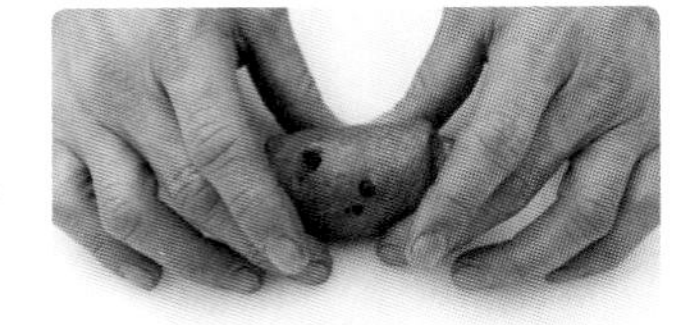

6 最後發酵：發酵 40 ～ 50 分鐘（室溫 33℃／濕度 80%）

7 烘烤：送入預熱好的烤箱，上火 150℃ / 下火 220℃，烘烤 15 分鐘。調頭再烤 15 分鐘，烤至理想顏色即可出爐。

#84.
Toast 變化款！
高鈣吐司片

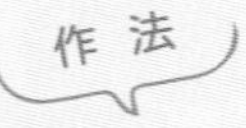

高鈣醬

材料	公克
無鹽奶油	90
上白糖	36
起司片	4 片
動物性鮮奶油	100

作法

1. 無鹽奶油室溫軟化，軟化至手指按壓可留下指痕之程度。
2. 所有材料放入鋼盆一同拌勻，隔水加熱，邊加熱邊拌。
3. 拌至材料乳化均勻即完成高鈣醬的製作。
   ★高鈣醬完全放涼，冷藏可保存 7 天。
4. 取「#60. 長磚鮮奶吐司（P.128～129）」烘烤完成之麵包。
5. 用麵包刀切 2～3 公分厚的厚片，或切 1.2～1.5 公分薄片。
   ★切厚抹醬烤，吃起來就像早餐店的厚片；切薄就是早餐店賣的果醬薄吐司。
   ★厚薄吃起來分量不同，表面抹醬與口腔的接觸面積也不同。抹醬口感越濃郁，越能瞬間抓住消費者的感官，缺點是吃久了容易膩。
   ★測試新產品時，先構思抹醬的風味，再切出不同厚度試吃，第一看外觀能不能吸引眼球，再來就是我會想把它吃完嗎？如果不行，就要從抹醬風味或吐司厚薄度、口感等等做調整，反覆地測試、調整出完美比例。
6. 表面刷適量高鈣醬，送入預熱好的烤箱，以上下火 180℃烘烤 10～12 分鐘。

85.
Toast 變化款！
方磚大蒜吐司

經典臺式大蒜奶油醬

材料	公克
新鮮大蒜丁	60
岩鹽	3
無鹽奶油	225

作法

1 無鹽奶油室溫軟化，軟化至手指按壓可留下指痕之程度。

2 大蒜要使用新鮮大蒜，剝皮後切丁，再秤重，這樣子的蒜會更香，擁有新鮮蒜的辣味，市面上有賣剝好皮的蒜，辣味會不太一樣，稍弱些許。

★製作量大剝蒜會花很多時間，市面上有販售剝好的蒜，可以把配方量一部分的蒜用市售剝好的蒜替代，磨成泥，混合在醬料中，一樣看的到蒜的本體，吃下去也會嚐到蒜泥風味。

3 將切丁後的大蒜、岩鹽充分混合均勻，再加入無鹽奶油拌勻即可。

★經典臺式大蒜奶油醬可以冷藏備用，也可一次做多一些，放冷凍保存，大約能保存 1 個月。

★ P.119 我們以相同分量的奶油為基準，介紹韓式蒜醬、臺式蒜醬的差異。這款是第三款，操作手法更偏向臺式風味，但這次把奶油的分量拉高，奶油香會讓蒜味不那麼衝擊，吃起來更舒適的同時又看的到蒜頭的形狀。

4 取「#60. 長磚鮮奶吐司（P.128 ～ 129）」烘烤完成之麵包。

5 用麵包刀切去吐司外皮，再切長磚模樣，長 12 ～ 15 公分，寬與高皆 5 公分。

6 四個面刷適量大蒜奶油，送入預熱好的烤箱，以上下火 200℃烘烤 8 ～ 12 分鐘。

★這種方磚吐司在烤的時候，我會用高溫把醬烤到融化，讓奶油滲透麵包，時間則不能烤太久，烤太久蒜碎會烤焦，具體看每次蒜碎的大小。

86.
三種起司包

製作數量
24個

烘焙筆記

分　割｜75g
中間發酵｜15～20 分鐘
整　形｜詳本頁
最後發酵｜40～50 分鐘
烘　烤｜上火 220℃ / 下火 180℃，12 分鐘

1 個 / 所需的材料

- 半片起司片 2 片
- 乳酪絲 適量
- 帕瑪森起司粉 適量
- 粗黑胡椒粒 適量

作法

1 分割→中間發酵：取完成至 P. 124～126 基本發酵之麵團，用切麵刀分割 75g，滾圓，發酵 15～20 分鐘（發酵溫度 33℃／濕度 80%）。

2 整形：輕輕拍開，再以擀麵棍擀開，翻面，把一側麵團底部壓薄，鋪半片起司片（共鋪 2 片）、乳酪絲，兩端朝中心摺起。

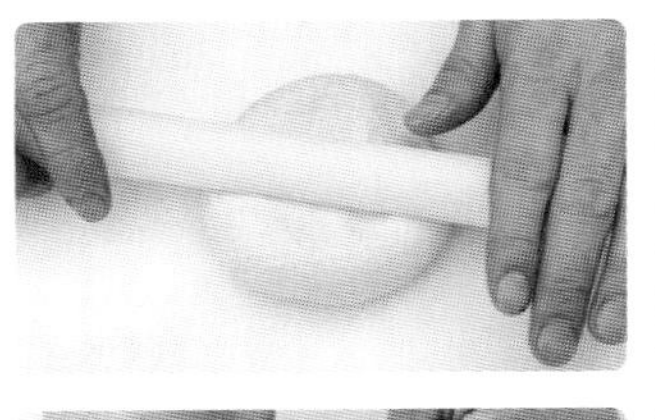

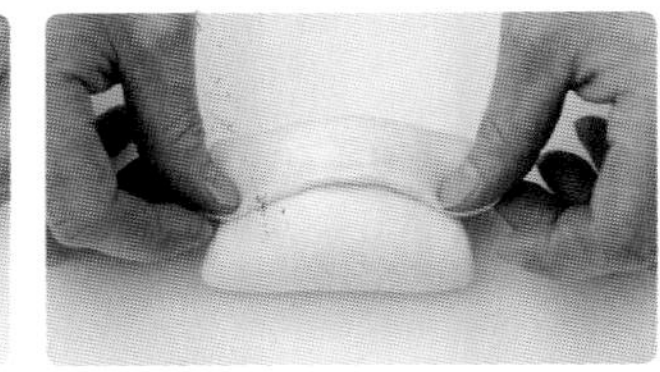

3 兩側輕壓收口翻面沾帕瑪森起司粉。

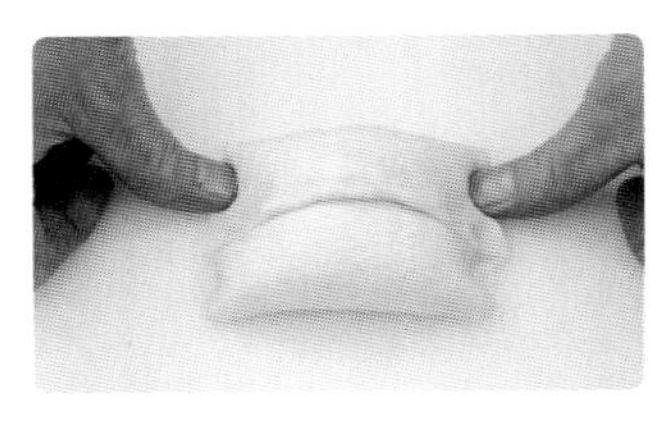

4 最後發酵：發酵 40～50 分鐘（室溫 33℃／濕度 80%）

5 烘烤：撒粗黑胡椒粒，送入預熱好的烤箱，上火 220℃ / 下火 180℃，12 分鐘，烤至理想顏色即可出爐。

87.

起司香蒜麵包

製作數量

24 個

烘焙筆記

分　　割｜75g
中間發酵｜15～20 分鐘
整　　形｜詳本頁
最後發酵｜40～50 分鐘
烘　　烤｜上火 230℃ / 下火 180℃，10 分鐘。調頭再烤 3 分鐘

1個 / 所需的材料

- 美乃滋 適量
- 乳酪絲 適量
- 經典臺式大蒜奶油醬（P.181）適量
- 乾燥蔥綠 適量

作法

1 分割→中間發酵：取完成至 P.124～126 基本發酵之麵團，用切麵刀分割 75g，滾圓，發酵 15～20 分鐘（發酵溫度 33℃／濕度 80%）。

2 整形：輕輕拍開，再以擀麵棍擀開，翻面，把一側麵團底部壓薄，由上朝下收摺，收摺成長條狀。

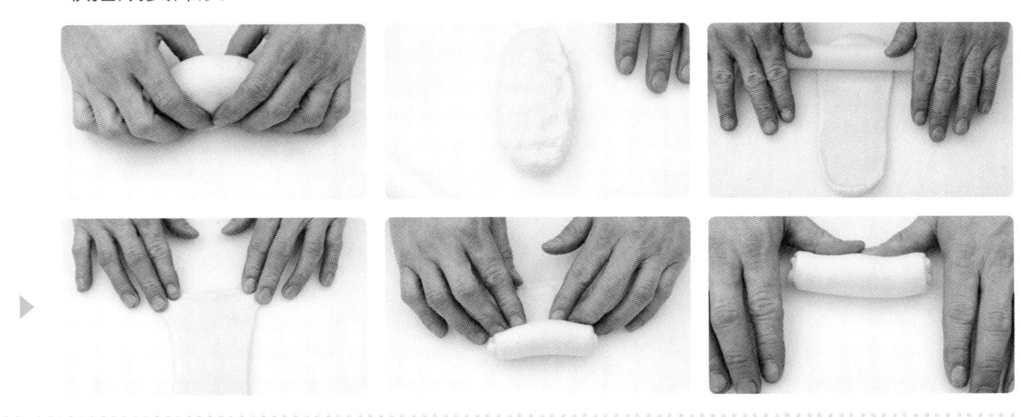

3 最後發酵：發酵 40～50 分鐘（室溫 33℃／濕度 80%）。

4 烘烤：擠美乃滋，撒乳酪絲，送入預熱好的烤箱，上火 230℃ / 下火 180℃，10 分鐘。調頭再烤 3 分鐘，烤至理想顏色即可出爐。出爐後表面刷經典臺式大蒜奶油醬，撒乾燥蔥綠，以上下火 200℃再烤 3～5 分鐘，烤到醬融化、散發蒜香。

#88.
毛毛蟲麵包

製作數量
12個

烘焙筆記

分　割｜150g
中間發酵｜15～20分鐘
整　形｜詳右頁
最後發酵｜40～50分鐘
烘　烤｜上火240℃ / 下火180℃，9分鐘。上火220℃ / 下火180℃，4～6分鐘

1個 / 所需的材料

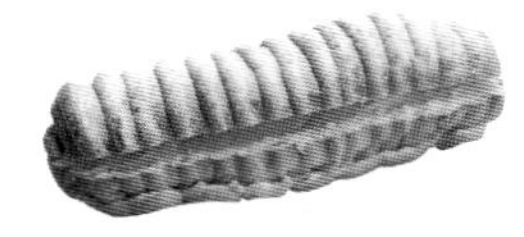

- 泡芙皮 適量
- 防潮糖粉 適量
- 奶露餡 適量
  ★把煉乳50g、奶香奶酥餡（P.132）100g拌勻即完成。

泡芙皮

材料	公克
無鹽奶油	40
鹽	1
水	80
上白糖	50
全蛋	100
低筋麵粉	60

作法

1. 全蛋用打蛋器拌勻；低筋麵粉過篩備用。
2. 有柄鋼鍋加入無鹽奶油、鹽、水、上白糖，中小火煮至沸騰，關火。
3. 加入過篩低筋麵粉拌勻，拌勻至看不見粉粒，靜置約3～4分鐘，稍微放涼。
   ★避免鍋內材料溫度太高，全蛋瞬間熟化。
4. 分3～4次加入全蛋液，每次都要拌勻至沒有蛋液才能再加下一次的蛋液。拌勻後用保鮮膜封起，冷藏備用。

1 分割→中間發酵：取完成至 P.124 ～ 126 基本發酵之麵團，用切麵刀分割 150g，滾圓，發酵 15 ～ 20 分鐘（發酵溫度 33℃／濕度 80%）。

2 整形：輕輕拍開，再以擀麵棍擀開，翻面，把一側麵團底部壓薄，由上朝下收摺，收摺成 20 公分長條。

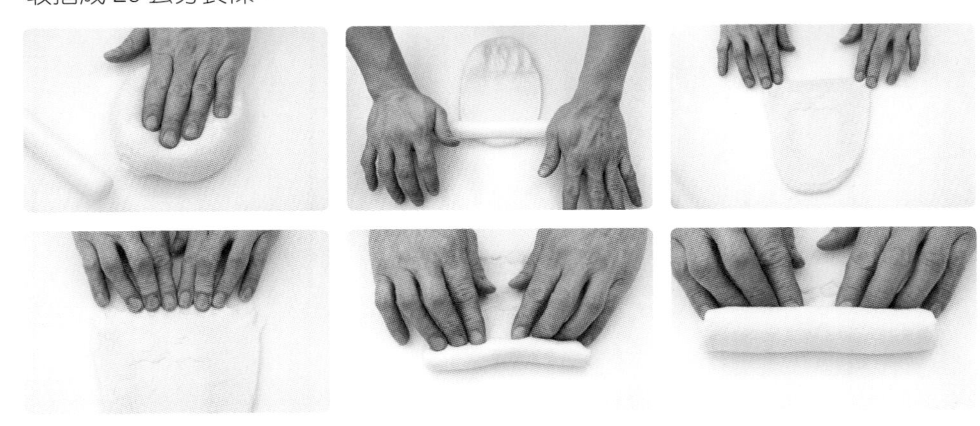

3 最後發酵：發酵 40 ～ 50 分鐘（室溫 33℃／濕度 80%）

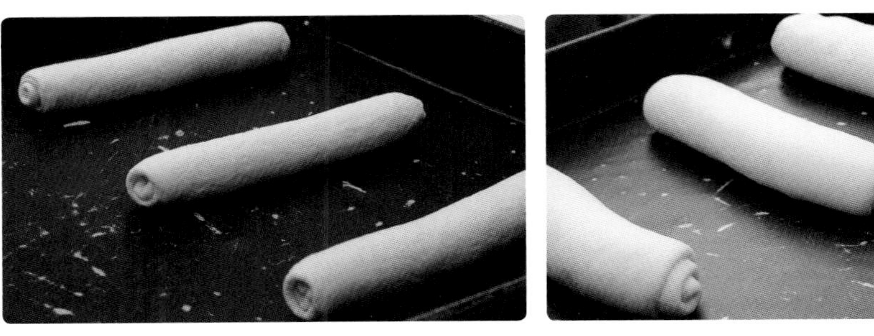

4 烘烤：擠泡芙皮，送入預熱好的烤箱，上火 240℃ / 下火 180℃，烘烤 9 分鐘。溫度調整至上火 220℃ / 下火 180℃，烘烤 4 ～ 6 分鐘，烤至理想顏色即可出爐。出爐後切開，切面抹上適量奶露餡。

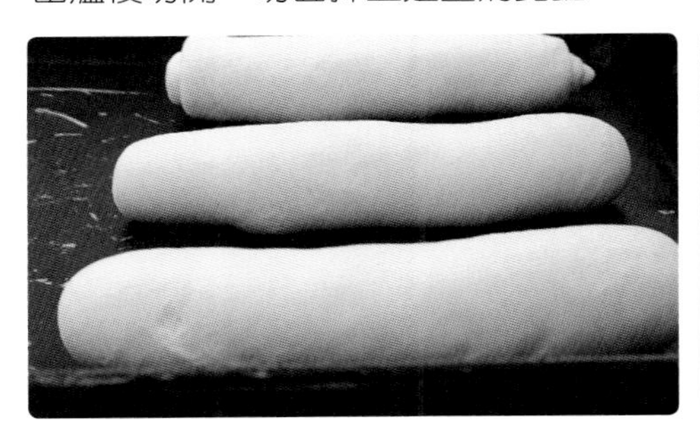

#89.
Rory 貓咪造型吐司

分　　割	芝麻麵團 140g 兩顆、20g 一顆；白麵團 70g
中間發酵	15 ～ 20 分鐘
整　　形	詳本產品製程
最後發酵	40 ～ 50 分鐘
烘　　烤	上火 220℃ / 下火 230℃，17 分鐘。溫度調整上火 210℃ / 下火 220℃，17 分鐘

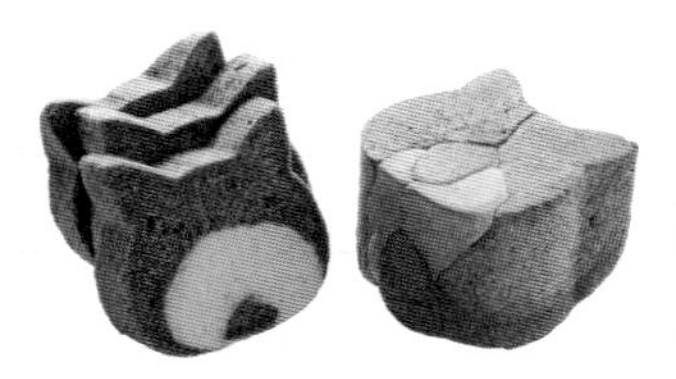

- 吐司模：特殊貓咪模 SN2400

1 攪拌：取 P.124 ～ 126 下奶油後打到「完全擴展」階段的麵團，該麵團總重 1914g，本配方僅取 330g 使用，把取出的白麵團分成兩份，一份 70g，剩餘的 260g 麵團加入芝麻粉，慢速攪打至材料均勻分布於麵團內。

★ SN2400 是特殊貓咪模，這款麵包要先計劃要做幾個，再回推麵團總重。這邊我會示範 1 個的作法，如果想做多個的，做幾個就乘幾倍。

★麵團計算的方式為：先取 330g 白麵團；❶白麵團 70g；❷剩餘的 260g 白麵團與 40g 黑芝麻粉拌勻，拌勻後等於 300g。全部麵團總重共 370g，與分割使用重量相符（一模貓咪吐司的量）。

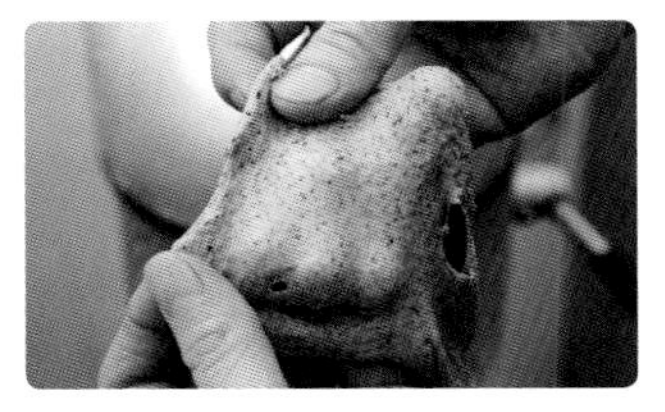

2 基本發酵：收整成團狀，放入發酵容器，發酵 60 分鐘（室溫 28℃／濕度 75%）。

3 分割：用切麵刀分割。

a. 黑芝麻麵團分割 140g 兩顆，收摺成橄欖形。

b. 剩餘的黑芝麻麵團分割 20g 一顆，滾圓。

c. 白麵團分割 70g 一顆，滾圓。

★一隻貓咪所使用的麵團有：黑芝麻麵團 140g 兩顆、20g 一顆；白麵團 70g 一顆。

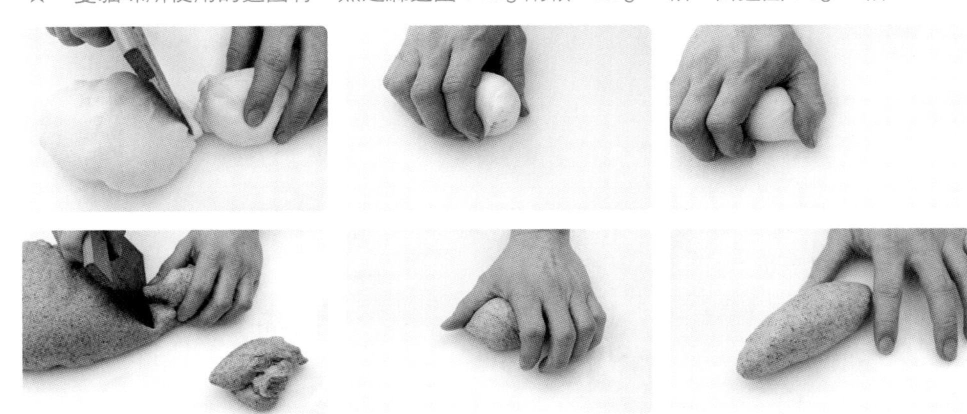

4 中間發酵：發酵 15 ～ 20 分鐘（發酵溫度 33℃／濕度 80%）。

5 整形：20g 黑芝麻麵團輕輕拍開，收摺成條狀，兩端壓薄。70g 白麵團輕輕拍開，收摺成條狀。

6 黑色麵團繞上白色麵團，再捏合白麵團兩端，放入吐司模中。

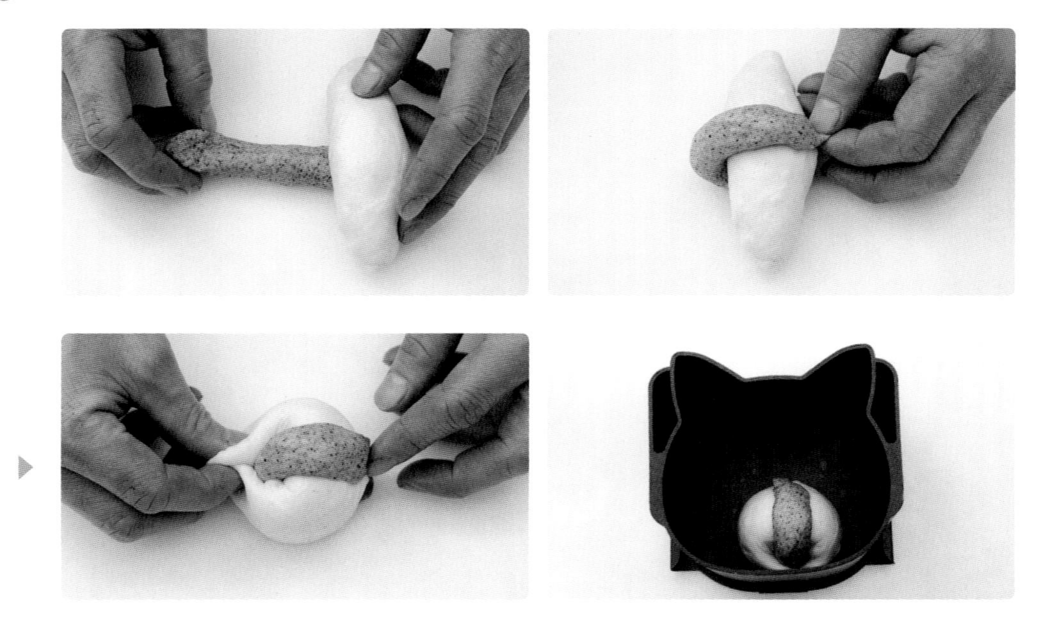

7 140g 黑芝麻麵團輕輕拍開，收摺成橄欖形，左右各一顆放入吐司模中。

8 最後發酵：發酵 40～50 分鐘（發酵溫度 33℃／濕度 80%）。

★右圖為麵團發酵後，發到八分滿即可。

9 烘烤：蓋上吐司蓋，送入預熱好的烤箱，上火 220℃ / 下火 230℃，烘烤 17 分鐘。溫度調整至上火 210℃ / 下火 220℃，再烤 17 分鐘。

◎什麼是法國粉？法國粉的特性是什麼？

這個名詞其實是日本先的，日本先把麵包用粉全部列出，再分出他們覺得專用粉的筋度，那因為法國麵包的筋度，我覺得他的筋度大概都在蛋白質 11～12%左右，太強的話不好操作，口感也不像法國麵包，法國麵包就是要有一層薄的酥脆外殼，筋度太強的製作起來會變得韌韌的，咬不動。

◎家裡跟店裡如果沒有法國粉，可以改用高筋麵粉嗎？

建議把高筋麵粉混合低筋麵粉，這樣蛋白質含量才會是對的。如果直接使用高筋麵粉，當然也是可以做出來，但效果不會這麼好，因為它筋度太強了，吃起來很像比較乾的吐司，反而不像法國麵包。這裡我也提供一個方法，總麵粉量比例為高筋麵粉 8：低筋麵粉 2。也就是說，如果今天我的配方使用 1000g 法國粉，換算後就是 800g 高筋麵粉搭配 200g 低筋麵粉，這樣就可以做出很不錯的成品。以前我們在做學徒的時候沒有什麼日本粉，做法國麵包都是用高筋混合低筋，大家可以放心參照。

D

直接冷藏法：法國麵包

Baguette / Bon Pain

★Basic！直接冷藏法的法國麵團

主麵團攪拌	L3 → M5
下鹽	M3 ～ 5
麵團終溫	24℃
基本發酵	40 ～ 50 分鐘
分割滾圓	依照產品需求進行分割
中間發酵	依照不同的分割重量進行發酵
整形	請參閱 P.198 ～ 231 產品製作

主麵團	(%)	（公克）
日本製法國粉	80	800
法國製法國粉	20	200
低糖酵母	0.4	4
麥芽精	0.2	2
水	70	700
岩鹽	2	20
合計	172.6	1726

1 攪拌：麥芽精與配方水拌勻。攪拌缸加入所有材料（除了岩鹽），低速攪拌 3 分鐘，攪打過程材料會逐漸收縮，慢慢成團，麵團會漸漸捲上勾狀攪拌器，如同最後一張圖，此狀態稱為「捲起階段」。

★麥芽精比較黏稠，需先與配方水拌到溶化。

★慢速先讓材料結合，一開始就用中速會讓麵團升溫很快，並且粉類噴濺會造成不必要的耗損。

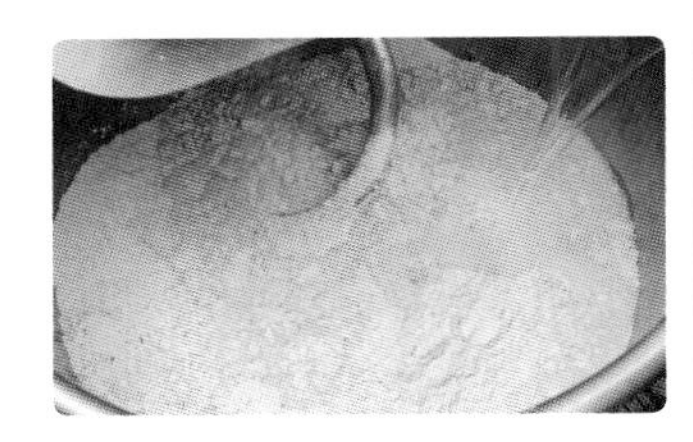

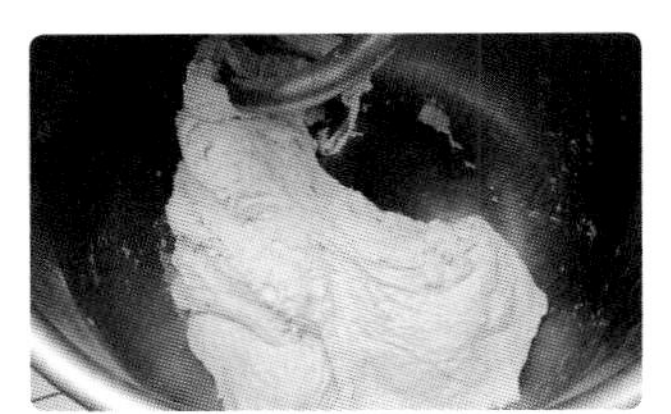

2 轉中速攪打 6 ～ 10 分鐘，法國開始具備筋性但還沒光滑，有一點點膜，是粗糙的質感，材料逐漸收縮，無法拉很開就會斷裂（全程中速 6 ～ 10 分鐘，到這裡大約是中速打了 3 分鐘）。

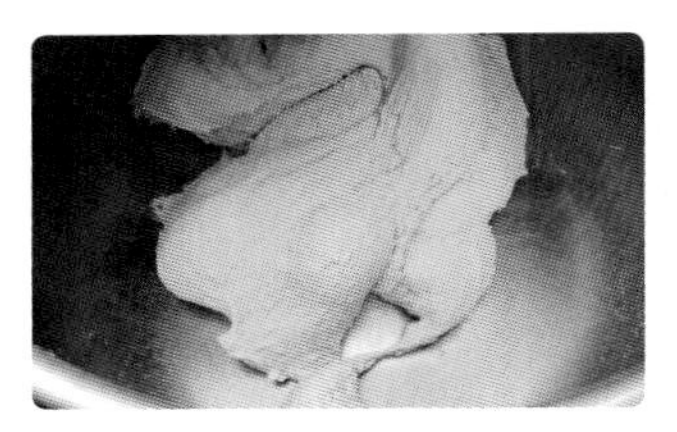
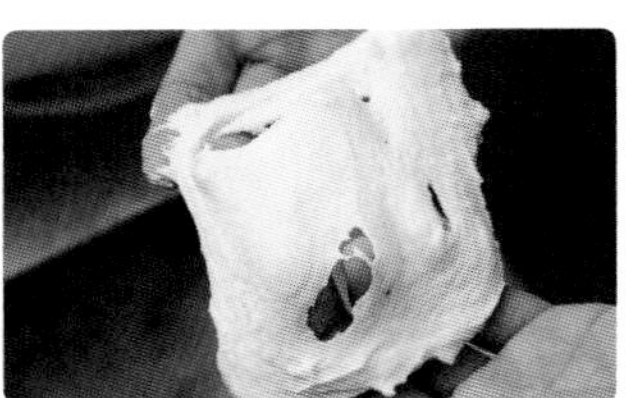
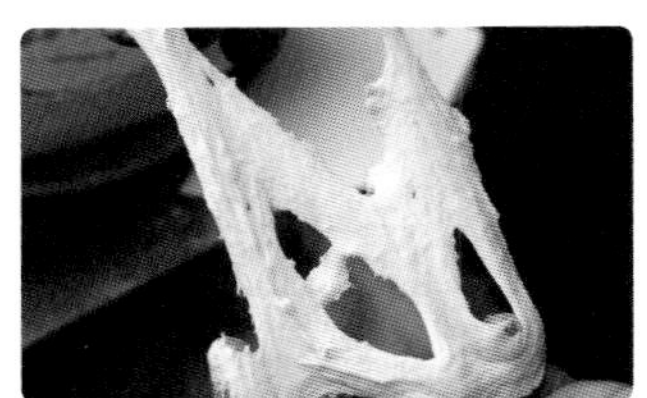

3 繼續攪打，麵團會變成可以拉長（具備一點延展性），破口鋸齒面間距大的狀態，這個狀態就可以準備下鹽了（全程中速 6 ～ 10 分鐘，到這裡大約是中速打了 5 分鐘）。

★鹽不在作法 1 下，攪打到一定程度後再下稱為「後鹽法」。後鹽法是製作法國麵包非常重要的概念，後續會進一步解說。

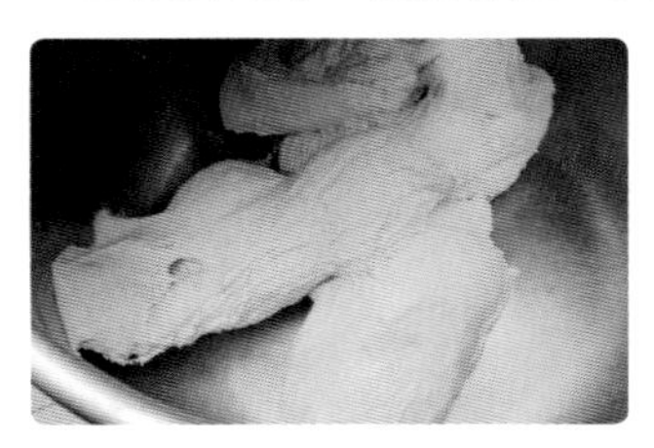
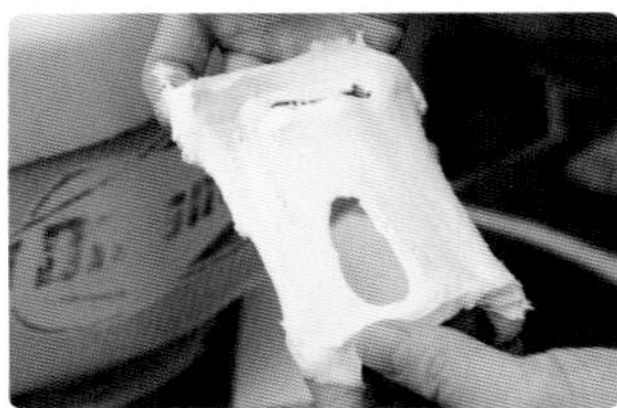
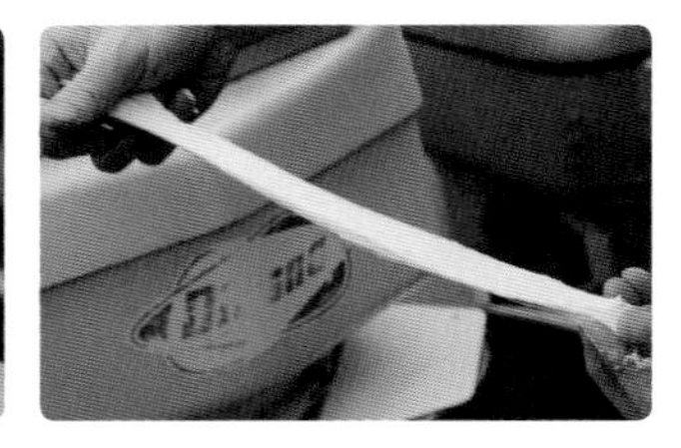

4 下岩鹽，中速打到八分筋（全程中速 6 ～ 10 分鐘，到這裡大約是中速打了 6 分鐘）。

★「Theme 17：墨魚麵團變化」使用的 5g 墨魚粉，我會在這個步驟一併投入攪打。粉類需要一定的時間與麵團結合，太晚加入容易讓麵團過度攪拌，想把這個麵團轉變成可可口味、抹茶口味、紅茶口味等，都可以在這個步驟加入粉類。

★攪拌時間有落差是因為每一台機器轉速不太一樣，會影響麵包最後出筋的時間點，因此必須學會判斷麵團狀態。判斷方法都是取一點小麵團觀察，取出後雙手捉住麵團，左右延展。

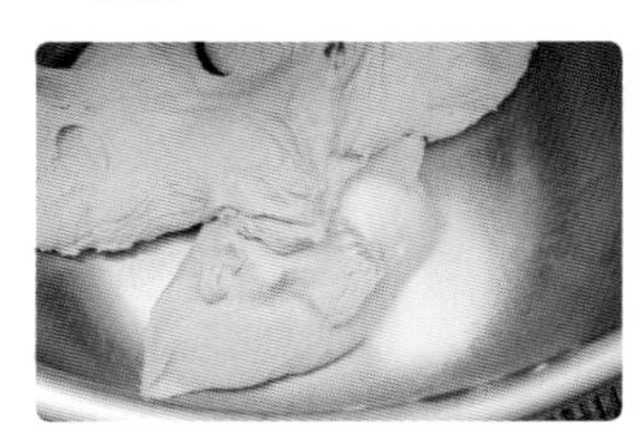

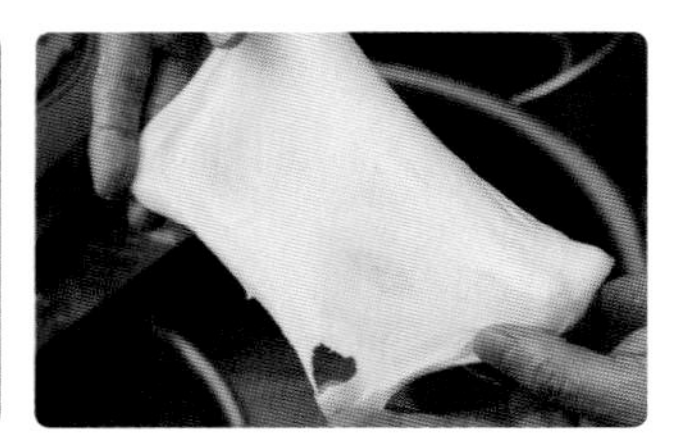

5 中速打到擴展與完全擴展階段之間。取麵團拉膜，質地光滑，具備一定程度的延展性，可以透過麵團看到手的顏色，在平行的狀態下用一根手指戳麵團，觸感是非常有延展性的（有延展性才不會一戳就破）。仔細觀察破口邊緣，鋸齒狀雖然存在，但更柔和（全程中速 6 ～ 10 分鐘，到這裡大約是打了 8 ～ 10 分鐘），麵團終溫約 24℃。

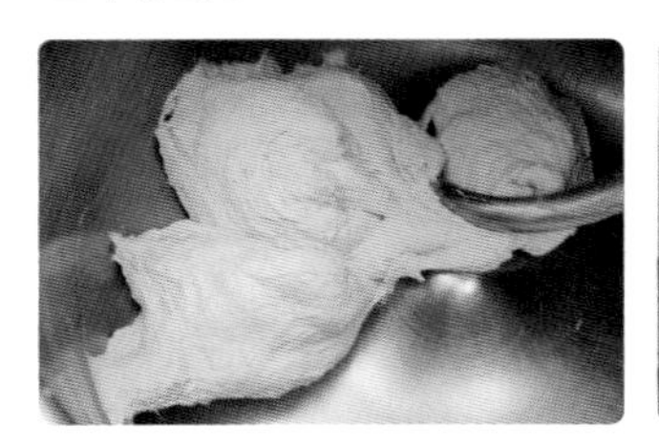
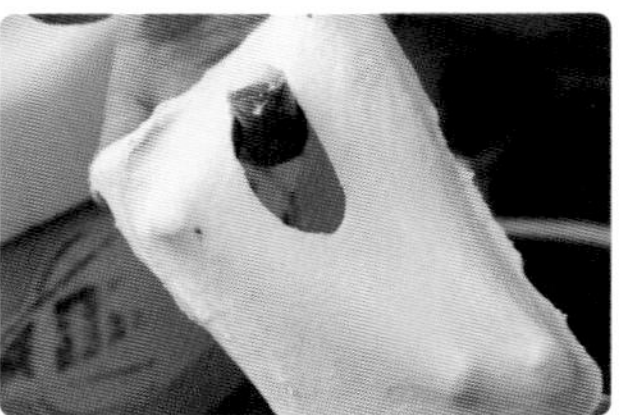
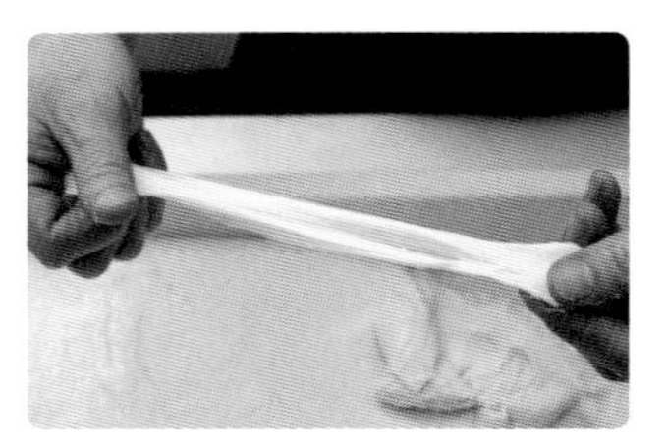

6 Note！收整麵團的方法（亦為翻麵方法）：雙手從中心將麵團托起，放下，放的時候下垂的麵團自然往內，反覆這個動作，收整成表面平滑的團狀。

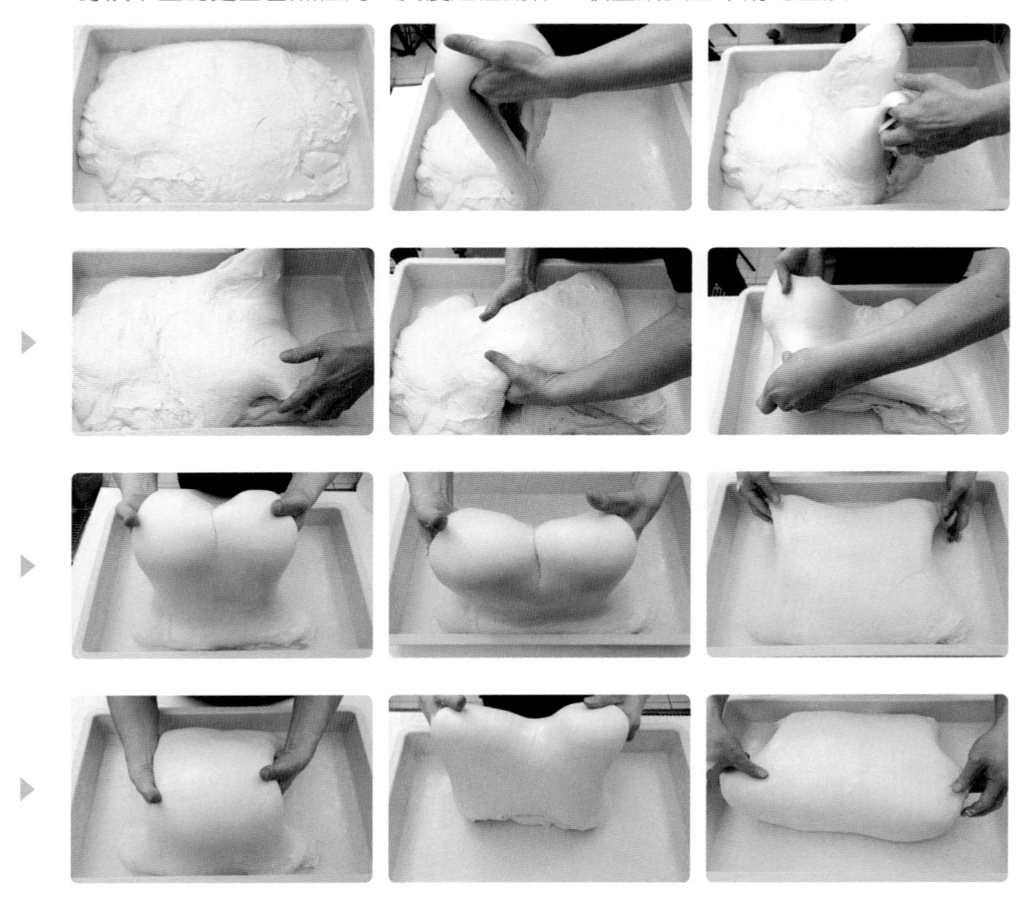

7 基本發酵：收整後放入發酵容器，發酵 40 ～ 50 分鐘（室溫 26 ～ 28℃／濕度 75 ～ 80%）。再室溫鬆弛約 15 ～ 20 分鐘。

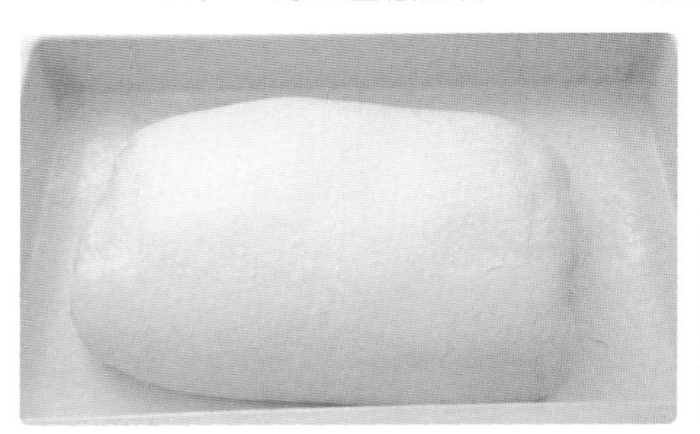

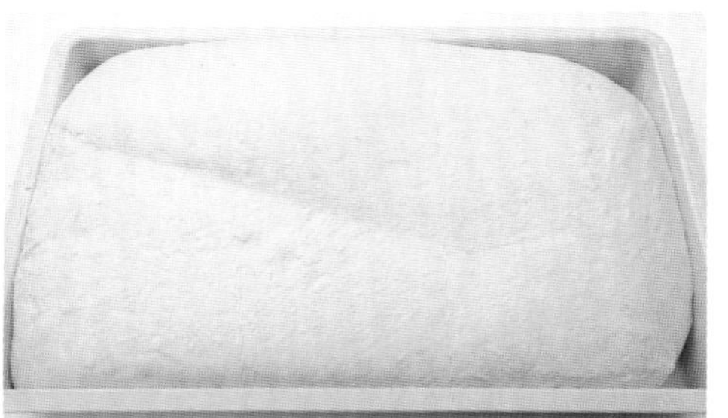

★麵團與配料拌合的方法

此處示範的是「攪打完畢的麵包，如何與配料手動結合」之手法，取完成至 P.194 作法 5 的麵團備用。

1 放上配料。

2 硬刮板將麵團一切為二。

3 取一塊疊上去。

4 把配料用硬刮板收整，再次放上麵團，手輕壓。

5 再次切開。

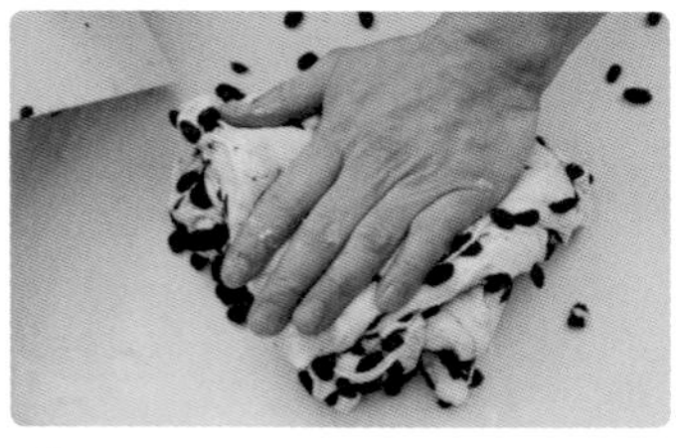

6 把配料用硬刮板收整，再次放上麵團，手輕壓。

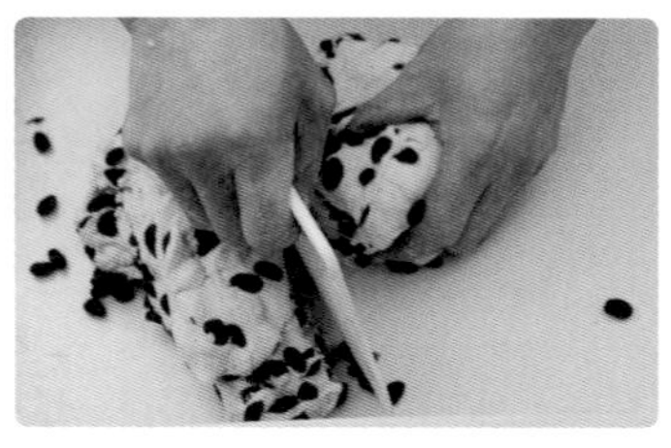

7 反覆此動作，直至配料均勻散落於麵團中。

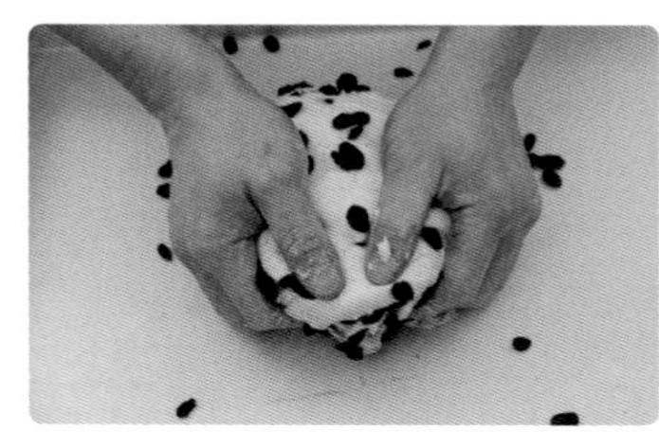

8 手掌覆住麵團，手指從底部捉住。

9 手扣住麵團，微微把底部摺起。

10 把麵團收摺成表面光滑的團狀。

11 如上圖。

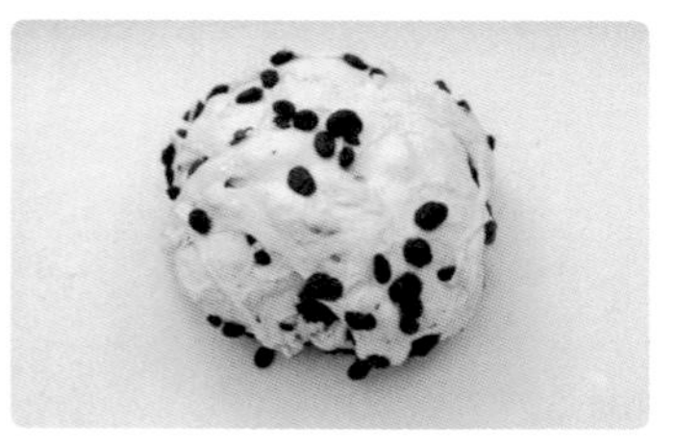

12 參考 P.195 作法 7 數據進行基本發酵。

◎ Note！認識法國麵包最重要的技法「後鹽法」

攪拌入鹽的時間點很重要，顧名思義，「後鹽法」就是在攪拌後期下鹽。

在我的認知裡，麵包配方越簡單，結構性就沒這麼強，而鹽會讓麩質提前增強，增加筋性，若是把鹽與麵粉一起攪拌，鹽會阻礙麵粉吸收水分，也會減緩分解蛋白質的能力，製作出來的法國麵包會變得很緊實、皮較厚，有不容易咬斷的情形發生，但若是使用後鹽法（其他製作方法條件皆相同）製作出來的法國麵包則皮薄酥脆、內部組織濕潤、充滿麥香。本書使用的攪拌手法就是後鹽法，做得出來跟做的好是兩回事，差異體現在細節中，希望大家務必一試。

◎ Note！調節產能的絕招「冷藏法」

「冷藏法」是一種在業界很普遍的工法，簡單來說，是將麵團的其中一個發酵製程改成冷藏，將麵團置於4～5℃左右的環境中，讓麵團在良好穩定的環境中長時間靜置發酵。

我們都知道，溫度會影響酵母的活動率。溫度越高，酵母就越活潑，發得越快；溫度越低，酵母就不太動彈，發得越慢。這邊有一個重點，酵母活動率低不代表不活動，放在低溫的環境中，只要不是能凍死酵母的溫度，酵母都持續地在發酵。低溫讓發酵時間拉長，時間一拉長，麵粉就有充分的時間吸收水分，麵包的彈性、保濕性都會變的更好，麵包老化的速度就會變慢。冷藏法長時間的發酵特性又可以在緊湊的日程中穿插製作，麵團前一天製作到中間發酵的階段，隔天直接取出回溫整形→最後發酵→裝飾烘烤，同時兼顧品質與速度。

冷藏法一般會運用於「中間發酵」階段，製作在基本發酵後面有太多程序，不利於時間調節；運用在最後發酵，冷藏後的麵包表面會有點皺皺的，烤了不好看，並且也怕最後會有什麼意外。只有中間發酵是最剛好的階段，它卡在中間，後面還可以透過整形觸碰麵團，透過最後發酵確認酵母狀態。

Theme

15

原味法國長棍

◎人的名棍的影，能否稱爲「長棍」是一件嚴肅的事

在法國，並非所有長棍都可以叫長棍，法國人對這件事的嚴肅程度，認真到政府特別為它立法，在一九九三年，法國政府正式頒佈食品法，定義有資格稱為「Baguette」長棍的麵包：❶只能以麵粉、水、鹽、酵母製成，即使要加入添加劑，也只能使用極少量；❷長度在 55 ～ 65 公分；❸重量在 250 ～ 300g 之間。

每年四月都會舉辦法國長棍麵包大獎賽（Le Grand Prix de la Baguette），這場比賽將決定法國最好的長棍出自何人之手，而在參加的眾多長棍中，只有不到一半能通過這個嚴苛的標準，獲獎的長棍還可以為法國總統提供一整年的法棍麵包，還有什麼比這更榮耀嗎？法國通過立法，通過年復一年的比賽，加深與奠定法棍麵包的地位。Baguette 榮耀了法國，法國也成就了 Baguette，毫無疑問，它將永永遠遠的為法國人所愛。

◎長棍整形手法

學習必須嚴謹，我們必須清楚知道真正的法國長棍該是什麼模樣，明白「正統定義」，延伸變化時才會更有方向。

1 使用中間發酵完成的麵團。

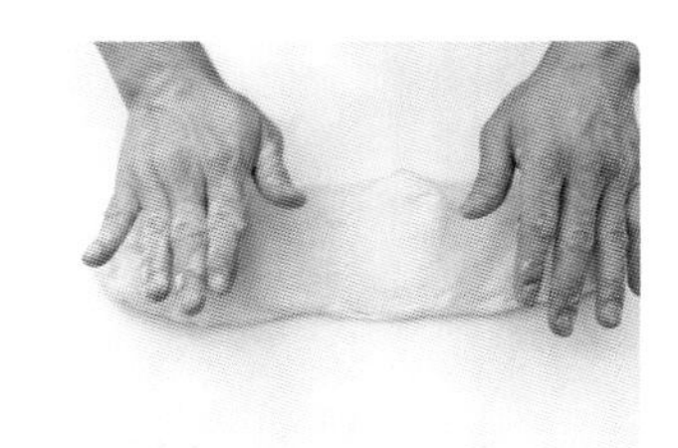

2 輕輕拍開，翻面。

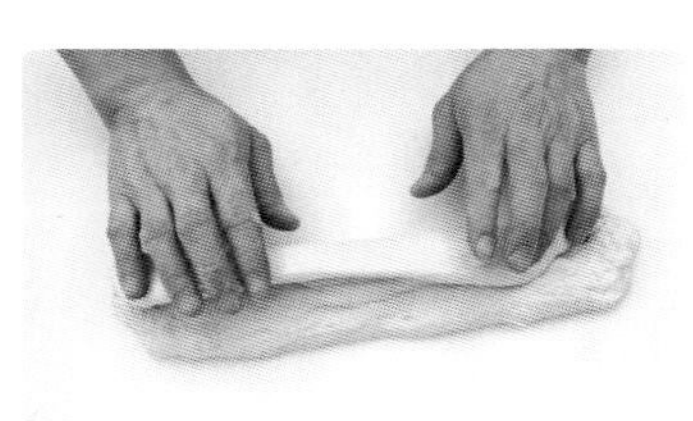

3 取一側，指尖從下方頂住麵團，朝中心摺起。

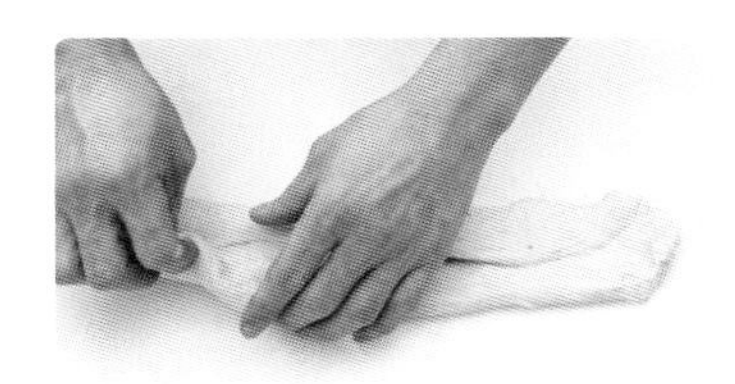

4 取另一側朝中心摺起。

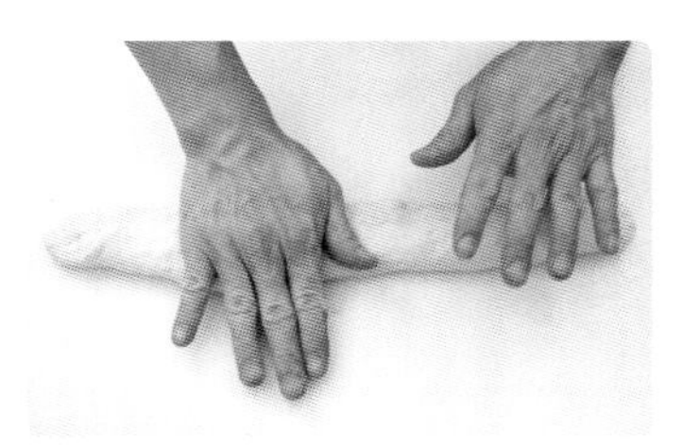

5 輕輕拍開。

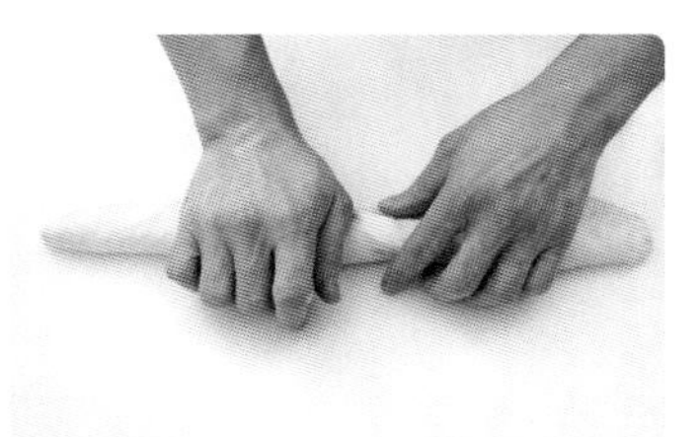

6 整支麵團一節一節收摺。

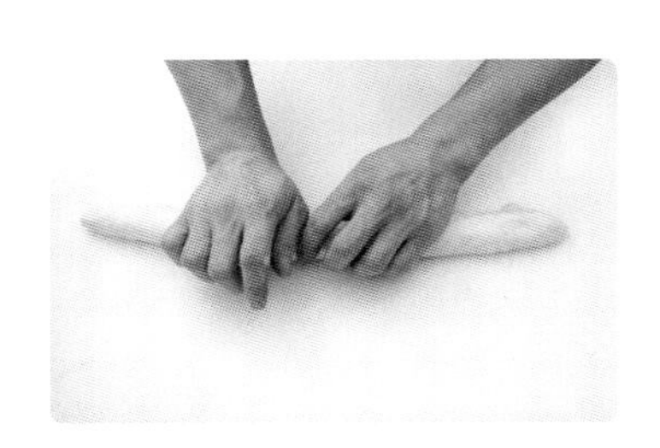

7 重複一節一節收摺的動作。

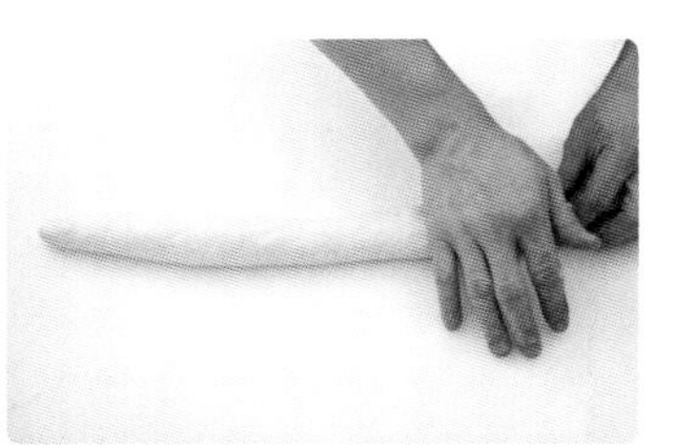

8 直至整支麵團收摺完畢。

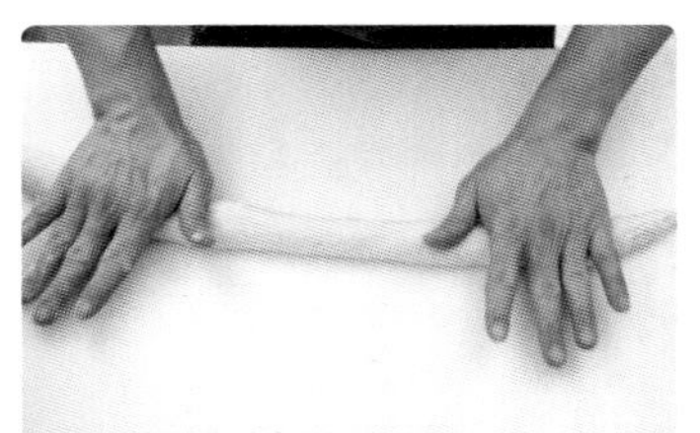

9 利用虎口前推麵團，讓表面光滑。

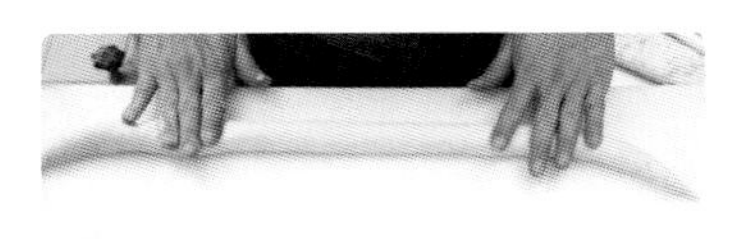

10 雙手由中心朝左右兩端搓長。

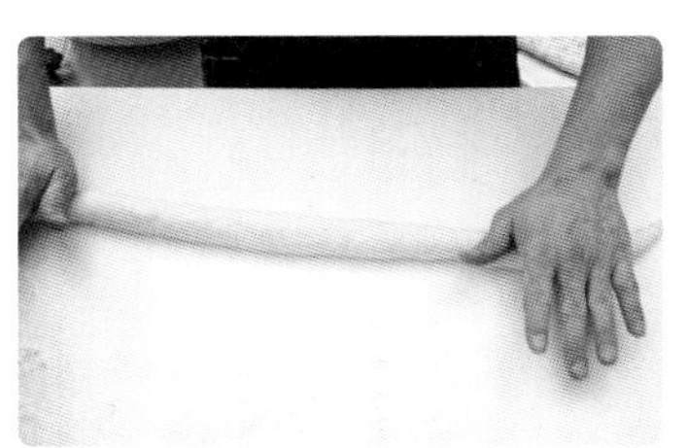

11 整條麵團會被帶動。

12 搓成長 65 公分。

#90.
法國麵包棍子

製作數量

5~6 個

烘焙筆記

分　　割｜330g
中間發酵｜4℃冷藏，8 ～ 24 小時
整　　形｜詳本頁
最後發酵｜40 ～ 50 分鐘
烘　　烤｜上火 270℃ / 下火 200℃，蒸氣 5 秒，3 分鐘。再壓一次蒸氣，13 分鐘

作法

1. 取完成至 P.195 基本發酵之麵團，首先確認麵團狀態，基本發酵後的麵團是否有原本的 1.5 ～ 2 倍大（如 P.195 基本發酵後的圖片），若沒有，參照 P.195 翻麵方法進行翻麵，重整麵筋，再次發酵約 15 ～ 20 分鐘。
   ★翻麵次數取決於麵團狀態，最簡單的判斷方法就是看大小。
2. 分割：確認麵團狀態達到我們要的程度後，用切麵刀分割 330g，收摺成橢圓形，間距相等放入不沾烤盤。
3. 中間發酵：表面與四邊都用袋子妥善蓋住（沒有蓋好表面會風乾），送入 4℃冷藏環境中靜置至少 8 ～ 24 小時，最多不能超過 48 小時。
4. 整形：麵團中心點退冰至 17℃，參考 P.199 手法整形成長棍，搓成長 65 公分。
   ★製作冷藏法麵團時，需等麵團退冰至中心溫度 17℃，這樣製作出來的麵團狀態才會是最好的。溫度太低會太硬，不好整形；溫度太高，整形速度不夠快會升溫。
5. 最後發酵：間距相等放上帆布，用帆布區隔麵團，發酵 40 ～ 50 分鐘（發酵溫度 30℃／濕度 80%）。
6. 烘烤：割 6 刀，送入預熱好的烤箱，上火 270℃ / 下火 200℃，噴蒸氣 5 秒，烤 3 分鐘後再壓一次蒸氣，再烤 13 分鐘，烤至理想顏色即可出爐。

#91.
白芝麻法國長棍

製作數量

5~6 個

烘焙筆記

分　　割｜330g
中間發酵｜4℃冷藏，8 ～ 24 小時
整　　形｜詳本頁
最後發酵｜40 ～ 50 分鐘
烘　　烤｜上火 270℃ / 下火 200℃，蒸氣 5 秒，3 分鐘。再壓一次蒸氣，13 分鐘

1個 / 所需的材料

- 生白芝麻　適量

作法

1 參考左頁作法 1 ～ 5。整形成長棍後沾適量生白芝麻。（圖 1~2）

2 最後發酵：間距相等放上帆布，用帆布區隔麵團，發酵 40 ～ 50 分鐘（發酵溫度 30℃／濕度 80%）。（圖 3）

3 烘烤：割 6 刀，送入預熱好的烤箱，上火 270℃ / 下火 200℃，噴蒸氣 5 秒，烤 3 分鐘後再壓一次蒸氣，再烤 13 分鐘，烤至理想顏色即可出爐。

1

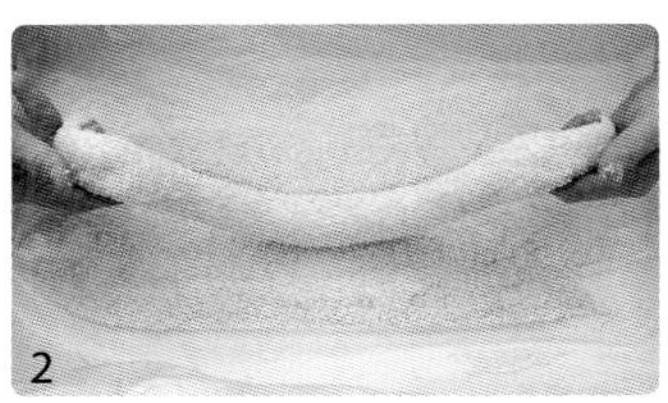
2

3

Theme

16

原味
麵團變化

#92.
經典麵包棒

製作數量
34 個

烘焙筆記

分　　割｜50g
中間發酵｜4℃冷藏，8 ～ 24 小時
整　　形｜詳本頁
最後發酵｜40 ～ 50 分鐘
烘　　烤｜上火 270℃ / 下火 180℃，蒸氣 5 秒，8 分鐘

1 個 / 所需的材料

- 帕瑪森起司粉 適量
- 粗黑胡椒粒 適量

作法

1 參考 P.200 作法 1 判斷基本發酵狀態。

2 分割→中間發酵：確認麵團狀態達到我們要的程度後，用切麵刀分割 50g，滾圓，間距相等放入不沾烤盤。

3 中間發酵：表面與四邊都用袋子妥善蓋住（沒有蓋好表面會風乾），送入 4℃冷藏環境中靜置至少 8 ～ 24 小時，最多不能超過 48 小時。

4 整形：麵團中心點退冰至 17℃，參考 P.199 手法整形成長棍狀，搓成長 50 公分。
★製作冷藏法麵團時，需等麵團退冰至中心溫度 17℃，這樣製作出來的麵團狀態才會是最好的。溫度太低會太硬，不好整形；溫度太高，整形速度不夠快會升溫。

5 最後發酵：間距相等放上帆布，用帆布區隔麵團，發酵 40 ～ 50 分鐘（發酵溫度 30℃／濕度 80%）。

6 烘烤：撒帕瑪森起司粉、粗黑胡椒粒，送入預熱好的烤箱，上火 270℃ / 下火 180℃，噴蒸氣 5 秒，烤 8 分鐘，烤至理想顏色即可出爐。

#93.
五峰脆皮吐司

製作數量
1~2 個

烘焙筆記

分　　割｜200g（一模 5 顆）
中間發酵｜4℃冷藏，8 ～ 24 小時
整　　形｜詳右頁
最後發酵｜40 ～ 50 分鐘
烘　　烤｜上火 270℃ / 下火 240℃，蒸氣 5 秒，3 分鐘。再次蒸氣 5 秒，溫度調整上火 250℃ / 下火 240℃，15 分鐘。調頭 17 分鐘

1 個 / 所需的材料

• 吐司模：SN2012

作法

1 參考 P.200 作法 1 判斷基本發酵狀態。

2 分割→中間發酵：確認麵團狀態達到我們要的程度後，用切麵刀分割 200g，收整成圓團，間距相等放入不沾烤盤。表面與四邊都用袋子妥善蓋住（沒有蓋好表面會風乾），送入 4℃冷藏環境中靜置至少 8 ～ 24 小時，最多不能超過 48 小時。

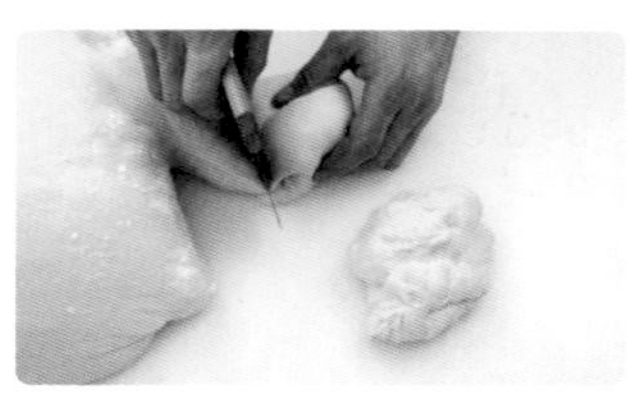

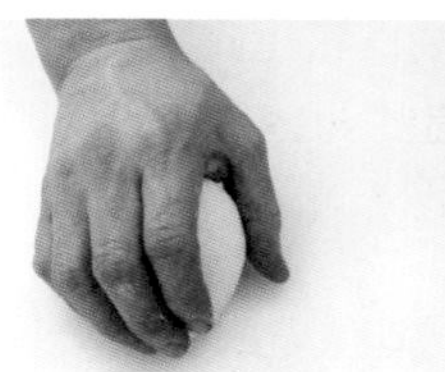

3 整形：麵團中心點退冰至 17℃，再開始整形。

★製作冷藏法麵團時，需等麵團退冰至中心溫度 17℃，這樣製作出來的麵團狀態才會是最好的。溫度太低會太硬，不好整形；溫度太高，整形速度不夠快會升溫。

4 拍開，摺兩摺摺起（長條狀），轉向收摺（正方團狀），雙手轉向把麵團收整圓，在表皮還沒有很光滑的時候，指尖扣住麵團，朝後扣向肚腹的位置，此時麵團就會自然收整成適合模具的橢圓團。收口處朝下放入吐司模中，一模放 5 個。

5 最後發酵：發酵 40 ～ 50 分鐘（室溫 30℃／濕度 80%）

6 烘烤：送入預熱好的烤箱，上火 270℃ / 下火 240℃，噴蒸氣 5 秒，烤 3 分鐘。再壓一次蒸氣 5 秒，溫度調整至上火 250℃ / 下火 240℃，烤 15 分鐘。調頭再烤 17 分鐘，烤至理想顏色即可出爐。

烘焙筆記

分割	300g
中間發酵	4℃冷藏，8 ～ 24 小時
整形	詳本頁
最後發酵	40 ～ 50 分鐘
烘烤	上火 270℃ / 下火 240℃，蒸氣 6 秒，3 分鐘。再次蒸氣 6 秒，17 分鐘。調頭 17 分鐘

1 個 / 所需的材料

- 高熔點乳酪丁 120g
- 吐司模：SN2151

作法

1. 參考 P.200 作法 1 判斷基本發酵狀態。
2. 分割→中間發酵：確認麵團狀態達到我們要的程度後，用切麵刀分割 300g，收整成圓形，間距相等放入不沾烤盤。
3. 中間發酵：表面與四邊都用袋子妥善蓋住（沒有蓋好表面會風乾），送入 4℃冷藏環境中靜置至少 8 ～ 24 小時，最多不能超過 48 小時。
4. 整形：麵團中心點退冰至 17℃，再開始整形。
   ★製作冷藏法麵團時，需等麵團退冰至中心溫度 17℃，這樣製作出來的麵團狀態才會是最好的。溫度太低會太硬，不好整形；溫度太高，整形速度不夠快會升溫。
5. 輕輕拍開，再以擀麵棍擀開，翻面，把一側麵團底部壓薄，鋪高熔點乳酪丁，由上朝下收摺，收摺成長條狀，收口處朝下放入吐司模中，一模放 1 個。
6. 最後發酵：發酵 40 ～ 50 分鐘（發酵溫度 30℃／濕度 80%）。
7. 烘烤：割 4 刀，送入預熱好的烤箱，上火 270℃ / 下火 240℃，噴蒸氣 6 秒，烤 3 分鐘。再壓一次蒸氣 6 秒，烤 17 分鐘。調頭再烤 17 分鐘，烤至理想顏色即可出爐。

#95. 十字乳酪球

製作數量 22 個

烘焙筆記

分　　割｜80g

中間發酵｜4℃冷藏，8 ～ 24 小時

整　　形｜詳本頁

最後發酵｜40 ～ 50 分鐘

烘　　烤｜上火 260℃ / 下火 200℃，蒸氣 5 秒，3 分鐘。再次蒸氣 5 秒，10 ～ 13 分鐘

1 個 / 所需的材料

- 高熔點乳酪丁 60g

作法

1 參考 P.200 作法 1 判斷基本發酵狀態。

2 分割→中間發酵：確認麵團狀態達到我們要的程度後，用切麵刀分割 80g，滾圓，間距相等放入不沾烤盤。

3 中間發酵：表面與四邊都用袋子妥善蓋住（沒有蓋好表面會風乾），送入 4℃冷藏環境中靜置至少 8 ～ 24 小時，最多不能超過 48 小時。

4 整形：麵團中心點退冰至 17℃，再開始整形。

★製作冷藏法麵團時，需等麵團退冰至中心溫度 17℃，這樣製作出來的麵團狀態才會是最好的。溫度太低會太硬，不好整形；溫度太高，整形速度不夠快會升溫。

5 輕輕拍開，包入高熔點乳酪丁收口成圓形。

★通常圓形的包餡都是把皮往中心拉，捏緊即可，不會把餡料往麵皮內推。但這個包餡的時候會故意往裏面壓，希望最後呈現餡炸開的效果。

6 最後發酵：發酵 40 ～ 50 分鐘（發酵溫度 30℃／濕度 80%）。

7 烘烤：剪十字，送入預熱好的烤箱，上火 260℃ / 下火 200℃，噴蒸氣 5 秒，烤 3 分鐘。再壓一次蒸氣 5 秒，烤 10 ～ 13 分鐘，烤至理想顏色即可出爐。

#96. 十字洋蔥鮪魚包

製作數量 **22** 個

烘焙筆記

分　　割｜80g
中間發酵｜4℃冷藏，8 ～ 24 小時
整　　形｜詳本頁
最後發酵｜40 ～ 50 分鐘
烘　　烤｜上火 260℃ / 下火 200℃，蒸氣 5 秒，3 分鐘。再次蒸氣 5 秒，10 ～ 13 分鐘

1 個 / 所需的材料

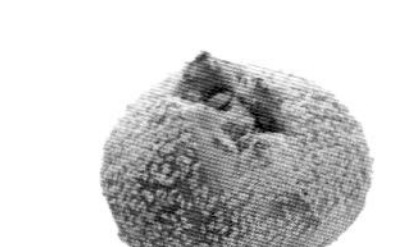

- 生白芝麻 適量
- 洋蔥絲 35g
- 罐頭鮪魚肉 35g
- 罐頭玉米粒 10g

作法

1 參考 P.200 作法 1 判斷基本發酵狀態。

2 分割→中間發酵：確認麵團狀態達到我們要的程度後，用切麵刀分割 80g，滾圓，間距相等放入不沾烤盤。

3 中間發酵：表面與四邊都用袋子妥善蓋住（沒有蓋好表面會風乾），送入 4℃冷藏環境中靜置至少 8 ～ 24 小時，最多不能超過 48 小時。

4 整形：麵團中心點退冰至 17℃，再開始整形。
★製作冷藏法麵團時，需等麵團退冰至中心溫度 17℃，這樣製作出來的麵團狀態才會是最好的。溫度太低會太硬，不好整形；溫度太高，整形速度不夠快會升溫。

5 輕輕拍開，包入洋蔥絲、玉米粒、鮪魚肉收口成圓形，沾生白芝麻。
★通常圓形的包餡都是把皮往中心拉，捏緊即可，不會把餡料往麵皮內推。但這個包餡的時候會故意往裏面壓，希望最後呈現餡炸開的效果。

6 最後發酵：發酵 40 ～ 50 分鐘（發酵溫度 30℃／濕度 80%）。

7 烘烤：剪十字，送入預熱好的烤箱，上火 260℃ / 下火 200℃，噴蒸氣 5 秒，烤 3 分鐘。再壓一次蒸氣 5 秒，烤 10 ～ 13 分鐘，烤至理想顏色即可出爐。

#97. 燒紅豆

製作數量 22 個

分　割｜80g
中間發酵｜4℃冷藏，8 ～ 24 小時
整　形｜詳本頁
最後發酵｜40 ～ 50 分鐘
烘　烤｜上火 260℃ / 下火 200℃，蒸氣 5 秒，3 分鐘。再次蒸氣 5 秒，10 ～ 13 分鐘

- 紅豆餡 70g
- 生黑芝麻　適量

1 參考 P.200 作法 1 判斷基本發酵狀態。

2 分割→中間發酵：確認麵團狀態達到我們要的程度後，用切麵刀分割 80g，滾圓，間距相等放入不沾烤盤。

3 中間發酵：表面與四邊都用袋子妥善蓋住（沒有蓋好表面會風乾），送入 4℃冷藏環境中靜置至少 8 ～ 24 小時，最多不能超過 48 小時。

4 整形：麵團中心點退冰至 17℃，再開始整形。
★製作冷藏法麵團時，需等麵團退冰至中心溫度 17℃，這樣製作出來的麵團狀態才會是最好的。溫度太低會太硬，不好整形；溫度太高，整形速度不夠快會升溫。

5 輕輕拍開，包入紅豆餡收口成圓形。

6 最後發酵：發酵 40 ～ 50 分鐘（發酵溫度 30℃／濕度 80%）。

7 烘烤：中心點生黑芝麻，麵包表面蓋一個鐵盤，送入預熱好的烤箱，上火 260℃ / 下火 200℃，噴蒸氣 5 秒，烤 3 分鐘。再壓一次蒸氣 5 秒，烤 10 ～ 13 分鐘，烤至理想顏色即可出爐。

#98. 麥穗培根麵包

製作數量

10~11個

烘焙筆記

分　割｜160g
中間發酵｜4℃冷藏，8 ～ 24 小時
整　形｜詳右頁
最後發酵｜40 ～ 50 分鐘
烘　烤｜上火 270℃ / 下火 200℃，蒸氣 5 秒，12 ～ 14 分鐘

1個 / 所需的材料

- 培根 1 條
- 乳酪絲 30g
- 粗黑胡椒粒 適量

作法

1 參考 P.200 作法 1 判斷基本發酵狀態。

2 分割→中間發酵：確認麵團狀態達到我們要的程度後，用切麵刀分割 160g，收整成條狀，間距相等放入不沾烤盤。表面與四邊都用袋子妥善蓋住（沒有蓋好表面會風乾），送入 4℃冷藏環境中靜置至少 8 ～ 24 小時，最多不能超過 48 小時。

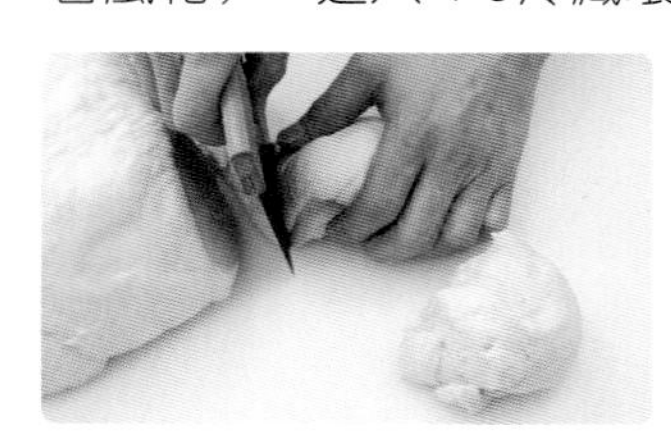
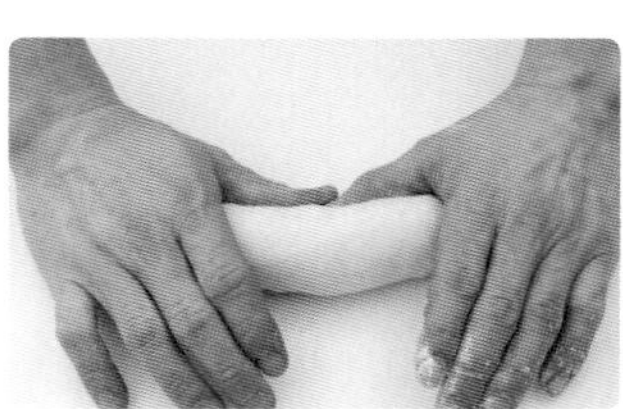

3 整形：麵團中心點退冰至 17℃，再開始整形。

★製作冷藏法麵團時，需等麵團退冰至中心溫度 17℃，這樣製作出來的麵團狀態才會是最好的。溫度太低會太硬，不好整形；溫度太高，整形速度不夠快會升溫。

4 輕輕拍開，鋪培根、乳酪絲，撒粗黑胡椒粒，指尖由上往下，一節一節收摺麵團，共摺兩輪，把麵團收摺成條狀，輕輕搓長 45 ～ 50 公分。

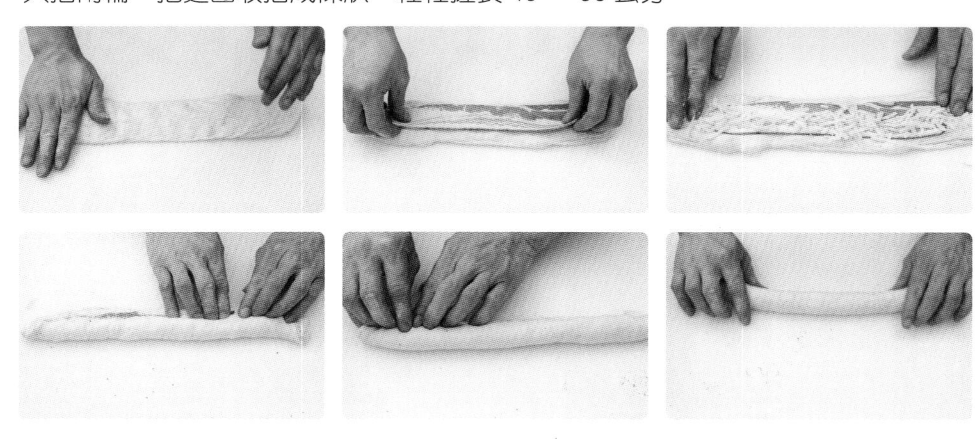

5 最後發酵：發酵 40 ～ 50 分鐘（室溫 30℃／濕度 80%）。

6 烘烤：邊剪邊把麵團往旁邊撥，反覆這個動作直至完成麥穗造型。送入預熱好的烤箱，上火 270℃ / 下火 200℃，噴蒸氣 5 秒，烤 12 ～ 14 分鐘，烤至理想顏色即可出爐。

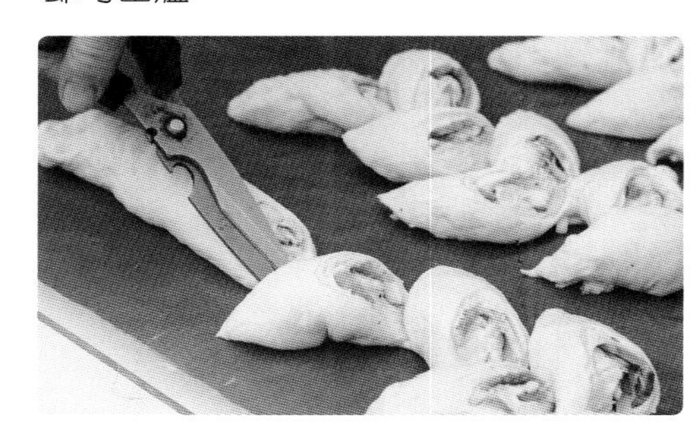

#99.
巨型乳酪麵包

製作數量
2 個

烘焙筆記

分　割｜800g
中間發酵｜4℃冷藏，8 ～ 24 小時
整　形｜詳右頁
最後發酵｜40 ～ 50 分鐘
烘　烤｜上火 270℃ / 下火 240℃，蒸氣 5 秒，3 分鐘。再次蒸氣 5 秒，溫度調整上火 250℃ / 下火 240℃，15 分鐘。調頭 17 分鐘

1 個 / 所需的材料

- 奶油乳酪 150g
- 半片起司片 6 片
- 乳酪絲 150g
- 高筋麵粉　適量
- 高熔點乳酪丁 100g

作法

1 參考 P.200 作法 1 判斷基本發酵狀態。

2 分割→中間發酵：確認麵團狀態達到我們要的程度後，用切麵刀分割 800g，收整成圓團，間距相等放入不沾烤盤。表面與四邊都用袋子妥善蓋住（沒有蓋好表面會風乾），送入 4℃冷藏環境中靜置至少 8 ～ 24 小時，最多不能超過 48 小時。

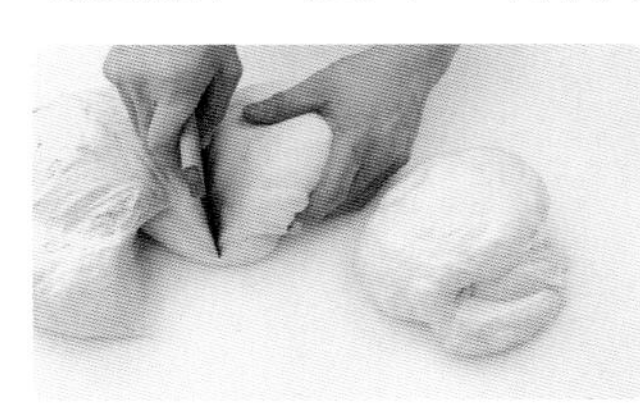

3 整形：麵團中心點退冰至 17℃，再開始整形。

★製作冷藏法麵團時，需等麵團退冰至中心溫度 17℃，這樣製作出來的麵團狀態才會是最好的。溫度太低會太硬，不好整形；溫度太高，整形速度不夠快會升溫。

4 輕輕拍開，鋪半片起司片、奶油乳酪、高熔點乳酪丁、乳酪絲，由上往下收摺麵團，把麵團收摺成長條狀。

5 最後發酵：發酵 40 ～ 50 分鐘（室溫 30℃／濕度 80%）

6 烘烤：篩高筋麵粉，表面割出菱形紋路。送入預熱好的烤箱，上火 270℃ / 下火 240℃，噴蒸氣 5 秒，烤 3 分鐘。再壓一次蒸氣 5 秒，溫度調整至上火 250℃ / 下火 240℃，烤 15 分鐘。調頭再烤 17 分鐘，烤至理想顏色即可出爐。

Theme

17

墨魚
麵團變化

#100.
墨魚長棍

製作數量
6~7個

烘焙筆記

分　　割｜250g
中間發酵｜4℃冷藏，8～24小時
整　　形｜詳本頁
最後發酵｜40～50分鐘
烘　　烤｜上火270℃/下火190℃，蒸氣5秒，3分鐘。
溫度調整上火250℃/下火180℃，再次蒸氣5秒，9分鐘

作法

1 取完成至P.195基本發酵之麵團，首先確認麵團狀態，基本發酵後的麵團是否有原本的1.5～2倍大（如P.195基本發酵後的圖片），若沒有，參照P.195翻麵方法進行翻麵，重整麵筋，再次發酵約15～20分鐘。
★注意P.194作法4要投入墨魚粉。
★翻麵次數取決於麵團狀態，最簡單的判斷方法就是看大小。

2 分割：確認麵團狀態達到我們要的程度後，用切麵刀分割250g，收摺成橢圓形，間距相等放入不沾烤盤。

3 中間發酵：表面與四邊都用袋子妥善蓋住（沒有蓋好表面會風乾），送入4℃冷藏環境中靜置至少8～24小時，最多不能超過48小時。

4 整形：麵團中心點退冰至17℃，參考P.199手法整形成長棍，搓成長65公分，沾生黑芝麻。
★製作冷藏法麵團時，需等麵團退冰至中心溫度17℃，這樣製作出來的麵團狀態才會是最好的。溫度太低會太硬，不好整形；溫度太高，整形速度不夠快會升溫。

5 最後發酵：間距相等放上帆布，用帆布區隔麵團，發酵40～50分鐘（發酵溫度30℃／濕度80%）。

6 烘烤：割3刀，送入預熱好的烤箱，上火270℃/下火190℃，噴蒸氣5秒，烤3分鐘。溫度調整至上火250℃/下火180℃，再壓一次蒸氣5秒，烘烤9分鐘，烤至理想顏色即可出爐。

#101.

墨魚脆皮吐司

製作數量

1~2 條

烘焙筆記

分　　割｜200g（一模 5 顆）

中間發酵｜4℃冷藏，8 ～ 24 小時

整　　形｜詳右頁

最後發酵｜40 ～ 50 分鐘

烘　　烤｜上火 270℃ / 下火 240℃，蒸氣 6 秒，3 分鐘。再次蒸氣 6 秒，17 分鐘。調頭 17 分鐘

1 個 / 所需的材料

- 吐司模：SN2012

1 取完成至 P.195 基本發酵之麵團，首先確認麵團狀態，基本發酵後的麵團是否有原本的 1.5 ～ 2 倍大（如 P.195 基本發酵後的圖片），若沒有，參照 P.195 翻麵方法進行翻麵，重整麵筋，再次發酵約 15 ～ 20 分鐘。

★注意 P.194 作法 4 要投入墨魚粉。

★翻麵次數取決於麵團狀態，最簡單的判斷方法就是看大小。

2 分割：確認麵團狀態達到我們要的程度後，用切麵刀分割 200g，收摺成圓形，間距相等放入不沾烤盤。

3 中間發酵：表面與四邊都用袋子妥善蓋住（沒有蓋好表面會風乾），送入 4℃冷藏環境中靜置至少 8 ～ 24 小時，最多不能超過 48 小時。

4 整形：麵團中心點退冰至 17℃，輕輕拍開，翻面，把一側麵團底部壓薄，由上朝下捲起。

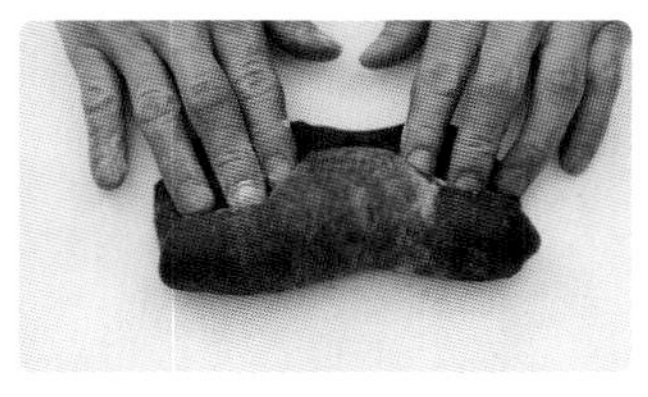

5 再次拍開，翻面（收口處朝上），取一端朝中心收摺，再摺一次收摺成團，雙手托住麵團順時鐘轉 1 圈，把麵團收緊，收摺成團狀。收口處朝下放入吐司模中，一模放 5 個。

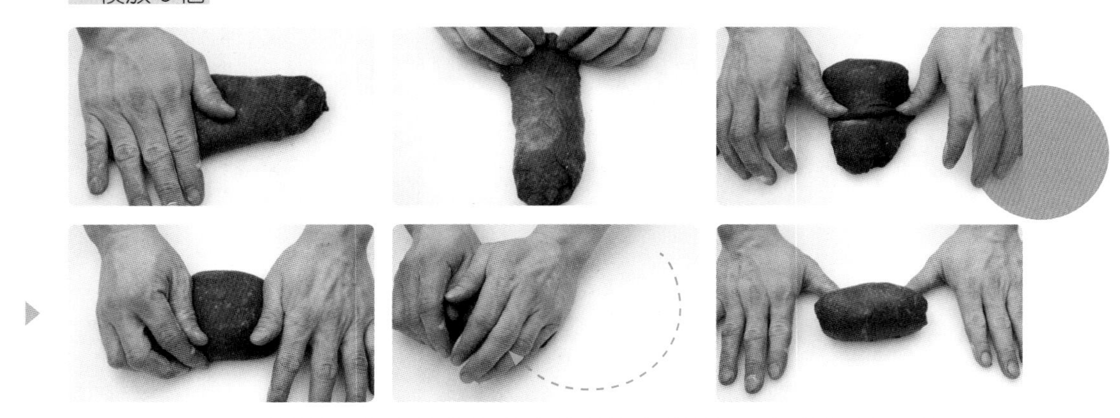

6 最後發酵：發酵 40 ～ 50 分鐘（發酵溫度 33℃／濕度 80%）。

7 烘烤：送入預熱好的烤箱，上火 270℃ / 下火 240℃，噴蒸氣 6 秒，烤 3 分鐘。再壓一次蒸氣 6 秒，烤 17 分鐘。調頭再烤 17 分鐘，烤至理想顏色即可出爐。

烘焙筆記

分　　割 | 300g

中間發酵 | 4℃冷藏，8 ～ 24 小時

整　　形 | 詳右頁

最後發酵 | 40 ～ 50 分鐘

烘　　烤 | 上火 270℃ / 下火 240℃，蒸氣 6 秒，3 分鐘。再次蒸氣 6 秒，17 分鐘。調頭 17 分鐘

1 個 / 所需的材料

- 高熔點乳酪丁 120g
- 吐司模：SN2151

1 取完成至 P.195 基本發酵之麵團，首先確認麵團狀態，基本發酵後的麵團是否有原本的 1.5 ～ 2 倍大（如 P.195 基本發酵後的圖片），若沒有，參照 P.195 翻麵方法進行翻麵，重整麵筋，再次發酵約 15 ～ 20 分鐘。

★注意 P.194 作法 4 要投入墨魚粉。

★翻麵次數取決於麵團狀態，最簡單的判斷方法就是看大小。

2 分割：確認麵團狀態達到我們要的程度後，用切麵刀分割 300g，在表皮還沒有很光滑的時候，雙手指尖扣住麵團，朝後扣向肚腹的位置，此時麵團就會自然收整成適合模具的橢圓團。

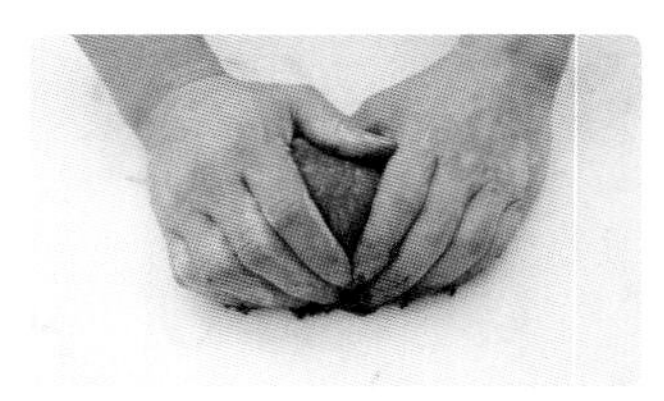
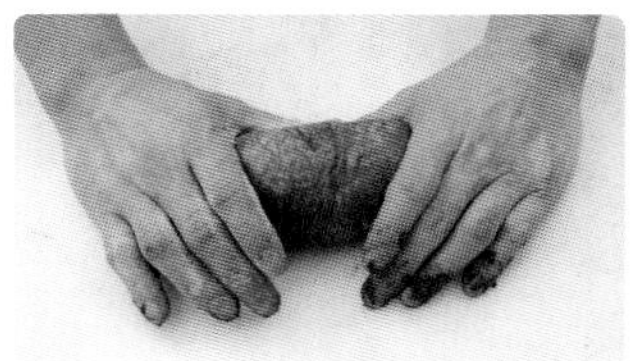
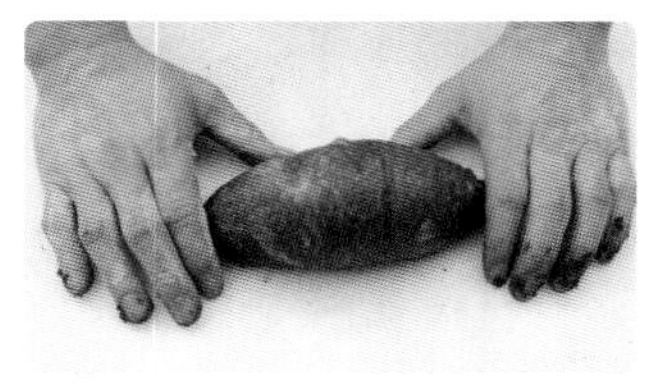

3 中間發酵：表面與四邊都用袋子妥善蓋住（沒有蓋好表面會風乾），送入 4℃冷藏環境中靜置至少 8 ～ 24 小時，最多不能超過 48 小時。

4 整形：麵團中心點退冰至 17℃，輕輕拍開，翻面，把一側麵團底部壓薄，鋪高熔點乳酪丁，由上朝下捲起，收摺成團狀。收口處朝下放入吐司模中，一模放 1 個。

★製作冷藏法麵團時，需等麵團退冰至中心溫度 17℃，這樣製作出來的麵團狀態才會是最好的。溫度太低會太硬，不好整形；溫度太高，整形速度不夠快會升溫。

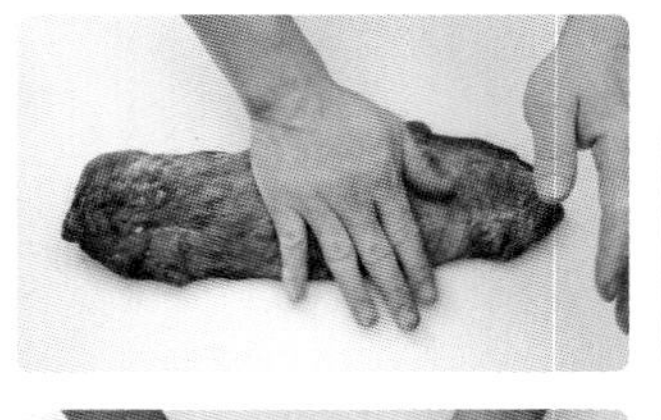
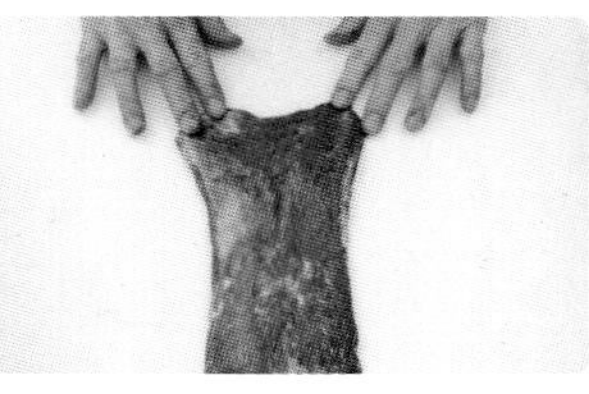
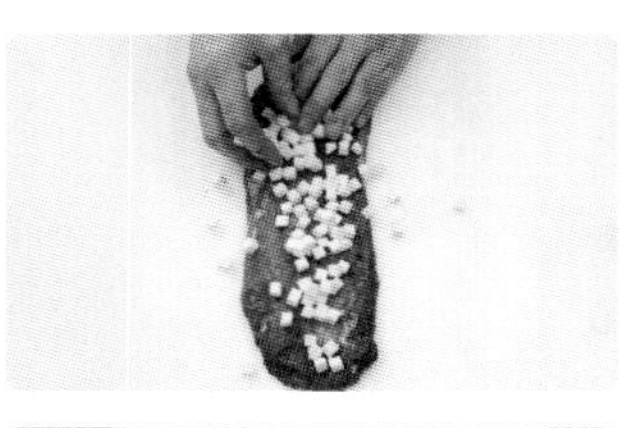

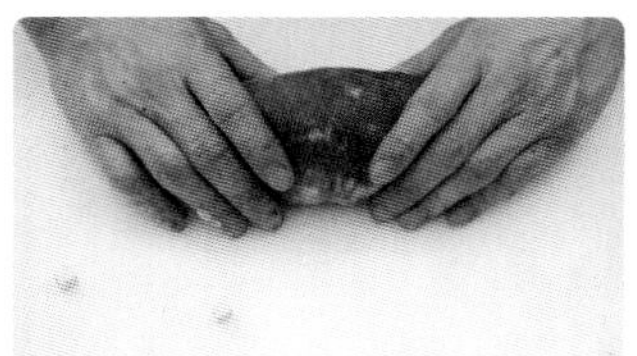
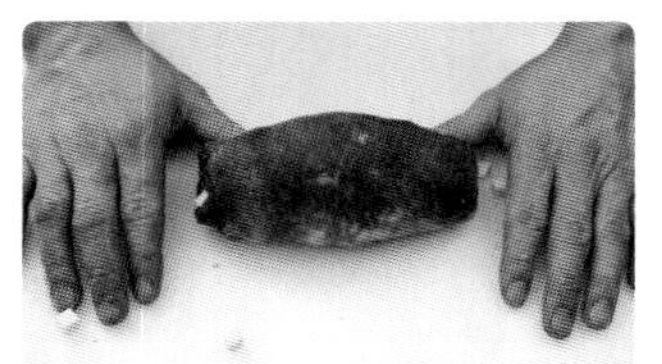

5 最後發酵：發酵 40 ～ 50 分鐘（發酵溫度 33℃／濕度 80%）。

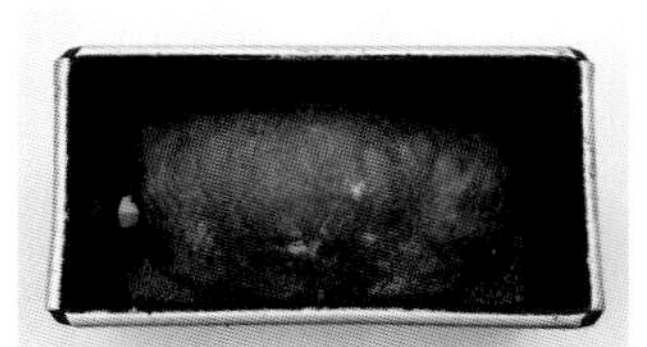

6 烘烤：割 2 刀，送入預熱好的烤箱，上火 270℃ / 下火 240℃，噴蒸氣 6 秒，烤 3 分鐘。再壓一次蒸氣 6 秒，烤 17 分鐘。調頭再烤 17 分鐘，烤至理想顏色即可出爐。

#103.
墨魚培根辮

製作數量
11 條

烘焙筆記

分　　割	50g（3 條一組）
中間發酵	4℃冷藏，8 ～ 24 小時
整　　形	詳右頁
最後發酵	40 ～ 50 分鐘
烘　　烤	上火 270℃ / 下火 240℃，蒸氣 6 秒，3 分鐘。再次蒸氣 6 秒，17 分鐘。調頭 17 分鐘

1 個 / 所需的材料

- 培根 3 條
- 生白芝麻 適量

作法

1 取完成至 P.195 基本發酵之麵團，首先確認麵團狀態，基本發酵後的麵團是否有原本的 1.5 ～ 2 倍大（如 P.195 基本發酵後的圖片），若沒有，參照 P.195 翻麵方法進行翻麵，重整麵筋，再次發酵約 15 ～ 20 分鐘。

★注意 P.194 作法 4 要投入墨魚粉。

★翻麵次數取決於麵團狀態，最簡單的判斷方法就是看大小。

2 分割：確認麵團狀態達到我們要的程度後，用切麵刀分割 50g，滾圓。

3 中間發酵：表面與四邊都用袋子妥善蓋住（沒有蓋好表面會風乾），送入 4℃冷藏環境中靜置至少 8 ～ 24 小時，最多不能超過 48 小時。

4 整形：麵團中心點退冰至 17℃，把麵團左右拉長，再輕輕拍開，翻面，一側麵團底部壓薄，鋪培根，由上朝下收摺成條狀，室溫鬆弛 15 ～ 20 分鐘。

★製作冷藏法麵團時，需等麵團退冰至中心溫度 17℃，這樣製作出來的麵團狀態才會是最好的。溫度太低會太硬，不好整形；溫度太高，整形速度不夠快會升溫。

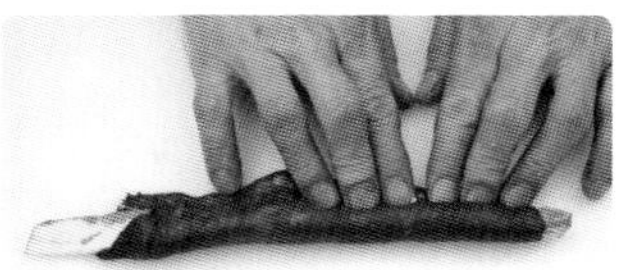

5 搓成長 20 公分，三條為一組打辮子，沾生白芝麻。

6 最後發酵：發酵 40 ～ 50 分鐘（發酵溫度 33℃／濕度 80%）。

7 烘烤：送入預熱好的烤箱，上火 270℃ / 下火 240℃，噴蒸氣 6 秒，烤 3 分鐘。再壓一次蒸氣 6 秒，烤 17 分鐘。調頭再烤 17 分鐘，烤至理想顏色即可出爐。

Theme
18

麵團
配料變化

◎ Note！麵團配料處理

熟核桃

生核桃用上火 150℃ / 下火 0℃烘烤約 20 ～ 25 分鐘，烤成熟核桃，放涼使用。

★本書所始用的核桃都是烤熟的，放涼可以放入密封盒子中，常溫可保存兩個禮拜。

水煮葡萄乾

葡萄乾先裝入鍋子，倒入適量飲用水（水量最少要蓋過葡萄），大火將鍋內煮至水滾後，立刻把水瀝乾。

★切記水滾後一定要馬上關火將水瀝乾，否則煮太久或一直泡在水裡，葡萄乾會吸太多水變得軟爛不方便使用。

★用水煮葡萄乾的好處是能將葡萄乾的雜質趁煮沸時順便過濾掉，一般葡萄乾為了方便分離，都會在葡萄乾裝箱前灑上薄薄的棕櫚油，水煮也能順便將這層棕櫚油去除～

與藜麥攪打

麵團跟藜麥攪打，藜麥預先蒸過，配方就不需調整。

與蔓越莓乾攪打

果乾要避免打到破掉，水果乾會有酸或甜，把果乾打破會影響麵團發酵。

替換粉類攪打

加入抹茶粉跟巧克力粉的話要調整水量，一來比較好散開，二來是這兩個材料的吸水性比較強，如果沒有補水的話，麵團打好的狀態不是我們要的。

◎ Note！變化的 4 大核心

有料的麵包都可以歸類成 4 個類別：「❶揉合；❷包餡；❸抹餡擀捲；❹盛上」。

❶揉合	❷包餡	❸抹餡擀捲	❹盛上
把配料與麵團本身揉合，例如 #107. 法式葡萄包等，就是把果乾類、穀物打到麵團裏。口味粉類我也會歸類在這個類別，像是抹茶麵包、伯爵紅茶麵包。	單純把紅豆餡、芋頭餡、奶酥餡、地瓜餡等等，屬於內餡的材料，用「包」的方式包入麵團裏面，再進行發酵烤焙。	把麵團擀開，餡料用抹的方式抹到麵包裏，再捲起來，一般應用於吐司中。	麵包整形後，把處理好的料放在表面，日本叫做「盛上」，像披薩的餡料就是鋪在上面，讓人看得到的，經典的臺式蔥花麵包也屬於這個類型。

這 4 個手法就是麵包技術的核心，每一款麵包都可以歸類到一個或數個類別中。比如本書的「#103. 墨魚培根辮（P.220 ～ 221）」，麵團本身有與其他配料粉類攪打（墨魚粉），麵包內又包入培根做造型，根據這兩個特點，這個麵包可以被分類到❶揉合＋❷包餡類中。以此類推，所有的麵包都可以用這樣的方式進行系統性歸類。

◎麵團揉合元素表

其他
魩仔魚　剝皮辣椒
蒜頭　新鮮辣椒
櫻花蝦　蝶豆花水
沙茶醬　耐烤巧克力豆

果乾
葡萄乾
蔓越莓乾
藍莓乾
黑櫻桃乾

粉類
米穀粉　可可粉
全麥粉　抹茶粉
裸麥粉　紅茶粉
黑糖粉　黑芝麻粉

穀物乾果
藜麥　黑芝麻
燕麥　白芝麻
胚芽　南瓜籽
芥末籽　葵瓜籽
亞麻籽　小米
核桃

去年旅遊時吃到好吃的剝皮辣椒，回來便研發了剝皮辣椒包；聊天時朋友提到他非常喜歡沙茶醬，店裡就誕生了「沙茶麵包」。偶然遇見它們，材料本身帶給我靈感，帶給我啟發。不侷限想像力也不侷限於素材，才誕生了這些麵包。

簡單歸類這個表格，慢慢把你所喜歡的、所遇見的「變化麵團配料」都列入，久而久之你也會有一個豐富的靈感庫。

#104. 幸運草蜂蜜核桃包

烘焙筆記

分　割｜80g
中間發酵｜4℃冷藏，8 ～ 24 小時
整　形｜詳右頁
最後發酵｜40 ～ 50 分鐘
烘　烤｜上火 250℃ / 下火 180℃，蒸氣 5 秒，13 分鐘

1 個 / 所需的材料

- 蜂蜜 適量

作法

1 參照 P.196「★麵團與配料拌合的方法」將麵團與熟核桃 432g 拌勻，完成至基本發酵完畢。需確認麵團狀態，基本發酵後的麵團是否有原本的 1.5 ～ 2 倍大（如 P.195 基本發酵後的圖片），若沒有，參照 P.195 翻麵方法進行翻麵，重整麵筋，再次發酵約 15 ～ 20 分鐘。

★翻麵次數取決於麵團狀態，最簡單的判斷方法就是看大小。

★配料比例是白麵團 1000g：熟核桃 250g。

2 分割→中間發酵：確認麵團狀態達到我們要的程度後，用切麵刀分割 80g，滾圓，間距相等放入不沾烤盤。表面與四邊都用袋子妥善蓋住（沒有蓋好表面會風乾），送入 4℃冷藏環境中靜置至少 8 ～ 24 小時，最多不能超過 48 小時。

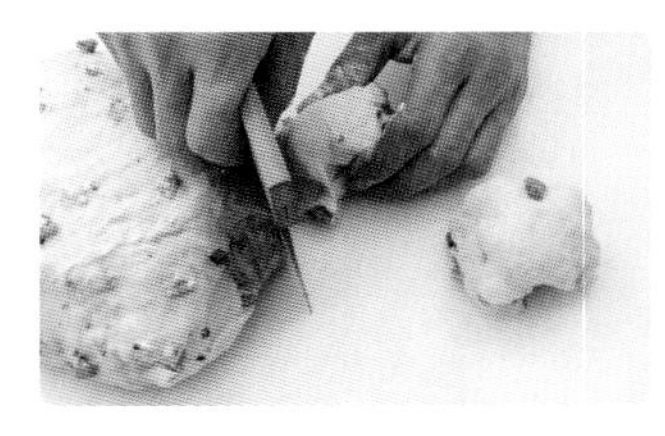
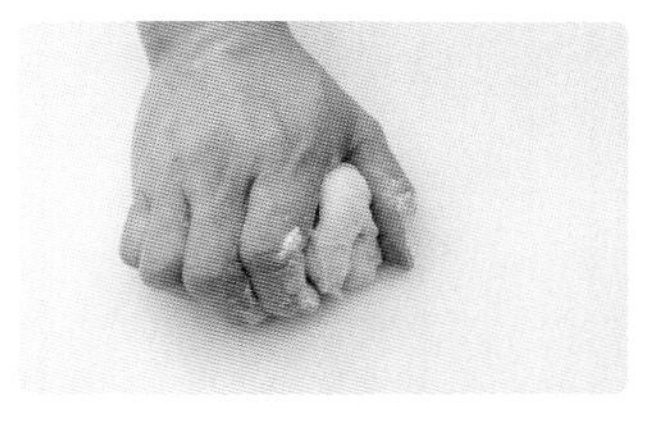

3 整形：麵團中心點退冰至 17℃，再開始整形。

★製作冷藏法麵團時，需等麵團退冰至中心溫度 17℃，這樣製作出來的麵團狀態才會是最好的。溫度太低會太硬，不好整形；溫度太高，整形速度不夠快會升溫。

4 重新滾圓底部捏緊，收口處朝下放置，輕輕拍開，切 4 刀。

5 最後發酵：發酵 40 ～ 50 分鐘（發酵溫度 30℃／濕度 80%）。

6 烘烤：表面刷適量蜂蜜，送入預熱好的烤箱，上火 250℃ / 下火 180℃，噴蒸氣 5 秒，烘烤 13 分鐘，烤至理想顏色即可出爐。

烘焙筆記

分　　割｜45g
中間發酵｜4℃冷藏，8 ～ 24 小時
整　　形｜詳右頁
最後發酵｜40 ～ 50 分鐘
烘　　烤｜上火 260℃ / 下火 200℃，蒸氣 5 秒，3 分鐘。再次蒸氣 5 秒，10 ～ 13 分鐘

1 個 / 所需的材料

- 奶油乳酪 25g
- 高筋麵粉 適量

作法

1 參照 P.196「★麵團與配料拌合的方法」將麵團與蔓越莓乾 173g、熟核桃 173g 拌勻，完成至基本發酵完畢。需確認麵團狀態，基本發酵後的麵團是否有原本的 1.5 ～ 2 倍大（如 P.195 基本發酵後的圖片），若沒有，參照 P.195 翻麵方法進行翻麵，重整麵筋，再次發酵約 15 ～ 20 分鐘。

★翻麵次數取決於麵團狀態，最簡單的判斷方法就是看大小。

★配料比例是白麵團 1000g：蔓越莓乾 100g：熟核桃 100g。

2 分割→中間發酵：確認麵團狀態達到我們要的程度後，用切麵刀分割 45g，滾圓，間距相等放入不沾烤盤。表面與四邊都用袋子妥善蓋住（沒有蓋好表面會風乾），送入 4℃冷藏環境中靜置至少 8 ～ 24 小時，最多不能超過 48 小時。

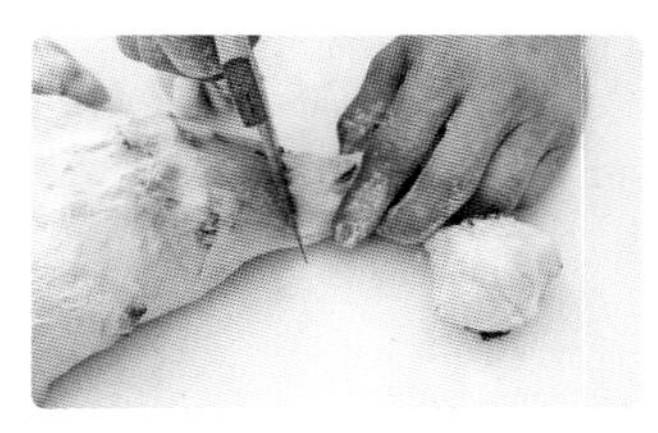

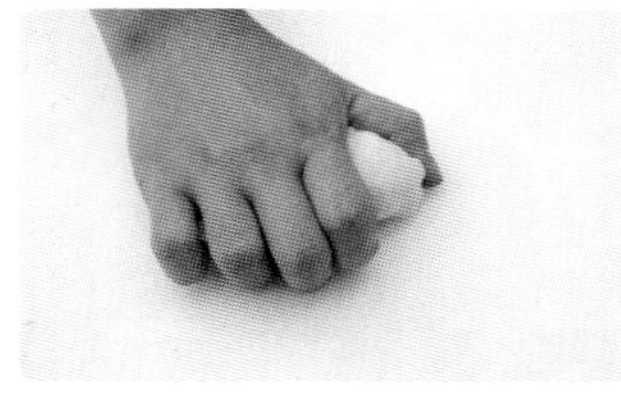

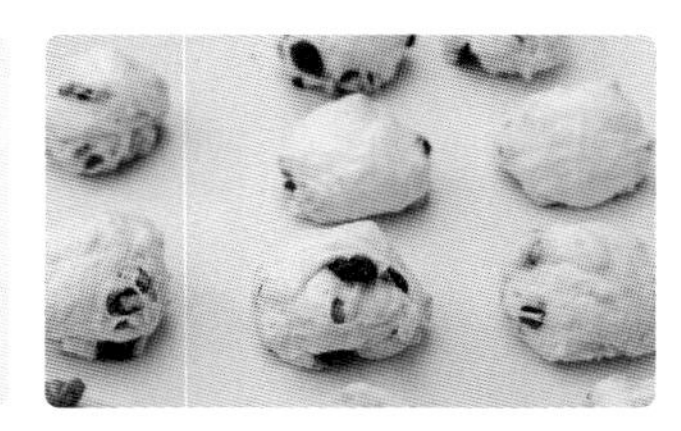

3 整形：麵團中心點退冰至 17℃，再開始整形。

★製作冷藏法麵團時，需等麵團退冰至中心溫度 17℃，這樣製作出來的麵團狀態才會是最好的。溫度太低會太硬，不好整形；溫度太高，整形速度不夠快會升溫。

4 輕輕拍開，包入奶油乳酪收口成圓形，沾高筋麵粉。

5 最後發酵：發酵 40 ～ 50 分鐘（發酵溫度 30℃／濕度 80%）。

6 烘烤：剪十字，送入預熱好的烤箱，上火 260℃ / 下火 200℃，噴蒸氣 5 秒，烤 3 分鐘。再壓一次蒸氣 5 秒，烤 10 ～ 13 分鐘。

#106.
剝皮辣椒橄欖包

製作數量 13個

烘焙筆記

分　割｜150g
中間發酵｜4℃冷藏，8～24小時
整　形｜詳右頁
最後發酵｜40～50分鐘
烘　烤｜上火270℃／下火200℃，蒸氣5秒，3分鐘。再次蒸氣5秒，12分鐘

1個／所需的材料

- 橄欖油 適量
- 高筋麵粉 適量

作法

1 參照P.196「★麵團與配料拌合的方法」將麵團與剝皮辣椒碎345g拌勻，完成至基本發酵完畢。需確認麵團狀態，基本發酵後的麵團是否有原本的1.5～2倍大（如P.195基本發酵後的圖片），若沒有，參照P.195翻麵方法進行翻麵，重整麵筋，再次發酵約15～20分鐘。

★翻麵次數取決於麵團狀態，最簡單的判斷方法就是看大小。

★配料比例是白麵團1000g：剝皮辣椒碎200g。

★剝皮辣椒是有水分的產品，不需要瀝的很乾，保留原味，希望味道重一點也可以把部分配方水換成醃剝皮辣椒的水。

2 分割→中間發酵：確認麵團狀態達到我們要的程度後，用切麵刀分割 150g，滾圓，間距相等放入不沾烤盤。表面與四邊都用袋子妥善蓋住（沒有蓋好表面會風乾），送入 4℃冷藏環境中靜置至少 8 ～ 24 小時，最多不能超過 48 小時。

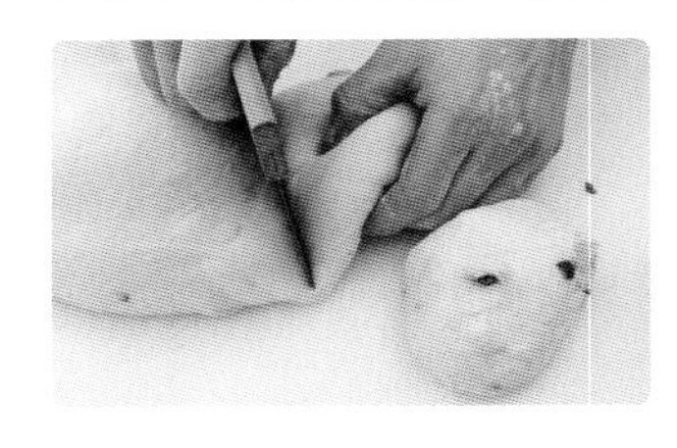
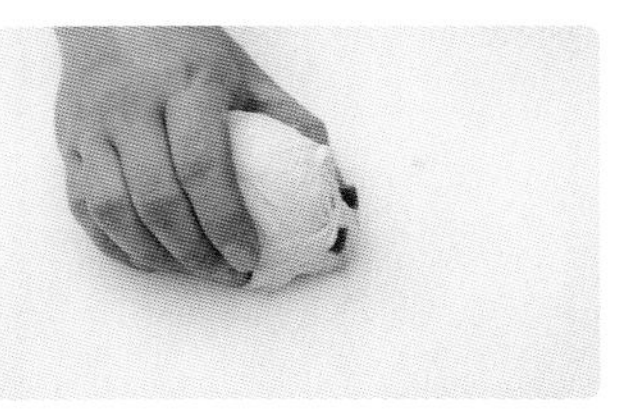

3 整形：麵團中心點退冰至 17℃，再開始整形。

★製作冷藏法麵團時，需等麵團退冰至中心溫度 17℃，這樣製作出來的麵團狀態才會是最好的。溫度太低會太硬，不好整形；溫度太高，整形速度不夠快會升溫。

4 輕輕拍開成 20 公分長片，翻面，把一側麵團底部壓薄，壓薄處刷一點點橄欖油，由上朝下捲起，收口處朝下放上篩滿高筋麵粉的帆布。

★因為有刷橄欖油，發酵的時候收口處置於底部，被麵團稍微壓住，發酵時就不會與麵皮分離（只要有刷油就不會黏住）。

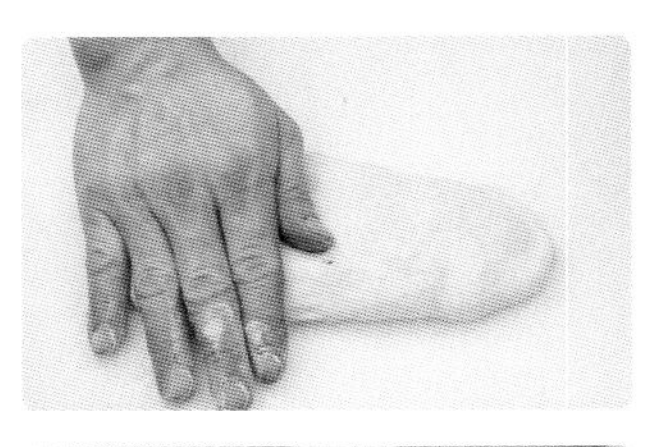
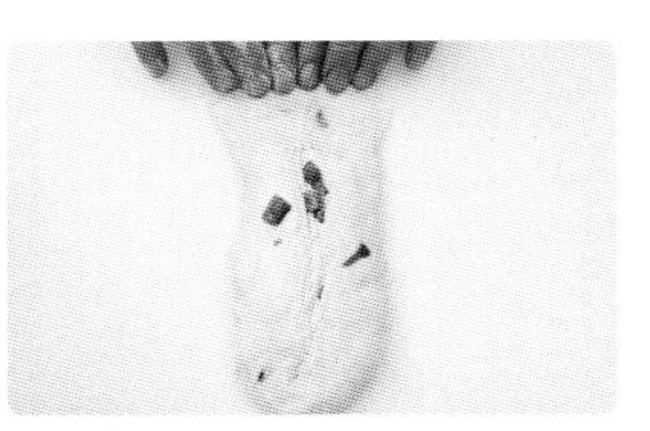
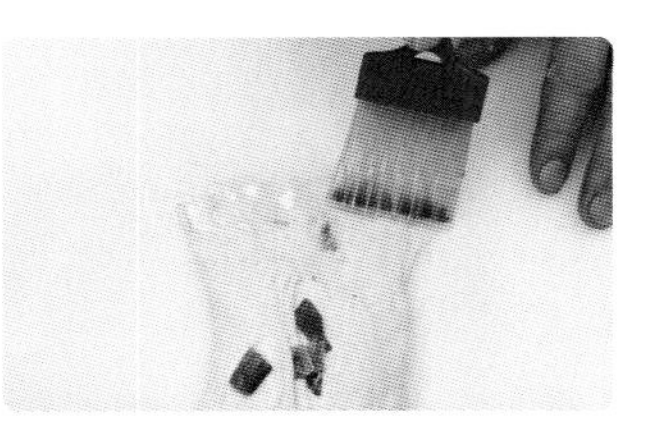
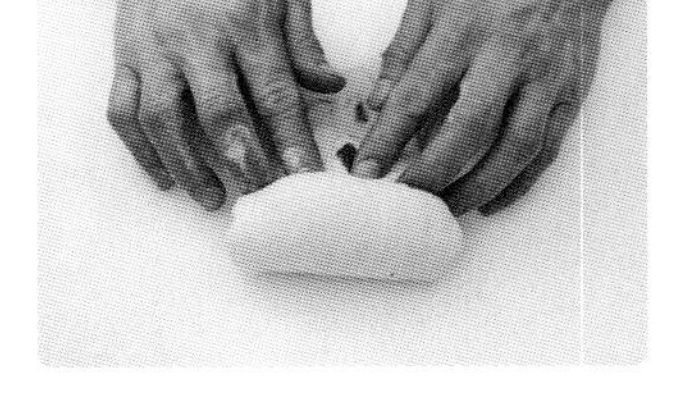
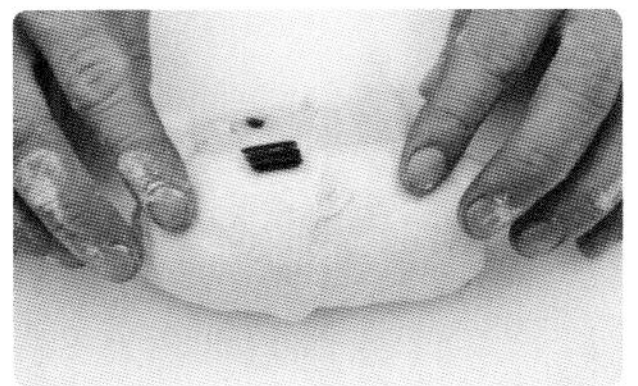

5 最後發酵：發酵 40 ～ 50 分鐘（發酵溫度 30℃／濕度 80%）。

6 烘烤：收口處朝上，送入預熱好的烤箱，上火 270℃ / 下火 200℃，噴蒸氣 5 秒，烤 3 分鐘。再壓一次蒸氣 5 秒，烤 12 分鐘。

107.
法式葡萄包

烘焙筆記

分　割	葡萄主麵團 500g；白麵團 150g
中間發酵	4℃冷藏，8 ～ 24 小時
整　形	詳右頁
最後發酵	40 ～ 50 分鐘
烘　烤	上火 270℃ / 下火 200℃，蒸氣 7 秒，3 分鐘。 溫度調整上火 250℃ / 下火 180℃，16 ～ 18 分鐘

製作數量 2 個

作法

1 參照 P.196「★麵團與配料拌合的方法」取 1150g 白麵團與水煮葡萄乾 345g 拌勻（此為主麵團）。另外留 300g 白麵團（此為外皮）。兩個麵團皆完成至基本發酵完畢。需確認麵團狀態，基本發酵後的麵團是否有原本的 1.5 ～ 2 倍大（如 P.195 基本發酵後的圖片），若沒有，參照 P.195 翻麵方法進行翻麵，重整麵筋，再次發酵約 15 ～ 20 分鐘。

★翻麵次數取決於麵團狀態，最簡單的判斷方法就是看大小。

★葡萄配料比是白麵團 1000g：水煮葡萄乾 300g。

2 分割→中間發酵：確認麵團狀態達到我們要的程度後，葡萄主麵團用切麵刀分割 500g，收整成長條；白麵團分割 150g，滾圓。兩種麵團間距相等放入不沾烤盤。表面與四邊都用袋子妥善蓋住（沒有蓋好表面會風乾），送入 4℃冷藏環境中靜置至少 8 ～ 24 小時，最多不能超過 48 小時。

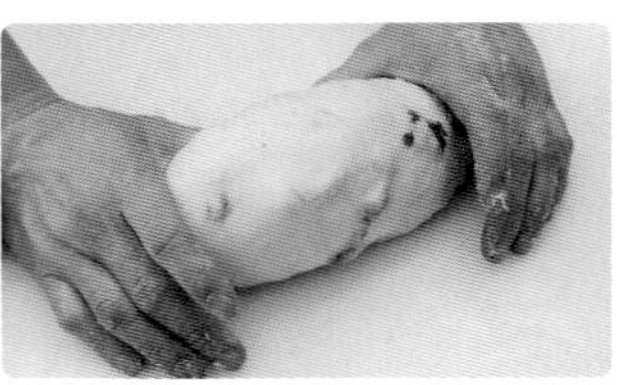
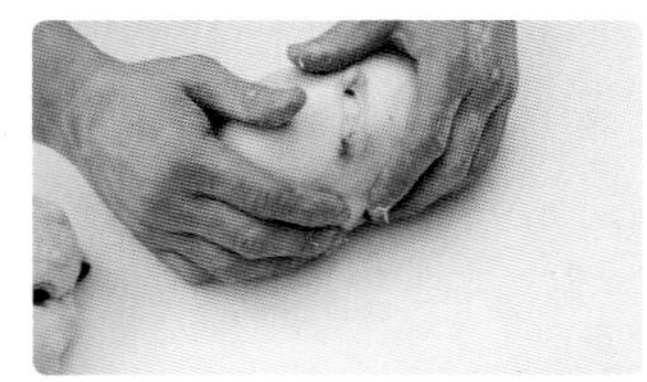

3 整形：麵團中心點退冰至 17℃，再開始整形。

★製作冷藏法麵團時，需等麵團退冰至中心溫度 17℃，這樣製作出來的麵團狀態才會是最好的。溫度太低會太硬，不好整形；溫度太高，整形速度不夠快會升溫。

4 主麵團輕輕拍開，翻面，把一側麵團底部壓薄，由上朝下捲起。

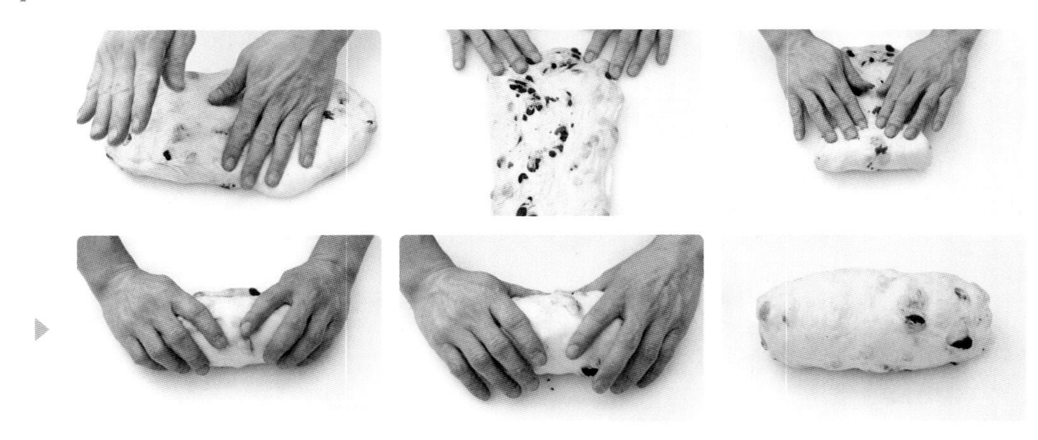

5 外皮麵團擀開成片狀，拉成正方形，四端邊緣都壓薄。

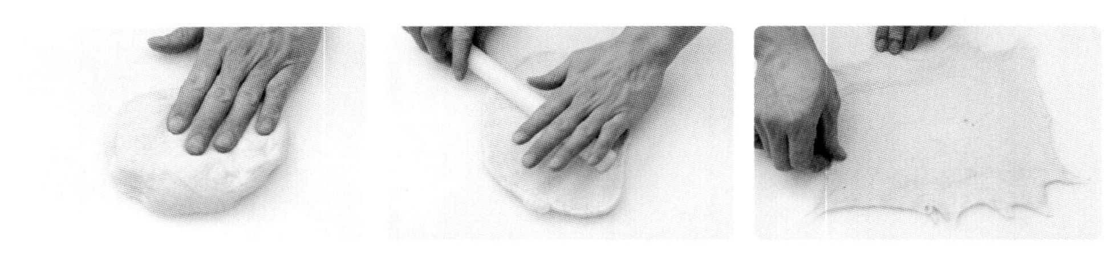

6 放上主麵團，按照下上左右的順序把外皮麵團朝中心收摺。

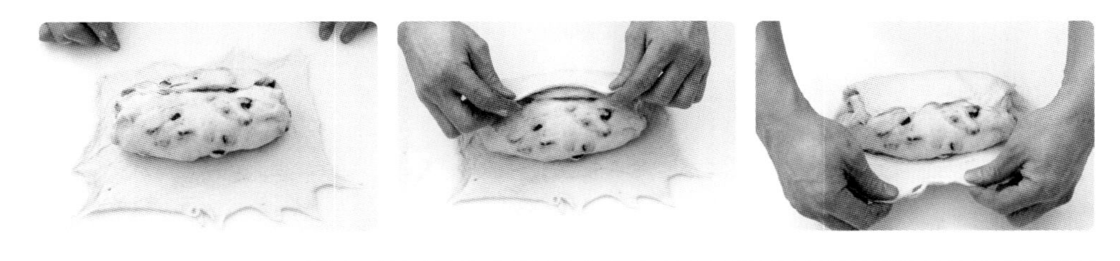

7 最後發酵：發酵 40 ～ 50 分鐘（發酵溫度 30℃／濕度 80%）。

8 烘烤：割 2 刀，收口處朝上，送入預熱好的烤箱，上火 270℃ / 下火 200℃，噴蒸氣 7 秒，烤 3 分鐘。溫度調整至上火 250℃ / 下火 180℃，烘烤 16 ～ 18 分鐘，烤至理想顏色即可出爐。

E

中種法：
羅宋麵包

Russian Bread

◎羅宋是一款「用好的奶油」決勝負的麵包

羅宋算很古早的麵包，是我在做學徒的時候就有的麵包，它是一款「用好的奶油」決勝負的麵包。這邊說的奶油並非與麵團攪打的奶油，烘烤階段會再擠奶油烤，此處指的是那個步驟的奶油。我有特別試過，學徒時期都是使用無水奶油，是比較好的奶油，後來我想探索更多不同的風味，第一個就想到要用發酵奶油製作，不用無鹽奶油的理由是，它的風味沒有無水奶油好，所以才直接跳過。

發酵奶油製作的羅宋會有一個發酵香氣，搭配這種有壓延過的麵包，說實話，因為有吃過用傳統無水奶油做的羅宋，心裡有一個底是「基本要呈現的風味」，覺得最後還是無水奶油比較適合，用發酵奶油製作的羅宋沒有不好，但沒有特別出色就是它的問題。

那可以替換成液態油脂嗎？當然可以，但差異最明顯也是在風味。我自己有用過椰子油，但真的覺得，可能奶油的保濕度、濕潤度、風味性等各方面真的比較好。椰子油如果是初榨的那種，非常影響風味，因為它真的很清爽，之前有吃過一個用椰子油做的蔥花麵包，說實話，其實不太好吃 ...... 就是你吃的時候會覺得，嗯？這是蔥花麵包嗎？心裡會有這樣的疑問。現在大家都會希望要健康，可是真的甚麼都用健康的標準去做，美食就無滋無味了，只能說是一個取捨吧，家庭製作的人如果希望健康，替換初榨椰子油是可以的，希望好吃、想吃到傳統古早味，還是要用無水奶油。

羅宋其實不是口感上有巨大的差異，是風味。麵團會過壓延機，口感會很細緻，它會很像饅頭口感，有興趣的人可以羅宋、饅頭各買一個，切開看剖面，會發現它們的切面非常類似。決戰風味的關鍵在烘烤前奶油會再次擠上麵團，入爐後奶油完全融化，跟底盤一起受熱，被麵包體吸收，所以「油」的味道才會很明顯決定勝負。油的品質如果不好，烤好之後就會有油耗味，發酵奶油是奶油的味道很重，吃到後面會有點膩，無水反而不會。

★Basic! 羅宋的基礎製法

烘焙筆記

中種攪拌	L1 → M3 ～ 5
中種終溫	24℃
中種基發	90 分鐘
主麵團攪拌	L2 ～ 3
下粉類	L3 → M4 ～ 5
下奶油	L3 → M3 ～ 5
主麵團終溫	26 ～ 27℃
分割	160g
整形鬆弛	請參閱 P.237 製作
最後發酵	40 ～ 60 分鐘
烘烤	上火 240℃ / 下火 150℃，10 分鐘。調頭再烤 10 分鐘

奶粉有分全脂、脫脂。脫脂奶粉做出來吸水力較好，保濕度較好；全脂奶粉成品較香，推薦的全脂含量是 26 ～ 28%。

中種麵團	(%)	（公克）
日本強力粉	35.7	1000
上白糖	3.6	100
高糖酵母	0.4	10
全蛋	7.1	200
鮮奶	17.9	500
合計	64.6	1810

主麵團	(%)	（公克）
上白糖	25	700
岩鹽	1.1	30
奶粉	3.6	100
全蛋液（8 ～ 10℃）	7.1	200
高糖酵母	0.7	20
日本強力粉	42.9	1200
薄力粉	21.4	600
起司粉	1.8	50
無鹽奶油（16 ～ 20℃）	8.9	250
總配方合計	177.1	4960

作法

1 中種攪拌：攪拌缸依序加入所有材料（酵母跟糖不可放同一邊，要錯開），低速攪打 1 分鐘，過程會逐漸收縮，慢慢成團。

2 麵團會從原本分散的材料狀，漸漸成團，轉中速，將麵團攪拌至擴展階段即完成起種攪打，麵團終溫 24℃。取一些判斷麵團狀態，確認酵母有沒有融化、材料有沒有混合均勻？這個麵團筋性頗強，斷口處會有很強的撕裂感，手感會稍微有 Q 度。

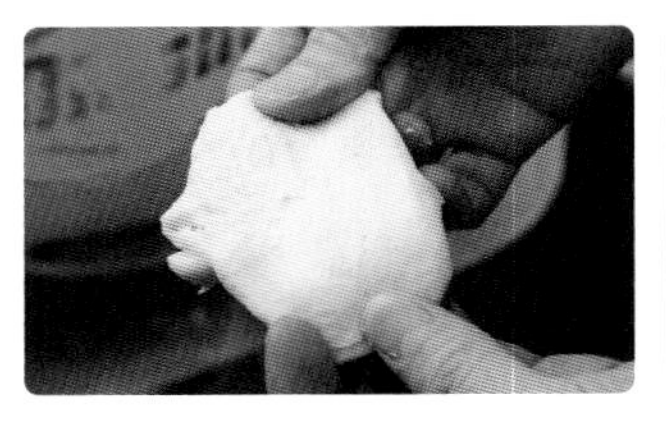

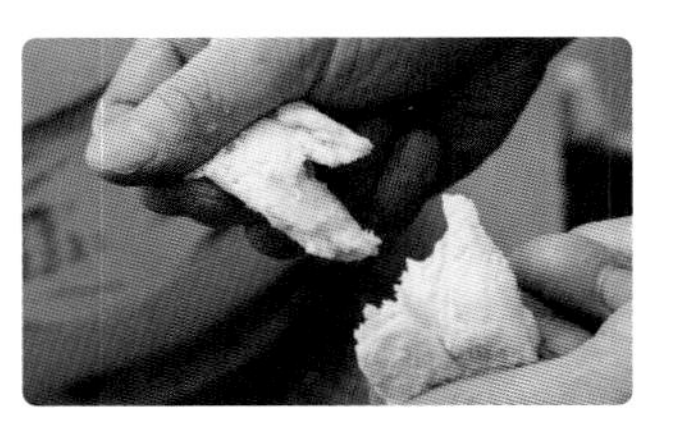

3 中種基發：中種麵團發酵 90 分鐘（發酵溫度 33℃／濕度 78 ～ 80%）。發到 1.5 ～ 2 倍大。

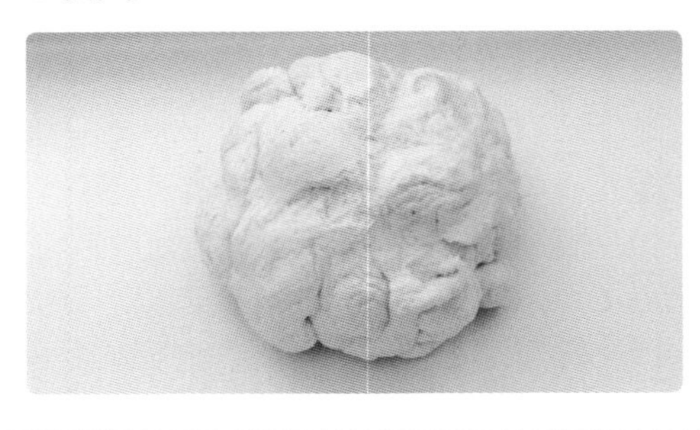

4 主麵團攪拌：攪拌缸加入全部材料（除了無鹽奶油、日本強力粉、薄力粉），先低速攪拌 2 ～ 3 分鐘，攪拌至糖稍微溶解、沒有全部溶解之狀態（即本作法最後一張圖）。

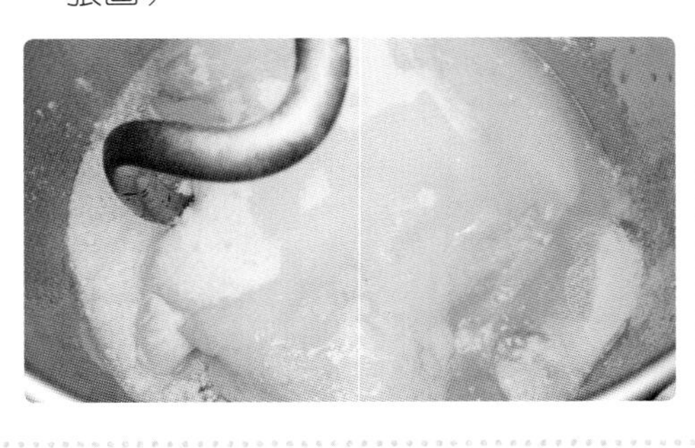
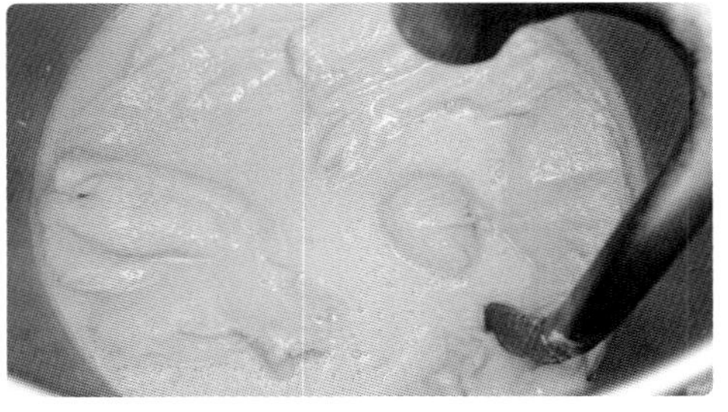

5 下日本強力粉、薄力粉低速 3 分鐘，讓材料大致均勻成團，粉才不會噴濺。轉中速 4 ～ 5 分鐘打到 5 ～ 6 分筋度，拉麵筋的時候會有一點點拉力，但稍微用力就斷了，破口會直接斷裂、呈粗糙狀。

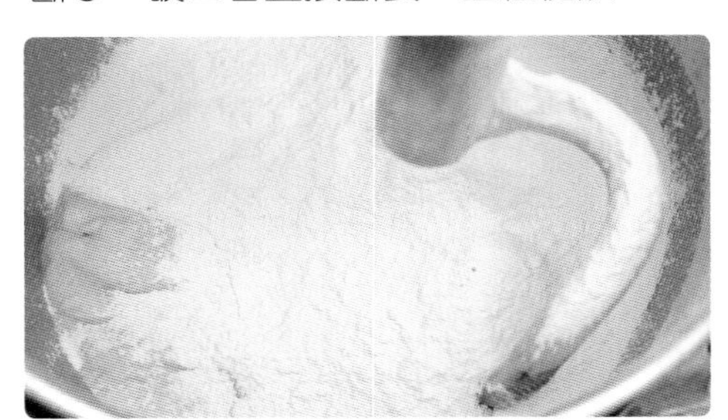

6 下無鹽奶油，低速攪打 3 分鐘，讓奶油融合進麵團裏，打到材料乳化得差不多了，麵團吸收奶油後，轉中速打到接近擴展、但還沒擴展的狀態，麵團終溫 26 ～ 27℃。

★不能打到擴展，因為還會使用壓麵機，這個麵團是有筋性的，需要透過後續的反覆摺疊讓它出現筋度跟光滑度。

★對臺灣人來說它是硬麵團，不會像甜麵包或者是吐司可以拉薄膜，它的判斷方法要使用壓麵機後再觀察表面，如果家裡沒有壓麵機，可以用手擀的方式操作，反覆的擀、摺疊、擀、摺疊，操作到變成光滑的一個面的時候，就完成了。

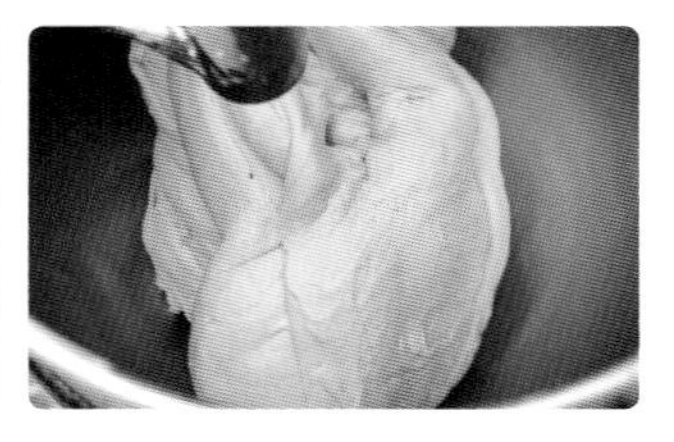

7 羅宋是硬麵團，打好的麵團摸起來會比一般麵包硬一點點，判斷筋度的部分，因為他本身夠硬，所以我們在延展、拉扯麵團的時候，可以感覺到更強烈的筋性，手感很緊，一般麵包還會有一點彈性，但這款幾乎沒有，如果你拉，它斷筋就會很明顯「啪」的一聲斷開，因此它的判斷方法跟一般麵包不太一樣。把麵團送入壓麵機反覆壓延，如何判斷壓延好了？完成的麵團表面光滑細緻，手感會變軟，變軟才有操作性（見本作法最後一張圖）。

★羅宋的壓延只是為了讓組織更細緻，表面變得光滑，麵包就會呈現很綿密、很綿密的口感。沒有油的壓延是不會有層次的，不會像可頌一樣有層層疊疊的層次。

★羅宋為什麼要過壓麵機？為何不直接打到完全擴展？因為用壓麵機跟用打的會呈現完全不同的效果。打的話會出筋，麵團筋度會變強；壓麵機是用反覆擠壓的動作把麵團內的空氣全部排掉，讓麵團組織變得細緻。好比我們吃那種傳統菲律賓麵包，它口感很細很細，就是因為用了壓麵機。麵團攪打形成網狀結構的同時，空氣也會打到裏面去，用壓麵機比較不會產生過多空氣在麵團裏，組織比較緊實細膩，發酵出來相對組織也會比較好、比較綿。

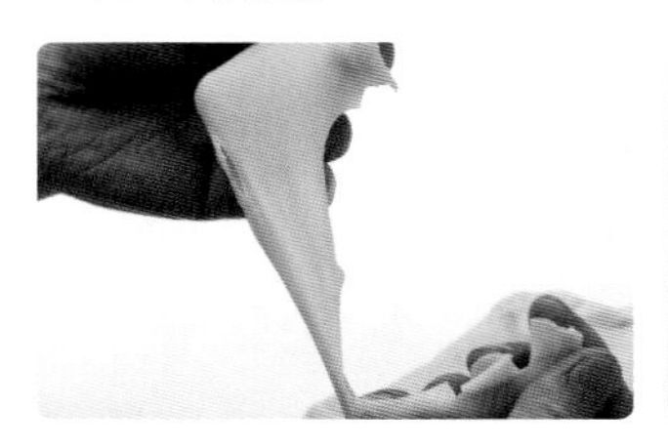
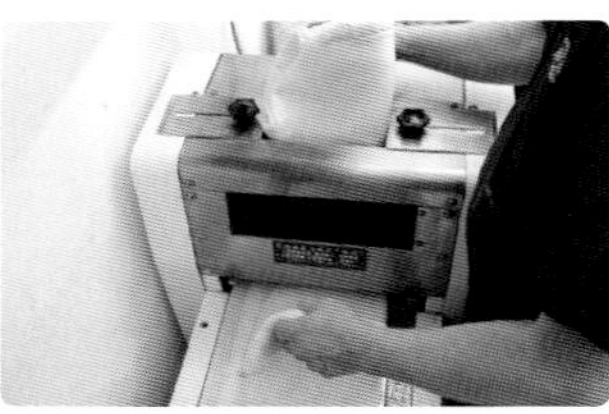
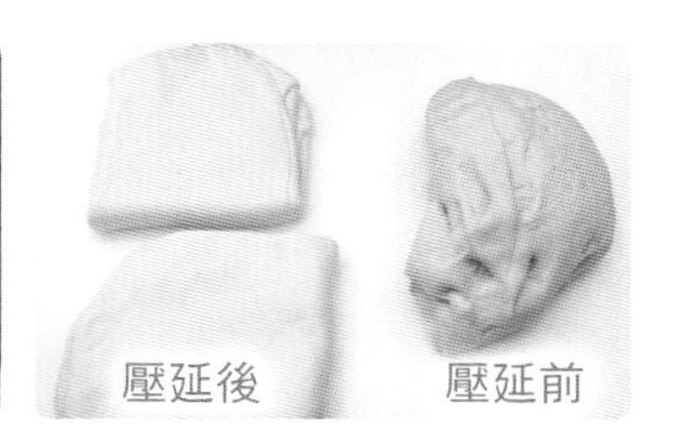

8 分割：切麵刀分割 160g，搓成細長的水滴狀。冷藏鬆弛約 15 ～ 20 分鐘。

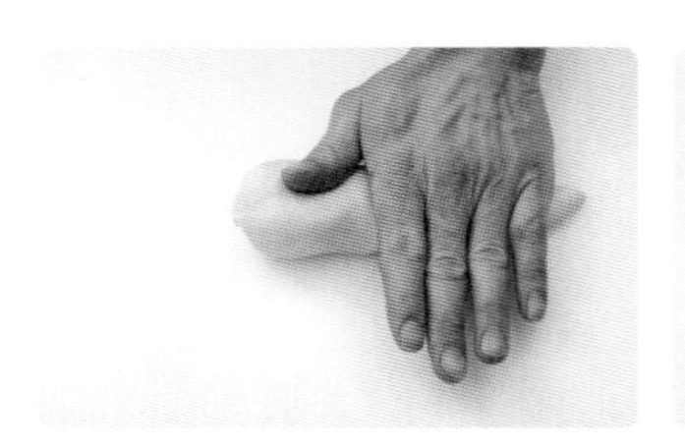
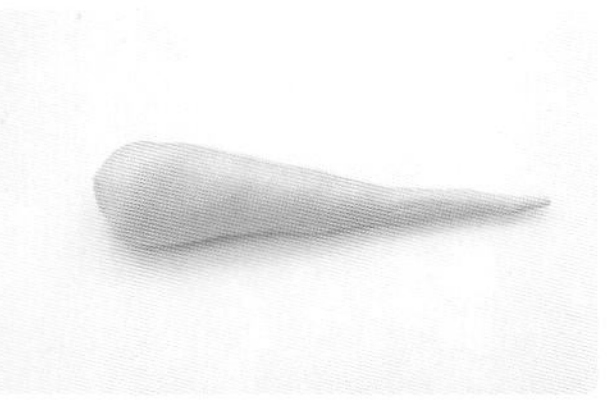
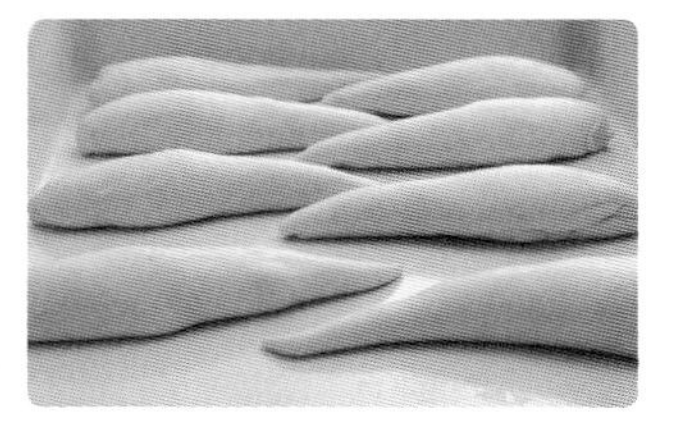

9 整形鬆弛：麵團擀成扁平狀的麵團，冷藏鬆弛約 15 ～ 20 分鐘。時間到取出，再擀更薄的三角狀，從寬面部分捲起，捲到 2/3 處邊捲邊拉，把底部麵團拉長，邊拉長邊捲緊，形成一個很像可頌麵團的形狀。

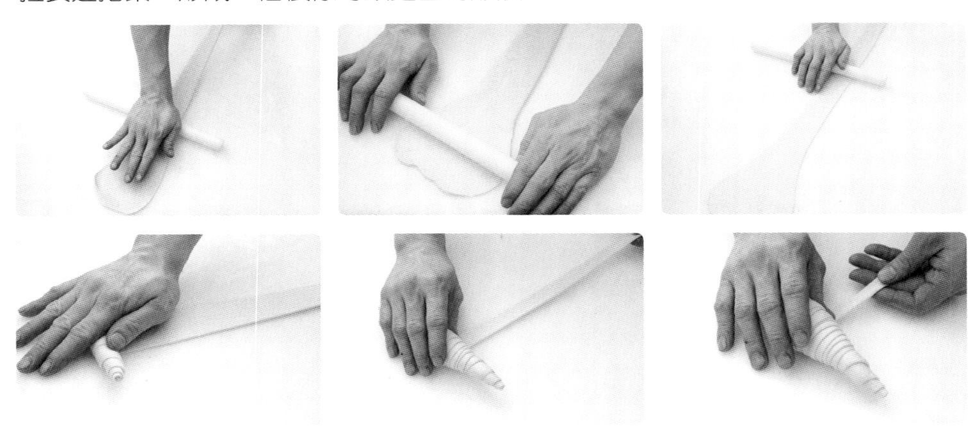

10 最後發酵：發酵 40 ～ 60 分鐘（發酵溫度 30℃／濕度 80%），約莫會比發酵前大 1.5 倍左右。

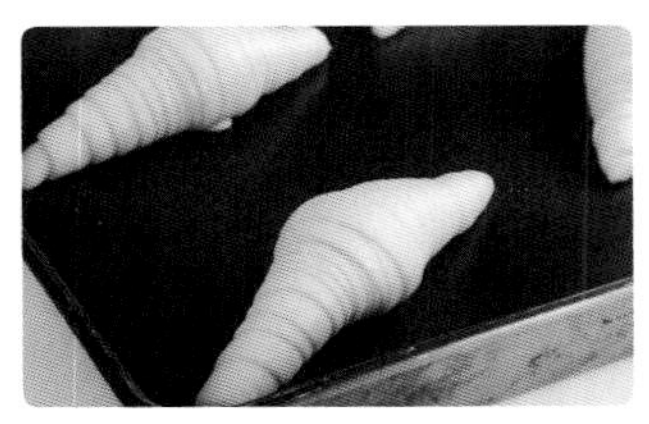

11 烘烤：麵包割刀在麵團中間劃深深 1 刀，每個麵團中心擠 20g 無水奶油（配方外），送入預熱好的烤箱，上火 240℃ / 下火 150℃，烘烤 10 分鐘。調頭再烤 10 分鐘，烤至理想顏色即可出爐。

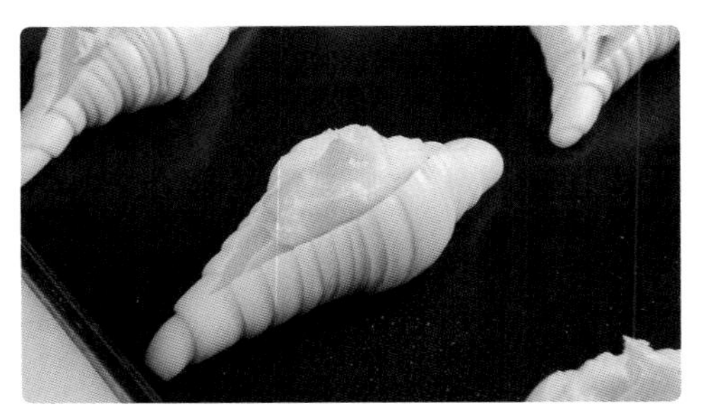

明太子醬

材料	公克
明太子	100
美乃滋	50
無鹽奶油	50
新鮮檸檬汁	10
白胡椒粉	10

作法

1. 無鹽奶油室溫軟化，軟化至手指按壓可留下指痕之程度。
2. 所有材料全部拌勻即可，放入保鮮盒中冷藏保存備用。

#108.
蒜香羅宋

表面刷上適量經典臺式大蒜奶油醬（P.181）、撒岩鹽即完成。

#109.
明太子羅宋

將烤好的羅宋抹上明太子醬（P.237）、少許生黑芝麻，以上火 200℃ / 下火 0℃回烤約 3 分鐘即完成。

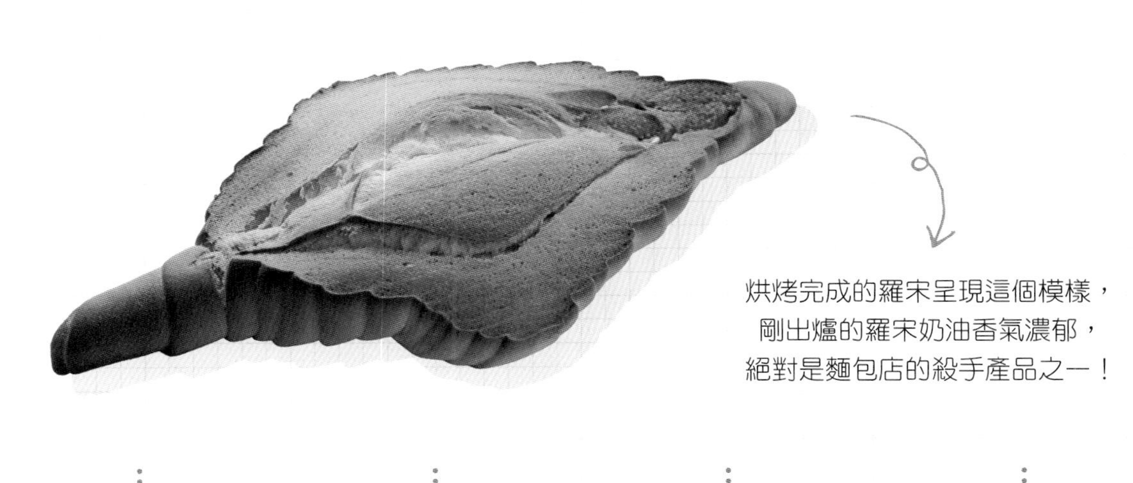

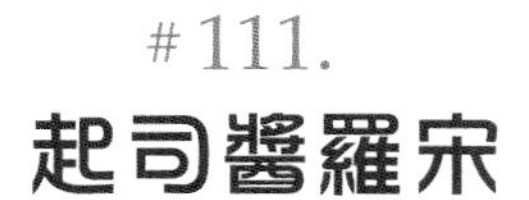

烘烤完成的羅宋呈現這個模樣，
剛出爐的羅宋奶油香氣濃郁，
絕對是麵包店的殺手產品之一！

#110.
松露羅宋

將烤好的羅宋抹上市售松露醬，以上火 200℃ / 下火 0℃回烤約 3 分鐘即完成。

#111.
起司醬羅宋

將烤好的羅宋抹上高鈣醬（P.178），以上火 200℃ / 下火 0℃回烤約 3 分鐘即完成。

Part 2、麵包師雜談

只要能記得身體的動作、下擀麵棍的力道、將麵團捲起包入餡料的感覺，
盡量讓每次的動作相同，就能得到一致性相當高的產品。

堅持手做，同時也要求像機器生產般的一致性，
我相信這絕對是成為職人的標準條件之一。

◎鍾愛岩鹽有一些小小的理由

因為岩鹽是從富含礦物質的岩層取下來的，礦物質含量高，吃起來不會那麼死鹹，會甘甜甘甜的這樣，所以我大部分最常使用的是岩鹽。

◎麵粉蛋白質高跟低，對做吐司有什麼影響？

我個人覺得，蛋白質 13% 以上那種超強力的，嚼勁很強彈性很好；蛋白質 12% 多的話，口感主要體現在 Q 彈；蛋白質 11 ～ 12% 則是斷口性較好。

原則上我會看想要怎樣的口感，去調整粉類配置，比如我今天想要這個麵包它有彈性與斷口性，那我可能會把強力粉配吐司粉，讓口感兩者兼得。

◎今天麵團如果是想做茶口味的，比如伯爵阿，煎茶、抹茶等等，有什麼訣竅嗎？

前提是「粉」要即溶，有些溶解能力沒有這麼好，茶粉可能會結粒，吃的時候吃到一塊沒有攪打均勻的茶粉，效果不會這麼好。有些茶本身會有苦味，比如抹茶，這點也需要特別注意，我的建議是在加入配方前，可以先少量與水調製，淺嚐一兩口再決定配方。

目前來說我個人最推薦的是伯爵茶，烘焙用伯爵茶粉攪打起來均質，香氣也不會在烘烤後消逝，麵包會呈現迷人的茶香風味。

◎攪打時的小習慣

很多人製作習慣是液體一次全下，但我自己會把液體分開下。

天氣會影響麵粉的吸水性，在下液態的階段我會站在旁邊觀察缸內狀態，如果今天吸水性比較好，我就不會把全部的液態下完；如果吸水性較差，除了配方內的液態外，我會再少量補一點，簡單來說會根據每天的麵團狀態微調用量，日復一日，天天皆如此。

◎起缸時的小習慣，麵團不用「粉」防止沾黏

大部分麵團出缸時都沾粉（偶爾也沾油），但我起缸基本上都是沾極少量水，這是我跟日本師傅學的小技巧，有時候為了防沾黏粉會不小心撒太多，這些粉可能會結粒，用油的話又怕不小心太油，這兩個都會影響麵團口感，以水為介質的話，只用一點點水其實麵團不會吸收，麵團是最不怕水的。

所以基本上我打所有的麵團（甜麵團、歐式麵團等），起缸時我都是用水輔助，這是有別於其他間店的小技巧。

◎起缸時麵團溫度太高、太低的解決辦法

溫度太低我會把麵團放發酵箱，這是最快解決的方式。如果家裡沒有發酵箱，可以準備一個容器，把麵團放入，旁邊再放一碗熱水，這樣就同時具備溫濕度。如果是溫度太高，可以在麵團表面噴烤盤油、蓋袋子，進去冰箱冰一下，讓麵團降溫。噴烤盤油是為了避免等一下把袋子拿起時，麵團會黏住。

這兩個動作的時間是不固定的，會與麵團大小、冰箱功率有關，具體時間可以測麵團中心溫度，當麵團中心溫度達到我們要的溫度，就可以開始進行基本發酵了。

◎麵團是否需要「翻麵」？

談要不要翻麵前，我想先聊「為什麼要翻麵」。麵團攪打完畢筋度會太強沒辦法做麵包，所以我們有一個動作叫「基本發酵」。基本發酵會讓麵筋鬆弛，鬆弛過程中它會產氣，麵團就會變大，內部佈滿氣體，這時候如果我們覺得，這個麵團今天的產氣量不足，發酵沒那麼好，還達不到產品所需要的標準時，就會靠「翻麵」再重整一次麵筋，讓麵團再次產氣，就能讓麵筋形成得更好。

其實我覺得若麵團產氣量沒那麼好，那它的筋度也不會好，當麵團筋度已經被拉到一個極致了，假如只是持續攪打麵團，最後只會把麵筋弄斷，必須要讓麵團鬆弛、重整，才能重整麵筋。有時候我甚至會做到第二次、第三次翻麵，因為可能攪打的狀態不足，判斷再打下去不會變好，只會過度攪打導致斷筋，這時候就會直接進行基本發酵，發酵後再去判斷麵團的狀態，進行翻麵。

判斷麵團要不要翻麵有兩個重點，第一先從外觀開始判斷，如果體積不夠大或沒什麼變化，就說明發酵力道不足；接著看表面，表面是否光滑？光滑的話，說明組織內部是有在進行發酵的。基本上主要都看體積，這就是為什麼很多麵包書都說「基本發酵大小約1.5～2倍大」，麵團體積不夠說明筋度不夠，需要透過翻麵動作，重整麵筋讓麵團再次發酵，補足麵團筋度，而翻麵時我個人習慣是會沾水，手只要沾一點水就不會黏了。

◎翻麵為什麼要輕拍數下？

基本發酵後麵團內的氣體很多，如果只是輕拍一下，氣體可能只是跑到另一邊去，直接拿去分割會變成那一塊重量不足，內部空氣跑過去乍看之下大小一致，其實體積是不對的，因此我會再把它翻過來一次，徹底把排氣，後續分割重量才會真的一致。

◎分割機使用小習慣

麵團用分割機分割前我會輕拍排氣，跟翻麵需要輕拍的原理一樣，需確保每個位置都有排到氣。麵包好吃的秘訣體現在每個步驟的細緻度上，看似千遍一律，卻總是可以從這些相似的動作間發掘不同的細節技術，細節造就美味。

◎吐司為什麼要做擀捲？

有些吐司會做二次擀捲，有些則沒有，其實有沒有擀捲味道差異並不會很大，主要體現於做不同的造型。帶蓋或沒包餡料的麵團，我通常就會用二次擀捲，如果有包餡料（像紅豆餡、芋頭餡），可以做一次擀捲也可以做二次擀捲。影響口感最大的部分還是在攪拌、發酵、烘烤這三個步驟，有沒有擀捲其實對味道的差異不大。

擀捲在工廠裡最大的差異是看蛋白質含量高低，像有些蛋白質含量落在 12 ～ 13% 的麵團（即標準的高筋麵粉），為了讓它有比較好的膨脹力道，就會使用二次擀捲，如果使用到特高筋，或筋性比較強的高筋麵粉，都只做一次擀捲。原則上蛋白質含量越高，整形的程度就會小一點。

◎「甜麵包與歐式麵包」烘烤的細微差別

甜麵包的最後發酵會直接在不沾烤盤上進行，發酵完成後把整個烤盤（麵包連同烤盤一併入爐），甜麵包底部是先接觸到不沾烤盤，再來才是烤箱底盤（石板）。歐式麵包最後發酵會墊帆布，發酵完成後，一手捉著帆布，另一手搭配移麵板，把麵團輕輕移動到移麵板上，再放上專業烤箱的入爐器。接下來把入爐器推進烤箱中，操作入爐器，麵團會瞬間掉在烤箱底盤（石板）上，烘烤至完成。

這兩種麵包的麵團是完全特性不同的，所以會搭配不同的方法。歐式麵包要貼著烤箱底盤烤，甜麵包不用，最後發酵後的甜麵包很柔軟，只要再移動就消氣了，所以不能再另外對麵團多做移動。甜麵包主要訴求「柔軟」，歐式麵包我們可能需要「外殼酥脆、內裏濕潤有嚼勁」。

◎製作歐式麵包會使用到帆布，有什麼可以代替帆布嗎？

中間發酵不使用帆布是沒有問題的，但如果是最後發酵，替代的方式是拿一個烤盤，表面鋪一張夠大的袋子，篩高筋麵粉，再放上麵包後發。後發後雙手拉袋子，把麵團輕柔地移動到另一個烤盤上（手法跟用帆布一樣），如果真的覺得太難無法操作，建議直接放上烤盤後發，發酵完成後烘烤即可。用帆布是方便移動，大部分會使用帆布發酵的產品，最後會讓麵包貼著石板烘烤，需要把麵團從發酵容器移動至石板，帆布的作用是「輕柔地移動麵團」，用最小最輕的動作移動，降低對麵團的影響。石板具有紅外線效果，它的穿透力會比較好，當它穿透力夠強的時候，熱度一下就會達到麵團中心，麵團膨脹的力道就會比較好，但我想如果你沒有帆布，那大概你也不會有石板，一般家庭製作也真的比較難出現石板這種設備，所以也不用想太多，直接放在烤盤上發酵、烘烤即可。

◎入爐後噴蒸氣會有什麼效果，什麼樣的噴，什麼樣的不噴？

基本上你不會在甜麵包的製程上看到噴蒸氣，這個動作我們只有需要酥脆口感時才會用到。噴蒸氣的前提是麵團必須「低油低糖」，假如油比較重、糖比較重，麵團就不可能會酥脆。歐式麵包很多都是低油低糖，並且歐包會需要強調口感的咬勁，所以才需要噴蒸氣。噴蒸氣會讓麵團表面結一層薄薄的皮，形成酥脆的口感，體積也會比一般沒有噴蒸氣的大（這也是遠紅外線石板烤箱的效果），因為蒸氣的分子很小，烤箱又溫度高，蒸發的瞬間表面會結一層薄薄的皮，如此便達到酥脆效果。家庭製作可以用一個容器裝著石頭，跟烤箱一起預熱，等到要烘烤時把放麵團的烤盤置入烤箱，再倒一點清水在石頭上，立刻關上烤箱，這樣內部就有蒸氣了，雖然沒有正規蒸氣這麼好，但效果還是有的，這是家裡的簡易版蒸氣製造法。

◎解析噴蒸氣秒數影響

今天如果要讓麵包裂的開口大一點的時候，蒸氣秒數就不可以太多；如果是想要讓麵包表面呈現光亮的感覺，蒸氣秒數就要多一些，秒數多表面會酥脆，也會硬一點，結皮表面就會很光亮。

假設把同一款法國麵包分兩爐烤，所有條件都一樣，一個噴三秒一個噴五秒，三秒的開口會比較漂亮，五秒的開口可能沒那麼開，但外表會比較光亮；口感部分，三秒的外殼比較酥脆，五秒的那個會比較有嚼勁。

國家圖書館出版品預行編目（CIP）資料

職人麵包店的繁盛秘密法則 / 呂昇達、吳宗諺著. -- 一版. -- 新北市：優品文化, 2022.08；248 面；19x26 公分. --（Baking；11）
ISBN 978-986-5481-29-2（平裝）

1. 麵包 2. 點心食譜

439.21　　111010032

Baking：11

職人麵包店的繁盛秘密法則

作　　者　呂昇達、吳宗諺
總 編 輯　薛永年
副總編輯　馬慧琪
編輯主任　蔡欣容
美術編輯　黃頌哲
攝　　影　蕭德洪

出 版 者　優品文化事業有限公司
地址：新北市新莊區化成路 293 巷 32 號
電話：(02) 8521-2523 / 傳真：(02) 8521-6206
信箱：8521service@gmail.com
（如有任何疑問請聯絡此信箱洽詢）

印　　刷　鴻嘉彩藝印刷股份有限公司

業務副總　林啓瑞 0988-558-575

總 經 銷　大和書報圖書股份有限公司
地址：新北市新莊區五工五路 2 號
電話：(02) 8990-2588 / 傳真：(02) 2299-7900

網路書店　www.books.com.tw 博客來網路書店

出版日期　2022 年 8 月
版　　次　一版一刷
定　　價　630 元

Printed in Taiwan

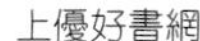
上優好書網

FB粉絲專頁

LINE 官方帳號

Youtube 頻道